普通高等教育"十一五"国家级规划教材
浙江省普通本科高校"十四五"重点教材
国家级一流本科专业建设点立项教材
国家级一流本科课程配套实验课程教材
新工科电工电子基础课程一流精品教材

线性电子电路实验
（第3版）

◎ 胡体玲　王康泰　刘公致　卢振洲　编著

◎ 陈　龙　主审

U0281038

电子工业出版社

Publishing House of Electronics Industry

北京·BEIJING

内 容 简 介

本书是普通高等教育"十一五"国家级规划教材、浙江省普通本科高校"十四五"重点教材。本书从工程性和先进性出发，较全面地介绍了线性电子电路实验的特点及应用。全书分为 6 章，主要内容包括基本参数的测试、半导体器件的参数测量及其应用仿真、线性电子电路实验、线性电子电路的综合应用、实验故障分析与排除技巧、远程实验等。

本书可作为高等学校电子信息类专业课程的实验教材，也可供相关领域的工程技术人员学习、参考。

图书在版编目（CIP）数据

线性电子电路实验 / 胡体玲等编著. -- 3 版.

北京 ：电子工业出版社，2024. 9. -- ISBN 978-7-121

-48859-7

Ⅰ. TN710-33

中国国家版本馆 CIP 数据核字第 2024W2T880 号

责任编辑：王羽佳　　文字编辑：底　波

印　　刷：三河市龙林印务有限公司

装　　订：三河市龙林印务有限公司

出版发行：电子工业出版社

　　　　　北京市海淀区万寿路 173 信箱　邮编：100036

开　　本：787×1092　1/16　印张：15　字数：454 千字

版　　次：2008 年 2 月第 1 版

　　　　　2024 年 9 月第 3 版

印　　次：2024 年 9 月第 1 次印刷

定　　价：59.00 元

前　言

随着科学技术的迅猛发展，电子信息产业已成为推动经济社会发展的重要力量。为适应新时代对工程科技人才的需求，教育部提出了"新工科"建设的理念，强调培养具有较强的实践能力、创新精神和国际竞争力的高素质人才。线性电子电路实验作为电子信息类专业的一门重要实践课程，对于培养学生的实践能力、创新意识和团队协作精神具有重要意义。

为了进一步加强线性电子电路实验教学工作，适应高等学校教学内容的改革，及时反映线性电子电路实验教学的研究成果，积极探索"新工科"背景下人才培养的教学模式，我们编写了这本线性电子电路实验教材。

本书的特点如下。

- 本书是作者在多年来实验教学研究、改革和实践的基础上，采用由浅入深、循序渐进的探究式学习方法，即"基本参数测量—仿真分析设计—电路实验测试—故障分析排查"，以及"提出问题—解决问题—总结分析"的任务驱动方式，再结合远程实验，便于学生逐步掌握实验技能，突出学生学习主观能动性的发挥在整个教育教学中的地位和作用。

- 注重实践，培养能力。本书包括大量的实验项目，通过仿真实验—基本实验—综合应用实验—远程实验，使学生在实践过程中不断积累经验，提高动手能力、工程实践能力和创新能力。

- 内容丰富，实用性强。本书涵盖了二极管、三极管、场效应管、运算放大器和功率放大器等常用线性电子电路元器件典型电路的分析、设计及调试方法。

- 本书注重将电子技术的最新发展适当地引入到教学中来，保持了教学内容的先进性。而且本书源于电子技术的教学实践，凝聚了工作在第一线的任课教师多年的教学经验与教学成果。

本书是浙江省普通本科高校"十四五"首批新工科、新医科、新农科、新文科重点教材，全书分为6章。本书从先进性和实用性出发，较全面地介绍了线性电子电路实验的特点及应用，主要内容包括：第1章为基本参数的测试，介绍了线性电子电路中常用测量参数、测量方法、常用计量单位、误差分析及测试过程中的注意事项；第2章为半导体器件的参数测量及其应用仿真，介绍了仿真软件 Multisim 及其在线性电子电路中的应用，主要包括二极管、三极管、场效应管、集成运算放大器和集成功率放大器特性参数测量及其应用电路分析；第3章为线性电子电路实验，介绍了16个常用电子电路实验的分析、设计及调试方法；第4章为线性电子电路的综合应用，介绍了12个模拟电子电路综合实验电路；第5章为实验故障分析与排除技巧，对比较典型的10个实验中所遇故障原因、解决办法和故障排除技巧进行了详细的分析和讨论，有助于提高学生分析和解决实际问题的能力；第6章为远程实验，介绍了 EMONA net CIRCUIT labs 远程实验平台及其3个典型的远程调试实验。

通过学习本书，学生可以：

- 了解线性电子电路中基本参数的测试方法；

- 认识半导体器件的参数测量及其应用仿真；
- 掌握线性电子电路参数设计方法及其实验故障分析与排除技巧；
- 做一个简单的电路；
- 让自己的电路"运行"起来；
- 在仿真实验和远程实验中，实现线性电子电路的分析与测量；
- 做好规划，小试身手——进行简单的线性电子电路应用开发。

本书语言简明扼要、通俗易懂，具有很强的专业性、技术性和实用性，既考虑与理论课教材的衔接、呼应和配套，又不失实验教材的自身独立体系。实验内容由易到难，强调理论联系实际。

本书可作为高等学校电子、通信、自动化、计算机等专业开设线性电子电路实验、模拟电子电路实验等课程的教材，也可供电子技术爱好者、从事电子工程设计与开发的有关工程技术人员学习和参考。

本书安排了较多的实验题目，每个实验题目包括较多的实验项目，以适应不同实验课的类型和不同实验学时的需求，其内容和难易程度基本上覆盖了不同层次的教学要求，为因材施教提供了可能，任课教师可以根据实际情况灵活选用。此外，每个实验都附有实验原理和思考题，有的还附有参考实验电路，这有利于学生把理论知识与实验测试结合起来。多数学生可以通过自学或在教师的指导下，自行拟定实验步骤和测试方法，独立完成实验全过程。

本书第 1、3、4、6 章及第 5 章的部分内容由胡体玲编写，第 2 章由王康泰编写，第 5 章部分内容由刘公致编写，全书由胡体玲统稿。陈龙教授对本书的编写和出版给予了大力支持和帮助，并认真细致地对全书进行了审阅。在本书编写过程中，浙江大学姚缨英教授提出了许多宝贵意见和建议，电子工业出版社的王羽佳编辑为本书的出版做了大量工作，在此一并表示衷心感谢！

本书的编写参考了大量近年来出版的相关技术资料，吸取了许多专家和同仁的宝贵经验，在此向他们深表谢意。

由于电子技术和计算机发展迅速，作者学识有限，书中误漏之处难免，望广大读者批评指正。

作 者

目　　录

第1章 基本参数的测试

模拟电路主要对模拟信号进行传输、变换、处理、放大、测量和显示等。信号是运载消息的工具，是消息的载体，它包含了很多关于物理世界的事情和行为的信息，如电信号可以通过幅值、频率和相位的变化来表示不同的信息。模拟信号是指用连续变化的物理量表示的信息，也称为连续信号。实际生产生活中的各种物理量，如气温的变化、手机电话的语音信号、摄像机摄下的图像、车间控制室的压力和流速等都是模拟信号。

为了监测模拟信号在传输、转换或处理等过程中信息和特性变化的情况，人们会利用多种仪器仪表来测量模拟电路中的电参量，如电流、电压、频率、相位等。基于此，本章主要探讨的内容如下。

- 常用测量参数及测量方法
- 常用计量单位及误差分析
- 测量过程中注意事项

1.1 常用测量参数

测量是按照某种规律，用数据来描述观察到的现象，即对事物做出量化描述。在电子电路中，主要是利用电子科学的原理、方法和设备对各种电参量、电信号及电路元器件的特性和参数进行测量，主要有以下内容。

1. 常用元器件的测量

在模拟电子电路中，常用元器件参数的测量包括电阻、电容、电感、二极管、三极管、场效应管、集成运算放大器、集成功率放大器、集成稳压芯片及传感器等。

2. 电参量的测量

按信号源提供电能的形式，可分为直流信号和交流信号。一般来说，直流信号又分为恒定不变的信号和大小随时间变化的信号。交流信号是大小和方向都随时间变化的信号，可以用其幅值与时间的函数关系来表示，也可以用波形直观地表达。无论是哪种电参量的传输或转换形式，都可用电流、电压、功率等的测量而进行量化计算。因此，电参量的测量包括对各种频率波形下电压、电流、功率等的测量。

3. 电信号特性的测量

电信号特性的测量可分为时域特性测量、频域特性测量和数据测量，具体包括对波形、频率、周期、相位、信号带宽等的测量。

4. 电子电路性能的测量

模拟电路是电子电路的基础，它主要包括放大电路、信号运算和处理电路、振荡电路、电源电路等。不同的电路有不同的性能指标，如放大电路的电压放大倍数、输入电阻、输出电阻和通频带等。

5. 特性曲线的显示与测量

特性曲线的显示与测量包括二极管的伏安特性曲线、三极管的输入和输出特性曲线、场效应管的转移特性曲线、放大电路的幅频特性和相频特性曲线的显示与测量等。

在上述各项测量内容中，电压、频率、相位等都是基本的电参量，它们往往是其他参数测量的基础。例如，放大器的增益测量实际上就是对其输入端、输出端电压的测量，再相比取对数得到增益分贝（dB）数；脉冲信号波形参数的测量可归结为对电压和时间的测量；许多情况下不方便测量电流，常以测量电压来代替。同时，由于时间和频率测量具有其他测量所不可比拟的精确性，因此人们越来越关注把对其他被测量的测量转换成对时间或频率的测量方法和技术。

1.2　测量方法

一个电参量的测量可以通过不同的方法实现。测量方法选择得准确与否直接关系到测量的可信赖程度，也关系到测量工作的经济性和可行性。要根据不同的测量对象、测量要求和测量条件，选择正确的测量方法、合适的测量仪器、构成实际测量系统，只有进行正确、细心的操作，才能得到理想的测量结果。

1.2.1　电子测量的分类方法

电子测量的分类方法有很多，这里只介绍通常使用的一种分类方法，即将其分为直接测量、间接测量和组合测量三类。

1. 直接测量

在测量中，用量具或仪器仪表对某一被测量进行测量，从而得出被测量的数值的方法称为直接测量。例如，用电表测量电路中的电流、电压等。

需要指出的是，直接测量并不仅是指从仪器仪表的刻度盘上直接读取被测量的数值的测量，实际上有许多比较仪器（如电桥），虽然不能从其刻度盘上直接读出被测量的数值，但因为参与测量的对象就是被测量，所以这种测量仍属直接测量。

2. 间接测量

先对几个与被测量有一定函数关系的量进行直接测量，然后通过代表该函数关系的公式、曲线或表格把被测量求出来的方法称为间接测量。例如，要测某一导体的电阻率 ρ，可先测出该导体的电阻 R、长度 L 以及截面积 S，然后通过公式 $\rho=RS/L$ 求出电阻率的数值。

当被测量不能直接测量，或者直接测量过程很复杂，或者当时缺乏直接测量量具、仪器仪表时，就要考虑采用间接测量。

3. 组合测量

在某些测量中，当被测量与几个未知量有关时，可先测取其中的一个或几个未知量，然后根据测量所得的数据，通过求解联立方程组来求得被测量的数值，这种测量方法称为组合测量。

1.2.2　电压测量

在电子技术领域，电压是最基本的参数之一，电路的工作状态和特性大多是以电压参数来表示的，因此电压的测量是模拟电子电路测量的基础。在模拟电子电路中，如对三极管和场效应管的静态工作点、直流源的能量以及运算放大器的直流运算等，需要对直流电压进行测量；而对放大电路的性能指标、信噪比和波形的观察等，需要对交流电压进行测量。

1. 直流电压测量

在模拟电子电路应用测试中，直流电压的范围一般在几毫伏至几十伏之间，根据所测电压的大小来选择仪表是非常重要的。直流电压的测量方法一般有直接测量法和间接测量法两种。

（1）直接测量法。

由于电压测量采用并联方式，不需要更改被测电路，并且输入阻抗高，对被测电路基本没有影响，因此一般将直流电信号转换为直流电压进行测量。在测量时，先估算电压的最大值，选择好量程，然后把电压表（或万用表）直接并联在待测器件或一段电路的两端。为了减小测量仪表对被测电路的影响，要求电压表的输入阻抗尽可能高。一般指针式万用表的输入阻抗较小。数字万用表的输入阻抗较高，可达 $10\mathrm{M\Omega}$ 以上。

此外，还可以利用示波器的直流偏移来直接测量直流电压。虽然示波器种类繁多，型号也是各不相同，但是除了在频带宽度及输入灵敏度等不完全相同外，其使用方法基本上是一样的。使用示波器测量直流电压时，首先要调节扫描线上下位置旋钮，使扫描线位于显示屏的中央；然后将待测电路的地与示波器的地相接，并将示波器所测通道的耦合方式设置为直流耦合 DC；最后接入被测电压，此时，扫描线在垂直方向产生跳变位移 H，被测电压即为垂直灵敏度 V/DIV 的指示值与 H 的乘积。在使用示波器测量直流电压的过程中，要注意选择易于测量的扫描时间，这是因为直流偏移与扫描时间无关，若为双踪示波器，也可用另一个通道对地短接，标示出基准，以便读数。

（2）间接测量法。

首先分别测量两端点的对地电位，然后计算出两端点间的电位差，该电位差就是要测量的直流电压值。例如，在场效应管放大电路中，要测量静态工作点栅极和源极的电压 U_{GS}，可以分别测量场效应管栅极对地的电位 V_G 和源极对地的电位 V_S，然后利用公式 $U_{GS}=V_G-V_S$ 求出所要测量的电压值。

2. 交流电压测量

与直流信号相比，交流信号测量内容较为丰富，主要包括信号特性的波形、幅值、频率、周期、相位等的测量。

（1）交流电压的表征。

模拟电子电路时域中交流电压的变化规律是多种多样的，有周期性变化的正弦波、方波、三角波、锯齿波等，也有非周期性变化噪声波、随机信号等。但无论怎么变化，交流电压的大小都可以用峰值（或峰-峰值）、平均值、有效值等表征。

① 峰值。

正弦交流电压 $u(t)$ 的波形图如图 1-1 所示。其中，在一个周期内所出现的最大瞬时值，称为该交流电压的峰值 U_p。峰值有正峰值 U_{p+} 和负峰值 U_p 之分，其中峰-峰值 $U_{p-p}=U_{p+}-U_p$。峰值与振幅值的概念不同，峰值是从参考零电平开始计算的，而振幅值是以交流电压中的直流分量为参考电平计算的。当电压中包含直流分量时，振幅值与峰值是不相等的；当电压中的直流分量为零时，峰值等于振幅值。

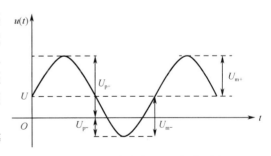

图 1-1　正弦交流电压 $u(t)$ 的波形图

② 平均值。

在实际电压测量中，常将交流电压通过检波器变换成直流电压再进行测量，因此交流电压的平均值通常是指检波以后的平均值。根据检波器的种类，平均值又分为半波平均值和全波平均值。在测量电压时，如不加说明，平均值指的就是全波平均值。

具有周期性的变化电压，其平均值的定义如式（1-1）所示。

$$\bar{U}=\frac{1}{T}\int_0^T |u(t)|\mathrm{d}t \qquad (1\text{-}1)$$

原则上，求平均值的时间为任意时间，对周期信号而言，T 为信号周期。当 $u(t)$ 是直流信号时，其平均值等于该信号直流电压值。如果 $u(t)$ 是周期性不含直流分量的交流电压，则其平均值为零。

③ 有效值。

交流电压在一个周期内，当通过一个纯电阻负载产生的热量与一个直流电压在同样长时间内产生的热量相等时，这个直流电压的值就称为该交流电压的有效值，如式（1-2）所示。

$$U = \sqrt{\frac{1}{T}\int_0^T u^2(t)\mathrm{d}t} \tag{1-2}$$

有效值的应用较为普遍，如通常说某一交流电压是多少伏，一般就是指有效值。各类电压表的示值，除特殊情况外，一般都是按正弦波有效值定度的。

若交流电压 $u(t)$ 是正弦波信号，其幅值为 U_m，角频率为 ω，初相位为 θ_u，则其表达式可写为式（1-3）所示的形式。

$$u(t) = U_m \sin(\omega t + \theta_u) \tag{1-3}$$

其峰值、峰-峰值与有效值之间的关系如式（1-4）所示。

$$U_{p\text{-}p} = 2U_p = 2U_m = 2\sqrt{2}U \tag{1-4}$$

（2）测量交流电压的仪器。

测量交流电压的仪器一般有指针式万用表、数字式万用表、交流毫伏表、示波器等。

其中，当使用指针式万用表测量交流电压时，先将被测交流电压通过检波器转换成直流电压，然后推动磁电式微安表头，最后由表头指针指示出被测交流电压的大小。因此，指针式万用表的频率范围较小，一般只能测量频率在 1kHz 以下的交流电压。

当使用数字式万用表测量交流电压时，也是先将被测交流电压通过检波器转换成直流电压，再经过模数转换成数字量，最后经过计数器计数，用数码的形式来显示被测交流电压值。与指针式万用表相比，数字式万用表的输入阻抗较高，测量误差较小，测量速度较快，并且读数比较方便，但数字万用表测量电压或电流的频率一般也只能达到 100kHz 左右。

毫伏表是专门用于测量正弦波电压有效值的仪器，与普通万用表相比，它具有测量电压范围大、输入阻抗高、频率范围宽、灵敏度高等特点。其测量交流电压有效值的范围可以从几毫伏至几百伏，频率范围能达到 2MHz 左右。

示波器（双踪示波器）可分为模拟示波器和数字示波器。模拟示波器采用阴极射线示波管显示波形，而数字示波器通过模数转换器将放大后的被测信号数字化，经过采样、量化和编码后，完成数据采集功能，可以将信号保存、显示、回放，便于波形分析。示波器可以用来测量各种波形的电压幅值，除了可以测量直流电压、正弦电压外，也可以测量脉冲或非正弦电压的幅值。使用示波器测量交流电压时，可以观测出一定扫描时间内任意时刻的电压幅值，这是其他任何电压测量仪器都不能比拟的。当用示波器测量如图 1-1 所示正弦波信号时，数字示波器可以自动测量信号波形的电压峰-峰值、峰值、平均值和有效值等，测试结果直接显示在其屏幕底部或中间的位置。

1.2.3 时间（或频率）测量

时间测量通常是指对信号的时间参数进行测量，如信号的周期、脉冲宽度、上升时间和下降时间等参数。时间的基本测量方法有电子计数法和示波器法。

当电子计数器测量周期信号的一个或多个周期时，是对已知标准时间脉冲进行计数来实现的，属于比较测量法。电子计数法测量准确度高、读数方便，便于自动化测量，是广泛应用的方法。

示波器法测量时间是一种直接测量的方法，可以根据测量各种波形的瞬时值，直观地观测出波形各点的相对时间。用示波器测量时间比较直观、迅速，可以测量出瞬时值和任意两点间的时间间隔，但测量的准确度不太高。在测量周期信号的周期时，可以测量信号的一个周期时间，也可以测量 n 个周期时间，再除以周期个数 n，后一种测量的误差会小一些。测量脉冲信号的脉宽、上升时间、下降时间等参数，只要按其定义测量出相应的时间间隔即可。

时间和频率关系密切，周期性信号的频率是指在单位时间内周期信号重复出现的次数。对于同一周期性信号，其周期 T 和频率 f 之间可以互相转换，如式（1-5）所示。

$$T = \frac{1}{f} \qquad (1\text{-}5)$$

其中，周期 T 的单位是秒（s），频率 f 的单位是 Hz。

使用示波器测量频率，除了利用周期换算法，还常常使用李萨如图形法。其中周期换算法是将被测信号的周期和示波器时基信号进行比较，简单方便，但误差较大，一般为 5%～10%。李萨如图形法测量频率是将被测信号的频率和已知标准信号的频率分别接入示波器的横轴和纵轴，在示波器显示屏上将出现一个合成图形，这个图形就是李萨如图形，可用测量李萨如图形的相位参数或波形的切点数来测量时间参数。李萨如图形随两个输入信号的频率、相位、幅值不同，所呈现的波形也不同。李萨如图形法测量准确度较高。周期换算法和李萨如图形法测量频率都被广泛应用。

1.2.4 相位测量

相位测量通常是指两个同频率信号之间的相位差的测量。

设有两个频率相同的正弦波信号，其表达式如式（1-6）所示。

$$\begin{aligned} u_1 &= U_{m1} \sin(\omega t + \theta_1) \\ u_2 &= U_{m2} \sin(\omega t + \theta_2) \end{aligned} \qquad (1\text{-}6)$$

则两个信号之间的相位差为

$$\Delta\varphi = (\omega t + \theta_1) - (\omega t + \theta_2) = \theta_1 - \theta_2 \qquad (1\text{-}7)$$

式中，$\Delta\varphi$ 为被测量的两个信号之间的相位差；$\omega = 2\pi f$。

常用的相位差的测量方法有示波器测量法和电子计数器测量法。

使用双踪示波器法测量相位差非常方便、直观。用双踪示波器测量相位差时的连线示意图如图 1-2 所示，调节函数信号发生器使其输出频率为 2kHz、峰-峰值为 4V 的正弦波，经 RC 移相网络获得两路同频率、同幅值而不同相位的正弦波，分别送到双踪示波器的 CH1 和 CH2 两个通道的信号输入端，然后分别调节 CH1 和 CH2 位移旋钮和垂直灵敏度 V/DIV 开关以及相关的微调旋钮，使其显示出如图 1-3 所示的双踪示波器测量相位的波形。为了减小测量误差，测量中可以通过调整垂直通道的灵敏度旋钮，使两个波形的高度一致。

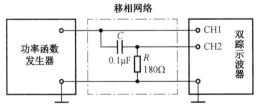

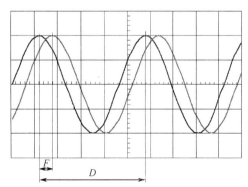

图 1-2　用双踪示波器测量相位差时的连线示意图　　　　图 1-3　双踪示波器测量相位的波形

由图 1-3 可知，正弦波一个周期在水平方向（X 轴）所占的格数为 D，则每格的相位为 $360°/D$，两个波形在 X 轴方向的差距为 F 格，则两波形之间的相位差为 $\varphi = \dfrac{360°}{D} \times F$。

电子计数器测量相位差的工作原理实质就是测量时间间隔，通过相位-时间转换器，将两个同频率信号的相位差 $\Delta\varphi$ 转换成一定的时间间隔的起始和停止脉冲。这种方法适合低频信号的测量，当频率较高时，测量的准确度会明显下降。但可以采用平均值相位计数法，即对多个相位差的脉冲计数后再平均，以此减小误差。

此外，还可以使用李萨如图形法测量相位差，其测量方法与示波器测量频率的方法相同。

1.2.5 幅频特性与通频带的测量

在电子技术实践中所遇到的信号往往不是单一频率，而是在某一段频率范围内。在放大电路、滤波电路及谐振电路等几乎所有的电子电路和设备中都含有电抗性元器件，由于它们在各种频率下的电抗值是不相同的，因此电信号在通过这些电子电路和设备的过程中，其幅值和相位发生了变化，即电信号在传输过程中发生了失真。电信号传输前后输入信号与输出信号的幅值之比称为幅频特性。为了限制信号的幅频失真，就要求电路对信号所包含的各种频率成分都不要过分抑制，或者说要求电路容许一定频率范围的信号通过，这个一定的频率范围称为电路的通频带（或带宽），用 BW（BandWidth）表示。一般规定：输出信号和输入信号比值不小于 $0.707A_m$ 的频率范围是放大电路的通频带，其中 A_m 为中频放大倍数，放大电路的幅频特性曲线如图 1-4 所示。只要选择电路的通频带大于或等于信号的频带，使信号的频带落在电路的上、下边界频率之间，那么，由电路的选频作用引起的幅频失真就被认为是允许的。

对放大电路而言，由于电路中电抗元器件的存在，放大电路对不同频率分量的信号放大能力是不同的，而且不同频率分量的信号通过放大电路后还会产生不同的相移。因此，衡量放大电路放大能力的放大倍数也就成为频率的函数。例如，某放大电路输入的电压信号为 $\dot{U}_i(j\omega)$，输出的电压信号为 $\dot{U}_o(j\omega)$，则定义式（1-8）为电路的频率响应或频率特性。

$$\dot{A}(j\omega) = \frac{\dot{U}_o(j\omega)}{\dot{U}_i(j\omega)} = A(\omega)\angle\varphi(\omega) \qquad (1-8)$$

式中，$A(\omega)$ 为电路的幅频特性，即电压放大倍数（输出电压与输入电压幅值之比）与频率之间的关系；$\varphi(\omega)$ 为电路的相频特性，即输出电压与输入电压相位差与频率之间的关系。

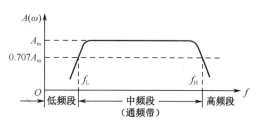

图 1-4 放大电路的幅频特性曲线

在三极管放大电路中，由于耦合电容和晶体管内部 PN 结的结电容等的存在，当输入信号频率较低或较高时，放大倍数的数值将下降。如图 1-4 所示是放大电路的增益与输入信号频率之间的关系曲线，称为放大电路的幅频特性曲线。当信号频率下降到一定程度时，放大倍数的数值明显下降，使放大倍数的数值等于 $0.707A_m$ 的频率值称为下限截止频率 f_L。当信号频率上升到一定程度时，放大倍数的数值也将减小，使放大倍数的数值等于 $0.707A_m$ 的频率值称为上限截止频率 f_H。f 小于 f_L 的部分称为放大电路的低频段，f 大于 f_H 的部分称为放大电路的高频段，而 f_L 与 f_H 之间形成的频带称为中频段，也称为放大电路的通频带 BW，BW=f_H-f_L。

通频带 BW 用于衡量放大电路对不同频率信号的放大能力。通频带越宽，表明放大电路对不同频率信号的适应能力越强。当频率接近零或无穷大时，放大倍数的数值趋近于零。对于扩音机，其通频带应该宽于音频（20Hz～20kHz）范围，才能完全不失真地放大声音信号。在实际电路中，有时也希望频带尽可能窄，如选频放大电路，希望它只对单一频率的信号放大，以避免干扰和噪声的影响。

幅频特性及通频带的测试方法通常有以下两种。

1. 逐点法

采用逐点法测量仪器设备或电路的幅频特性，是在保持输入信号大小不变的情况下，改变输入信号频率，用示波器或毫伏表逐点测出输出电压，然后按顺序列表记录，将所测数据逐点描绘，即幅频特性曲线。找出 f_L 与 f_H，即可计算通频带 BW。

（1）幅频特性的测量。

如图 1-5 所示，在测试时用一个频率可调的正弦波信号发生器，保持其输出电压的幅值恒定，将其信号作为被测设备或电路的输入信号。每改变一次信号发生器的频率，用毫伏表或示波器测量被测设备或电路的输出电压值。

图 1-5 用逐点法测试幅频特性的框图

注意，测量仪器的频带宽度要大于被测电路的带宽，在改变信号发生器的频率时，应保持信号发生器输出的电压值不变，同时要求被测电路输出的波形不能失真。

测量时，应根据对电路幅频特性所预期的结果来选择频率点数，测量后，将所测各点的值连接成曲线，就是被测仪器设备或电路的幅频特性，如图 1-4 所示。

（2）通频带的测量。

通频带的大小可以在被测仪器设备或电路的幅频特性曲线上获得，如图 1-4 所示，也可以用如下方法测量。

保持输入信号电压幅值不变，调节输入信号频率，用示波器或毫伏表测出待测仪器设备或电路的最大输出电压值 U_{omax}。接着，调低输入信号频率，使待测仪器设备或电路的输出电压为 $0.707U_{omax}$，测出此时的频率即为 f_L；调高输入信号频率，使待测仪器设备或电路的输出电压为 $0.707U_{omax}$，测出此时的频率即为 f_H。由此可以计算出通频带 BW 的值。

注意，在改变输入信号频率时，要始终保持输入信号的幅值不变。

2. 扫频法

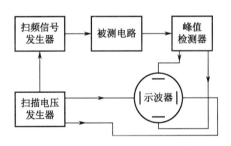

图 1-6 用扫频法测量电路幅频特性的框图

扫频法测量幅频特性是在测试过程中，使信号源输出信号的频率按特定规律自动连续并且周期性重复，利用检波器将输出包络检出送到示波器上显示，从而得到被测电路的幅频特性曲线。用扫频法测量电路幅频特性的框图如图 1-6 所示。

扫频法常用的仪器是频率特性测试仪（简称扫频仪），是一种可在示波管屏幕上直接显示被测电路频率特性的专用仪器，可以直观地看到被测电路的频率特性曲线。扫频法便于在电路工作的情况下调整电路元器件，使其工作频率符合规定的技术要求，可以用来测试、调整该频段内的有源、无源二端口网络频率特性。例如，电视接收机、宽频带放大器、雷达接收机的中频放大器、高频放大器以及鉴频器、滤波器等电子设备。在高校电子、通信等实验室中应用广泛。利用扫频仪可直接显示出电路的输出信号幅值随频率变化的曲线，可实现电路频率特性的自动或半自动测量，不会出现逐点法中的频率点离散而遗漏细节的问题，并且得到的是被测电路的动态频率特性，更符合被测电路的应用实际。

1.3 常用计量单位

在我们日常生活和工作中离不开自然计数法，但在一些自然科学和工程计算中，对物理量的描述往往采用对数计数法。我们知道，零和小于零的负数是没有对数的，只有大于零的正数才能取对数。对于功率、幅值、倍数等这些非负数性质的量，取对数后它们的值域便扩展到了整个实数范围。这并不意味着它们本身变负了，而只是说明它们与给定的基准值相比，是大于基准值还是小于基准值。若大于基准值则用正对数表示，若小于基准值则用负对数表示。

在电信技术中一般选择某一特定的功率为基准，取另一个信号相对于这一基准的比值的对数来表示信号功率传输变化情况，经常是取以 10 为底的常用对数来表示。

1. 分贝（dB）

分贝是表示两个相同单位之数量比例的计量单位，是一个表征相对量的值，是一个纯计数方法，用 dB 表示。分贝的计算很简单，对于振幅类物理量，如电压、电流强度等，将测量值与基准值相比后求常用对数再乘以 20；对于它们的平方项的物理量，如功率，取对数后乘以 10 即可。不管是振幅类还是平方项，变成分贝后它们的量级是一致的，可以直接进行比较、计算。

在电子工程领域，放大器增益使用的就是 dB。放大器输出与输入的比值为放大倍数，单位是"倍"，如 10 倍放大器、100 倍放大器。当改用 dB 做单位时，放大倍数就称为增益，这是一个概念的两种称呼。在工程应用中，dB 经常有两种定义方式。

（1）对于功率增益，dB=10*lg(A/B)，其中 A、B 代表参与比较的功率值。

例如，P_1=100000=10^5W，P_2=0.000000000000001=10^{-15}W，基准功率 P=1W。

若用 dB 表示，则取对数后的功率增益表示为：

$$A_{P_1}(\text{dB})=10*\lg(P_1/P)\text{dB}=10*\lg(10^5)\text{dB}=50\text{dB}$$

$$A_{P_2}(\text{dB})=10*\lg(P_2/P)\text{dB}=10*\lg(10^{-15})\text{dB}=-150\text{dB}$$

将功率用 dB 表示后，数值就小得多，方便了读写和运算。

（2）对于电压或电流增益，dB=20*lg(A/B)，其中 A、B 代表参与比较的电流、电压。

例如，U_1=100000=10^5V，U_2=0.000000000000001=10^{-15} V，基准电压 U=1V。

若用 dB 表示，则取对数后的电压增益表示为：

$$A_{U_1}(\text{dB}) = 20*\lg(U_1/U)\text{ dB}= 20*\lg(10^5)\text{ dB}=100\text{dB}$$

$$A_{U_2}(\text{dB}) = 20*\lg(U_2/U)\text{ dB}= 20*\lg(10^{-15})\text{ dB}= -300\text{dB}$$

根据以上两种 dB 的定义可知，用其定义功率增益和电压（或电流）增益时的公式不同。但是，由功率与电压、电流的关系式 $P=U^2/R=I^2R$ 可知：

$$10\lg(P_o/P_i)=10\lg[(U_o^2/R)/(U_i^2/R)]=20\lg(U_o/U_i)=10\lg(I_o^2R/I_i^2R)=20\lg(I_o/I_i)$$

但采用此公式后，两者的增益数值就一样了。

实际上，dB 的意义就是把一个很大或者很小的数比较简短地表示出来。

2. dBm 与 dBW

dBm 是一个表示功率绝对值的单位，计算公式为：$P(\text{dBm})$=10lg（功率值/1mW）。

dBW 也是一个表示功率绝对值的单位，计算公式为：$P(\text{dBW})$=10lg（功率值/1W）。

例如，如果发射功率为 1mW，按 dBm 单位进行折算后的值应为：10lg(1mW/1mW)= 0dBm。

按 dBW 单位进行折算后的值应为：10lg(1mW/1W)=−30dBW，即 0dBm=−30dBW 或 0dBW= 30dBm。

对于 40W 的功率，按 dBm 单位进行折算后的值应为：

$$10\lg(40\text{W}/1\text{mW})=10\lg(40000)=10\lg(4*10^4)\text{dBm}=(40+10*\lg4)\text{dBm}=46\text{dBm}$$

按 dBW 单位进行折算后的值应为：

$$10\lg(40\text{W}/1\text{W})=10\lg(40)=10\lg(4*10)\text{dBW}=(10+10*\lg4)\text{dBW}=16\text{dBW}$$

一般来说，在工程中，dB 和 dB 之间只有加减，没有乘除，而用得最多的是减法。

dBm 减 dBm，实际上是两个功率相除，如信号功率和噪声功率相除就是信噪比（SNR）。例如，20dBm − 0dB 相当于 100mW/1mW = 100，相当于 20dB。

dBm 加 dBm 实际上是两个功率相乘，没有实际的物理意义。

1.4　误差分析

通过实验测量所得的大批数据是实验的初步结果，但在实验中由于测量仪表和人的观察等方面的原因，实验数据总存在一些误差，即误差的存在是必然的，具有普遍性。因此，研究误差的来源及其规律性，尽可能地减小误差，以得到准确的实验结果，对于寻找事物的规律，发现可能存在的新现象是非常重要的。误差应用和理论涉及内容非常广泛，本节对常遇到的一些误差基本概念与估算方法进行介绍。

误差分析的目的是评定实验数据的准确性，通过误差估算与分析，可以认清误差的来源及其影响，确定导致实验总误差的最大组成因数，从而在准备实验方案和研究过程中，有的放矢地集中精力消除或减小误差的来源，提高实验的质量。同时，对试验所得数据进行正确表示，可以分析获得一般性规律或实验结论，或者理论新发现。

1.4.1　误差的分类

电子工程实验离不开对物理量的测量，测量有直接的，也有间接的，测量值与真值的差异称为误差。真值是指某物理量客观存在的确定值。对它进行测量时，由于测量仪器、测量方法、环境、人员及测量程序等都不可能完美无缺，实验误差难以避免，故真值是无法测得的，是一个理想值。物理量的测量值与客观存在的真值之间总会存在着一定的差异，这种差异就是测量误差。误差与错误不同，错误是应该而且可以避免的，而误差是不可能绝对避免的。根据误差产生的原因及性质可分为系统误差与偶然误差两类。

1. 系统误差

由于仪器结构上不够完善或仪器未经很好校准等原因会造成误差。例如，各种刻度尺的热胀冷缩，温度计、表盘的刻度不准确等都会造成误差。由于实验本身所依据的理论、公式的近似性，或者对实验条件、测量方法的考虑不周也会造成误差。例如，热学实验中常常没有考虑散热的影响，用伏安法测电阻时没有考虑电表内阻的影响等。由于测量者的生理特点，如反应速度、分辨能力，甚至固有习惯等也会在测量中造成误差。以上都是造成系统误差的原因。系统误差的特点是测量结果向一个方向偏离，其数值按一定规律变化。我们应根据具体的实验条件、系统误差的特点，找出产生系统误差的主要原因，采取适当措施降低它的影响。

2. 偶然误差

在相同条件下，对同一物理量进行多次测量，由于各种偶然因素，会出现测量值时而偏大，时而偏小的误差现象，这种类型的误差叫作偶然误差。产生偶然误差的原因有很多，如读数时，视线的位置不正确，测量点的位置不准确，实验仪器由于环境温度、湿度、电源电压不稳定、振动等因素的影响而产生微小变化，等等。这些因素的影响一般是微小的，而且难以确定某个因素产生的具体影响的大小，因此偶然误差难以找出原因加以排除。

实验表明，大量的测量所得到一系列数据的偶然误差都服从一定的统计规律，这些规律有：

（1）绝对值相等的正的与负的误差出现的机会相同；

（2）绝对值小的误差比绝对值大的误差出现的机会多；

（3）误差不会超出一定的范围。

在确定的测量条件下，对同一物理量进行多次测量，并且用它的算术平均值作为该物理量的测量结果，能够比较好地减少偶然误差。

1.4.2　误差的表示方法

为了衡量和计算测量值与真值之间的偏离程度，误差常用绝对误差和相对误差两种方式表示。

1. 绝对误差

测量值与真值之差的绝对值称为绝对误差，它反映测量值偏离真值的大小。绝对误差可定义

为：$\Delta=|X-A|$。其中 X 为测量值，A 为真值。绝对误差可以表示一个测量结果的可靠程度。

例如，一个被测电压，其真值 U_0 为 100mV，用数字电压表测量值 U 为 101.02mV，则绝对误差：$\Delta_U=|U-U_0|=|101.02-100|\text{mV}=1.02\text{mV}$。

修正值是指用代数方法与未修正测量结果相加，以补偿其系统误差的值。修正值与绝对误差的绝对值大小相等，但符号相反。当测量仪器的示值误差为已知时，则可通过减去（当示值误差为正值时）或加上（当示值误差为负值时）该误差值，使测量值等于被测量的实际值。含有误差的测量结果，加上修正值后就可以补偿或减少误差的影响。

例如，用一台晶体管毫伏表的 100mV 挡，测量某电路的电压为 80mV，在检定时 80mV 刻度处的修正值是−0.3mV，则被测电路电压的实际值为：80mV+(−0.3)mV=79.7mV。

测量仪器应当定期送计量部门进行检定，其主要目的就是获得准确的修正值，以保证量值传递的准确性。同理，利用修正值，应在仪器的检定有效期内，否则要重新检定。

绝对误差虽然可以说明测得值偏离实际值的程度，但不能说明测量的准确程度。

2. 相对误差

误差还有一种表示方法，叫作相对误差，它是绝对误差与测量值或多次测量的平均值的比值。通常将其结果表示成非分数的形式，所以也叫作百分误差。相对误差可定义为 $\delta=\Delta/A_0\times100\%$。其中，$\Delta$ 为绝对误差，A_0 为真值。

由于真值难以确切得到，通常用实际值 A 代替真值 A_0 来表示相对误差，即实际相对误差，表示为 $\delta_A=\Delta/A\times100\%$。

相对误差则可以比较不同测量结果的可靠性。

例如，测量两个电压，其实际值为 $U_1=100\text{mV}$，$U_2=5\text{mV}$，而测得值分别为 101mV 和 6mV，则绝对误差为：

$$\Delta_{U_1}=|101-100|\text{mV}=1\text{mV}$$

$$\Delta_{U_2}=|6-5|\text{mV}=1\text{mV}$$

实际相对误差为：

$$\delta_{A_1}=\Delta_{U_1}/U_1\times100\%=1\%$$

$$\delta_{A_2}=\Delta_{U_2}/U_2\times100\%=20\%$$

可以看出，两种情况下绝对误差相同，但其误差的影响是不同的，前者比后者测量准确。而使用相对误差，则可以恰当地表征测量的准确程度。

1.5　测试过程中的注意事项

1.5.1　指针式万用表

指针式万用表是一种多功能、多量程的测量仪表，一般万用表可测量交直流电流、交直流电压、电阻和音频电平等，有的还可以测电容量、电感量及半导体的一些参数。目前，随着数字技术的发展，数字万用表基本取代了指针式万用表。

指针式万用表的基本工作原理是利用一只灵敏的磁电式直流电流表（微安表）做表头。若微小电流通过表头，就会有电流指示。但表头不能通过大电流，所以必须在表头上并联或串联一些电阻进行分流或降压，从而测出电路中的电流、电压和电阻。

使用指针式万用表时，首先把它放置水平状态，并视其表针是否处于零点（指电流、电压刻度的零点），若不在，则应调整表头下方的"机械零位调整"，使指针指向零点。然后根据被测量，正确选择万用表上的测量项目及量程开关。如果已知被测量的数量级，则选择与其相对应的数量级量程。如果不知道被测量的数量级，则应从选择最大量程开始测量，当指针偏转角太小而无法精确读数时，再把量程减小。一般以指针偏转角不小于最大刻度的 30%为合理量程。

1. 电流测量

当用指针式万用表测量电路中的电流时，首先要把该万用表串接在被测电路中，并注意电流的方向，即把红表笔接电流流入的一端，黑表笔接电流流出的一端。如果不知道被测电流的方向，则可以在电路的一端先接好一支表笔，另一支表笔在电路的另一端轻轻地碰一下，如果指针向右摆动，则说明接线正确；如果指针向左摆动（低于零点），则说明接线不正确，应把两支表笔位置调换。在指针偏转角大于或等于最大刻度的 30%时，尽量选用大量程挡。因为量程越大，分流电阻越小，电流表的等效内阻越小，这时被测电路引入的误差也越小。但在测大电流（如 500mA）时，千万不要在测量过程中拨动量程选择开关，以免产生电弧，烧坏转换开关的触点。

2. 电压测量

当用指针式万用表测量电路中的电压时，首先要把该万用表并接在被测电路上，测量直流电压时，应注意被测点电压的极性，即把红表笔接电压高的一端，黑表笔接电压低的一端。如果不知道被测电压的极性，则可按前述测电流时的方法试一试，如果指针向右偏转，则可以进行测量；如果指针向左偏转，则把红、黑表笔位置调换，方可测量。

与上述测量电流一样，为了减小电压表内阻引入的误差，在指针偏转角大于或等于最大刻度的 30%时，测量尽量选择大量程挡。因为量程越大，分压电阻越大，电压表的等效内阻越大，对被测电路引入的误差越小。如果被测电路的内阻很大，就要求电压表的内阻很大，才会使测量精度提高。此时需换用电压灵敏度更高（内阻更大）的万用表来进行测量。

在测量交流电压时，不必考虑极性问题，只要将万用表并接在被测电路两端即可。另外，一般也不必选用大量程挡或选高电压灵敏度的万用表。因为一般情况下，交流电源的内阻都比较小。值得注意的是，被测交流电压只能是正弦波，其频率应小于或等于万用表的允许工作频率，否则就会产生较大误差。

使用指针式万用表测量电压时要注意，不要在测较高的电压（如 220V）时拨动量程选择开关，以免产生电弧，烧坏转换开关的触点。在测量大于或等于 100V 的高电压时，最好先把一支表笔固定在被测电路的公共地端，然后用另一支表笔去碰触另一端测试点。在测量有感抗的电路中的电压时，必须在测量后先把万用表断开再关电源。不然会在切断电源时，因为电路中感抗元件的自感现象，会产生高压从而可能把万用表烧坏。

3. 电阻测量

使用指针式万用表测量电阻时应首先调零，即把两表笔直接相接（短路），使指针正确指在 0Ω 处。为了提高测试的精度和保证被测对象的安全，必须正确选择合适的量程挡。一般测电阻时，要求指针在全刻度的 20%～80%的范围内，这样测试精度才能满足要求。

指针式万用表当作欧姆表使用时，该万用表内接干电池，对外电路而言，红表笔接干电池的负极，黑表笔接干电池的正极。测量较大电阻时，手不可同时接触被测电阻的两端，否则，人体电阻就会与被测电阻并联，使测量结果不正确，测试值会大大减小。另外，要测电路中的电阻时，应将电路的电源切断，不然不但测量结果不准确（相当再外接一个电压），还会使大电流通过微安表头，把表头烧坏。同时，还应把被测电阻的一端从电路中断开，再进行测量，不然测得的是电路在该两点的总电阻。

使用完毕不要将量程开关放在欧姆挡上，这是为了保护微安表头，以免下次开始测量时不慎烧坏表头。测量完成后，应注意把量程开关拨在直流电压或交流电压的最大量程位置，千万不要放在欧姆挡上，以防两支表笔万一短路时，将内部干电池电量全部耗尽。

4．注意事项

指针式万用表是比较精密的仪器，如果使用不当，不仅会造成测量不准确而且极易损坏。使用指针式万用表时应注意如下事项。

（1）测量电流与电压不能旋错挡位。如果误用欧姆挡或电流挡去测电压，就极易烧坏该表。该表不用时，最好将挡位旋至交流电压最高挡，避免因使用不当而损坏。

（2）测量直流电压和直流电流时，注意"＋""－"极性，不要接错。如果发现指针反转，则应立即调换表笔，以免损坏指针及表头。

（3）如果不知道被测电压或电流的大小，则应先用最高挡，然后再选用合适的挡位来测试，以免表针偏转过度而损坏表头。所选用的挡位越靠近被测值，测量的数值就越准确。

（4）测量电阻时，不要用手触及元器件的裸体的两端（或两支表笔的金属部分），以免人体电阻与被测电阻并联，使测量结果不准确。

（5）测量电阻时，如果将两支表笔短接，调"零欧姆"旋钮至最大，指针仍然达不到 0 点，则通常是由于表内电池电压不足造成的，应换上新电池方能准确测量。

（6）该表不用时，不要旋在欧姆挡，因为内有电池，如果不小心使两支表笔相碰短路，则不仅会耗费电池，严重时甚至会损坏表头。

1.5.2 数字万用表

数字万用表是目前最常用的一种数字仪表。其主要特点是准确度高、分辨率高、测试功能完善、测量速度快、显示直观、灵活易用等。目前，数字万用表在我国迅速普及与广泛使用，已成为现代电子测量与维修工作的必备仪表。

数字万用表虽然种类繁多、型号各异，但其测量过程类似，即由转换电路将被测量转换成直流电压信号，再由模数（A/D）转换器将电压模拟量转换成数字量，然后通过电子计数器计数，最后把测量结果用数字直接显示在显示屏上。

数字万用表不仅可用于测量交直流电压和电流，还可以测量电阻、电容和传感器等。目前大部分数字万用表集基本测量功能、多种数学运算功能，以及任意传感器测量功能等于一体。

1．测量交直流电压和电流

数字万用表的一个最基本的功能就是测量电压和电流。测量电压时要并接在待测电路两端，测量电流时要串接在被测电路中。测量直流电压（或电流）时，如果方向接反，显示数字前就会有负号"－"出现。测量交流电压（或电流）时，主要测量交流电压（或电流）的有效值。此外，数字万用表测量交流电压的能力受被测信号的频率限制。大多数数字万用表可以精确测量 50～500Hz 的交流电压，有的交流测量带宽可到几百 kHz。如果使用前不知道被测电压（或电流）范围，可以手动设置于最大量程并逐渐下调，以获得更高的读数精确度，也可使用自动挡测量，但一般测量过程相对较慢，需等待数秒。

通过测量被测信号的电压或电流，可以测量出被测信号的频率或周期。

2．测量电阻

使用数字万用表测量电阻时，尽量不要用手接触电阻两端。使用欧姆挡测量电阻，电阻值变化范围很大，从几毫欧（mΩ）的接触电阻到几十亿欧姆的绝缘电阻。许多数字万用表测量电阻可以小至 0.1Ω，某些测量值可高至 300MΩ。

一般要在关掉电路电源的情况下测量电阻，否则对万用表或电路板造成损坏。在电路中测量某段或某个电阻的阻值时，要断开待测端口或电阻，否则会造成测量结果不准确。某些数字万用表提供了在电阻方式下误接入电压信号时进行保护的功能。在进行低电阻的精确测量时，必须从测量值中减去测量导线的阻值。典型的测试线的阻值在 $0.2\sim0.5\Omega$ 之间。如果测试线的阻值大于 1Ω，测试线就需要更换了。

3．测量电容

数字万用表具有测量电容的功能，测量电解电容前，要用测试线将电解电容的两个引脚短接进行放电，然后再测量。对于小容量电容（50pF 以下）的测量误差较大，测试时可以用一个较大的电容（如 220pF）并联待测电容，然后用测量值减去较大已知电容值即可。

4．检查二极管

选择数字万用表的二极管检测功能，接入二极管，当二极管导通时，仪器会发出蜂鸣（要确保仪器声音打开）。在检测二极管时，数字万用表的电压量程和测试电流都是固定的。

5．任意传感器测量

数字万用表测量任意传感器的原理是将被测物理量转换为电压、电阻、电流等易测物理量，可以预先输入响应曲线，再通过数字万用表内部算法进行数值转换和修正，就可以直接读出传感器的被测物理量，并可以随意编辑和修改物理量的显示单位。任意传感器测量可以对压力、流量、温度等各种类型的传感器进行配接。

随着电子技术和计算机技术的发展，目前部分数字万用表有数学运算、存储和调用的功能。数学运算主要是对测量值进行统计、dB 和相对运算等，存储与调用功能主要是对数字万用表内部存储区和外部 USB 存储设备中的仪器参数文件和数据文件进行存储、调用和删除。

6．注意事项

使用前应仔细阅读数字万用表的说明书，熟悉各功能及量程开关、功能键等的作用，还应了解数字万用表的极限参数，检查表笔的绝缘性。测量前务必要明确测量的对象、测量的物理量，尤其要注意测试方法，然后选择合适的量程。测量前如无法估计被测量的大小，应先使用最高量程测量，然后根据实际情况调整到合适量程。

（1）测量过程中，若需要换挡或移动测量位置，则必须将表笔从测量物体上移开，再进行换挡和更换测量位置。

（2）测量交流电压时，黑表笔接被测电压的低电位端，用以消除输入端对地分布电容的影响，减小测量误差。测量高压时必须注意安全，电压超过几百伏时，建议用单手操作，测量 1000V 以上高压时，必须用高压探头。

（3）测量过程中，若发现读数显示不正常，应检查表笔是否正确插入适当的插孔中。若测量的是电流信号，在确认接线无误而读数显示不正常的情况下，应检查电流挡位熔断器是否已经熔断。

（4）测量交流信号有效值时，要注意被测电路的工作带宽。只有被测量的有效值在数字万用表的有效带宽以内，才可以准确测量。

（5）频率计数器会在小电压、低频信号时引入误差，小电容测量时也容易因外部噪声导致测量误差，屏蔽输入非常有助于减小外部噪声带来的测量误差。

1.5.3　交流毫伏表

按照工作原理和读数方式的不同，交流毫伏表也有指针式和数字式之分。指针式交流毫伏表测量交流电压时，先将被测电压经衰减器衰减到适宜交流放大器输入的数值，再经交流电压放大器放大，最后经检波器检波，得到直流电压，由表头指示数值的大小。指针式交流毫伏表表头指针的偏转角正比于被测电压的平均值，而面板却是按正弦交流电压有效值进行刻度的，因此指针式交流毫伏表只能用于测量正弦交流电压的有效值。当测量非正弦交流电压时，指针式交流毫伏表的读数没有直接的意义，只有把该读数除以 1.11（正弦交流电压的波形系数），才能得到被测电压的平均值。数字式交流毫伏表测量交流电压时，先将被测电压转换成直流电压，然后再进行 A/D 转换成数字量，直接用数字显示器显示测量结果。数字式交流毫伏表按照 A/D 转换原理的不同，又可以分为峰值型、平均值型和有效值型三类。数字式交流毫伏表采用数字形式输出直观的测量结果，除具有测量准确度高、速度快、输入阻抗大、过载能力强、抗干扰能力强和分辨率高等优点外，还便于和计算机及其他设备组成自动测试仪器和系统，在电压测量中也占据了越来越重要的地位。

交流毫伏表的主要技术参数包括电压测量范围、被测信号频率范围、测量信号通道等。使用数字式交流毫伏表时，量程可以选择自动模式，测量时要注意正确接线。在使用指针式交流毫伏表时，要注意以下事项。

（1）测量前应短路调零。打开电源开关，将测试线（也称开路电缆）的红黑夹子夹在一起，将量程旋钮旋到 1mV 量程，指针应指在零位（有的毫伏表可通过面板上的调零电位器进行调零，凡面板无调零电位器的，内部设置的调零电位器已调好）。若指针不指在零位，则应检查测试线是否断路或接触不良，及时更换测试线。

（2）指针式交流毫伏表灵敏度较高，打开电源后，在较低量程时由于干扰信号（感应信号）的作用，指针会发生偏转，称为自启现象。所以在不测试信号时应将量程旋钮旋到较高量程挡，以防打弯指针。

（3）指针式交流毫伏表接入被测电路时，其地端（黑夹子）应始终接在电路的地上（成为公共接地），以防干扰。

（4）调整信号时，应先将量程旋钮旋到较大量程，改变信号后，再逐渐减小量程。

（5）指针式交流毫伏表表盘刻度分为 0～1 和 0～3 两种，量程旋钮切换量程分为逢一的量程（1mV、10mV、0.1V 等）和逢三的量程（3mV、30mV、0.3V 等），逢一的量程直接在 0～1 刻度线上读取数据，逢三的量程直接在 0～3 刻度线上读取数据，单位为该量程的单位，无须换算。

（6）使用前应先检查量程旋钮与量程标记是否一致，若错位就会产生读数错误。

（7）指针式交流毫伏表只能用来测量正弦交流信号的有效值，若测量非正弦交流信号就要经过换算。

（8）不可用万用表的交流电压挡代替指针式交流毫伏表测量交流电压。指针式万用表内阻较低，只能测量正弦电压，且测量频率范围较小。数字万用表一般只能测量稳定的交流信号电压，并且精确度低于指针式交流毫伏表，一般在量程允许的情况下尽量用指针式交流毫伏表。

1.5.4　示波器

示波器是一种用途十分广泛的电子测量仪器。它能把肉眼看不见的电信号变换成肉眼看得见的图像，便于人们研究各种电现象的变化过程。利用示波器能观察各种不同信号幅值随时间变化的波形曲线，还可以用它测试各种不同的电量，如电压、频率、相位差、调幅等。

示波器的种类很多，按照所处理信号的类别不同可以分为模拟示波器和数字示波器。模拟示波器的工作方式是直接测量信号电压，并且通过从左到右穿过示波器屏幕的电子束在垂直方向描绘出电压波形。数字示波器是通过模数（A/D）转换器把被测电压转换为数字信息，然后根据测得的数据在屏幕上重构波形。随着测量目标带宽越来越高，模拟示波器需要示波管、垂直放大和水平扫描等技术的全面推进才能够获取更高的带宽。数字示波器则只需要提高前端的 A/D 转换器的性能，便可以得到更高的带宽。数字示波器通过强大的数字信号处理能力，能够充分利用记忆、存储和处理，以及多种触发和超前触发能力。随着数字信号处理能力的大幅度提升，数字示波器提供了传统模拟示波器很多不具备的实用功能，使得模拟示波器逐渐退出了历史舞台。因此，现在使用的示波器主要以数字示波器为主。

1. 直流信号的测量

示波器主要测量直流信号的电压。打开示波器，使屏幕显示一条水平扫描线，此扫描线可定义为零电平线，也可以通过调节电压旋钮自定义零电平线。将被测信号接入示波器，此时，扫描线在垂直（Y 轴）方向产生跳变位移 H，被测电压即为垂直灵敏度 V/DIV 指示值与 H 的乘积。还可以通过加载参数的形式，直接在显示屏幕上读出被测试电压。

如果电压幅值过大，超过屏幕的显示范围，就将示波器电压选择旋钮向更大的数值旋转（或使用 AUTO 键）。如果旋转到最大值也不能解决问题，就使用测量线上的衰减开关，将输入电压衰减 10 倍。如果电压幅值过小，无法在屏幕上正常读数，就将示波器电压选择旋钮向更小的数值旋转（或使用 AUTO 键），直到屏幕上电压显示的幅值合适为止。

2．交流信号的测量

利用示波器所做的任何测量，都可归结为对电压的测量。示波器可以测量各种波形的电压幅值，既可以测量直流电压和正弦电压幅值，又可以测量脉冲或非正弦电压幅值。此外，还可以测量一个脉冲电压波形各部分的电压幅值，如上冲量或顶部下降量等。这是其他任何电压测量仪器都不能比拟的。

（1）交流电压的测量。

使用示波器可以测量交流电压的瞬时值、有效值、峰值和峰-峰值等。测量时要注意将被测信号的波形显示为 1～2 个周期，幅值不超出示波器的显示范围。测试被测信号时，可以直接从屏幕上量出被测电压波形的高度，然后换算成电压值，或者利用参数加载的方法，直接读出被测电压的幅值。

（2）频率的测量。

使用示波器测量信号频率的方法较多，常见的有周期测量法和图形测量法。周期测量法是针对周期信号，先用示波器测出信号的周期，然后再求出周期的倒数，即可计算出频率。为了减小测量误差，测量周期时，可采用多个周期测量求平均的方法。图形测量法是利用李萨如图形，得出已知信号的频率与待测信号频率之间的比值，然后再计算出待测频率。李萨如图形法测量频率比较精准，但较费时间，且只适用于精确测量频率较低的信号。

（3）相位的测量。

利用示波器测量相位的方法很多，如可采用双踪法和图形法。在低频相位差的测量中，常采用李萨如图形法（也称为椭圆法）。即把两个同频率的正弦波信号分别送入示波器的两个通道，使示波器工作在 X-Y 显示方式，此时示波器屏幕上会显示一个椭圆波形，即李萨如图形。由椭圆上的坐标可求得两信号的相位差。虽然李萨如图形法测量过程比双踪示波法复杂，但其测量结果比双踪示波法要准确。

（4）时间的测量。

示波器时基能产生与时间呈线性关系的扫描线，因而可以用显示屏幕的水平刻度来测量波形的时间参数，如周期性信号的重复周期、脉冲信号的宽度、时间间隔、上升时间（前沿）和下降时间（后沿）、两个信号的时间差等。

3．注意事项

使用示波器时，要保证测量波形准确、数据可靠，应注意以下几点。

（1）在测试时，要检查探头衰减与示波器通道衰减倍数设置是否一致，否则会引起读数错误。

（2）测量时，先利用示波器内部的校正信号进行校准，然后再测量。

（3）在使用示波器直流输入方式时，应先将示波器输入接地，确定示波器的零基线，然后再测量被测信号的直流电压。

（4）被测信号电压不应超过示波器规定的最大输入电压，以免损坏示波器。

（5）数字示波器有自动测量功能，测量时可以直接从测量菜单里调出所需的各种参数。

（6）示波器可以作为高内阻的电压表使用，被测电路中有一些高内阻电路，若用普通万用表测电压，由于万用表内阻低，测量结果会不准确，同时还可能会影响被测电路的正常工作。而示波器的输入阻抗比万用表高得多，测量不但较为准确，而且不会影响被测电路的正常工作。

1.5.5　函数信号发生器

函数信号发生器是一种信号发生装置，又称波形发生器。它能产生某些特定的周期性时间函数波形（正弦波、方波、三角波、锯齿波和脉冲波等）信号，频率范围可从几微赫到几十兆赫。除供通信、仪表和自动控制系统测试用外，还广泛用于教学、电子实验、仪器开发、电子仪器测量等领域。

函数信号发生器经常与示波器一起使用，用于给被测电路提供所需波形、幅值和频率的测量信号。在电路测试中，可以通过测量、对比输入信号和输出信号，来判断信号处理电路的功能和特性是否达到设计要求。

在使用函数信号发生器时，需注意如下事项。

（1）函数信号发生器的输出阻抗一般是 50Ω，若被测试电路的输入阻抗较低且输入信号较小，则在输出端易产生较大的误差。

（2）在测试信号接入前，要先调整好测试信号的幅值和频率，以及所接入的通道，若不需要直流电平，就要把直流电平设置为零。

（3）信号线要与相应通道的输出端紧固连接。为确定信号线的完好，可以先将输出信号接至示波器，观察测试信号是否达到要求。

本 章 小 结

1. 常用测量参数：在电子电路实验中，常用的测量参数主要是常用元器件的测量、电参量的测量、电信号特性的测量、电子电路性能及特性曲线的显示与测量。

2. 电子测量方法主要有三种：直接测量、间接测量和组合测量。直流电压可以采用万用表和示波器进行直接测量，也可以采用测量电位方法，间接计算电压。交流电压可以用万用表或示波器测量其峰值（或峰–峰值）、平均值、有效值，使用交流毫伏表测量有效值，或者使用示波器观察其波形。时间测量通常是指对信号的时间参数进行测量，如信号的周期、脉冲宽度、上升时间和下降时间等参数。时间的基本测量方法有电子计数法和示波器法。相位测量通常是指两个同频率信号之间的相位差的测量。常用的相位差的测量方法有示波器测量法和电子计数器测量法。幅频特性及通频带的测量方法通常有逐点法和扫频法两种。

3. 常用计量单位：在工程计算和测量中，常用 dB、dBm 和 dBW 作为计量单位。

4. 误差分析：系统误差的特点是测量结果向一个方向偏离，其数值按一定规律变化。可以根据实验条件找出产生系统误差的主要原因，采取适当措施降低它的影响。在确定的测量条件下，对同一物理量进行多次测量，并且用它的算术平均值作为该物理量的测量结果，能够比较好地减少偶然误差。绝对误差可以说明测得值偏离实际值的程度，相对误差则可以恰当地表征测量的准确程度。

5. 使用仪器时，应先阅读仪器使用说明手册，然后根据待测量，选择合适的仪器，正确接入待测电路。

思 考 题

1. 某放大电路的电压放大倍数为 200，若用 dB 表示，那么电压增益为多少？
2. 在电路参数的测量和计算中，往往要求进行误差分析，谈谈误差分析的意义。
3. 某电路的输入电压的有效值约为几毫伏时，请问选择哪种测量仪器比较合适？说明其原因。
4. 使用交流毫伏表和数字万用表测量交流信号的电压时，有什么区别？
5. 使用数字万用表和示波器测量交流信号的电压时，有什么区别？
6. 在电路测量中，函数信号发生器的主要作用是什么？如何接入待测电路？请举例说明。

第2章 半导体器件的参数测量及其应用仿真

为了更好地理解二极管、三极管、场效应管和集成运放等元器件的特点，掌握构成电子电路的各元器件的特征、功能及测试方法，并与实践应用相衔接，本章结合 Multisim 14 仿真软件，着重仿真分析了元器件的主要参数及其典型应用电路，旨在培养学生使用仿真软件分析模拟电子电路能力。本章主要探讨的内容如下。

● Multisim 14 仿真软件的使用
● 二极管及仿真分析
● 三极管及仿真分析
● 场效应管及仿真分析
● 集成运算放大器及仿真分析
● 集成功率放大器及仿真分析

2.1 仿真软件 Multisim 简介和使用

2.1.1 Multisim 简介

Multisim 电路仿真软件的前身是加拿大图文交互技术（Interactive Image Technologies，IIT）公司于 20 世纪 80 年代推出的一款专门用于电子电路仿真的虚拟电子工作平台（Electronic Workbench，EWB）。该仿真软件可以对数字电路、模拟电路以及模拟数字混合电路进行仿真。由于其界面直观、操作方便、分析功能强大、易学易用等优点，受到了广大电子技术人员的好评。

从 EWB 5.0 版本以后，IIT 公司对 EWB 进行了较大改动，将专门用于电子电路仿真的模块命名为 Multisim。2001 年，IIT 公司推出 Multisim 2001，重新验证了元器件库中所有元器件的信息和模型，提高了数字电路仿真速度。2003 年，IIT 公司将 Multisim 2001 升级为 Multisim 7，增加了 19 种虚拟仪器，元器件也增加到了 13000 个。2005 年，IIT 公司被美国 NI（National Instrument）公司收购，并于同年 12 月推出 Multisim 9，将 LabVIEW 仪器融入其中，同时增加了 51 和 PIC 系列单片机仿真功能。2007 年，NI 公司将电路仿真软件 Multisim 10 与 PCB 版图制作软件 Ultiboard 10 整合为电路设计套件（NI Circuit Design Suite 10），给用户带来了更大的便利性。2010 年，NI 公司推出 Multisim 11，在元器件库中增加了 Microchip、Texas Instruments、Linear Technologies 等公司的元器件。2012 年，NI 公司推出 Multisim 12，该版本提供了功能更强大的电子仿真设计界面和文件管理功能，能方便对射频、PSPICE、VHDL、MCU 等各种电路进行仿真，使电子电路的仿真更为便捷和高效。2013 年 12 月，NI 公司正式推出 Multisim 13，2015 年 4 月，该公司推出 Multisim 14，2019 年 5 月发布了 Multisim 14.2.0。

Multisim 14 是以 Windows 为基础、符合工业标准的、具有 Spice 最佳仿真环境的电路设计软件。该软件基于 PC 平台，采用图形操作界面虚拟仿真了一个与实际情况非常相似的电子电路实验工作台，几乎可以完成在实验室进行的所有电子电路实验，已被广泛地应用于电子电路分析、设计、仿真等各项工作中。

2.1.2　Multisim 14 分析方法

在电子电路中，需要对所设计电路进行各种参数分析，以确定电路的各项性能指标。Multisim 14 提供了直流工作点分析、交流分析、瞬态分析等各种分析功能。

1．直流工作点分析（DC Operation Point Analysis）

直流工作点分析就是当电路中仅有直流电压源和直流电流源作用时，计算电路中每个点上的电压和各条支路上的电流。在进行直流工作点分析时，电路中的交流信号将自动设定为零，交流电压源设定为短路，交流电流源设定为开路。电容设定为开路，电感设定为短路。

下面以单管共射放大电路为例进行介绍，首先搭建如图 2-1 所示的 BJT 单管共射放大仿真电路。

单击仿真/分析/直流工作点分析，打开直流工作点分析对话框，如图 2-2 所示。

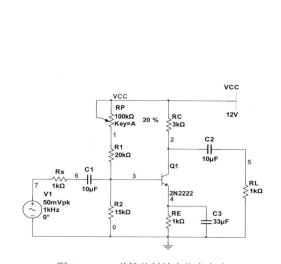

图 2-1　BJT 单管共射放大仿真电路　　　　　　　图 2-2　直流工作点分析对话框

在该对话框的输出选项卡中，从左侧列表中选择需要分析的输出变量，按选项卡中间的添加按钮，将相应的变量添加到右侧的选定变量列表中。也可以通过添加表达式的方式，计算三极管的输入电压（$U_{BE}=V(3)-V(4)$）和输出电压（$U_{CE}=V(2)-V(4)$）以及直流电流放大倍数。本例中选择分析的输出变量为三极管三个电极的电位和电流。单击仿真按钮，得到仿真结果如图 2-3 所示，三极管基极电位为 3.05241V，基极电流为 20.21784μA，集电极电位为 4.85839V，集电极电流为 2.38312mA，发射极电位为 2.40073V，发射极电流为-2.40334mA。其中，发射极电流前的负号说明该电流方向与基极和集电极电流方向相反。即若基极和集电极电流是流进的，则发射极电流是流出的；反之亦然。

2．交流分析（AC Analysis）

交流分析是对电路的交流频率响应进行分析。在交流分析中，电路的所有激励均被视为正弦波信号，如果使用非正弦波信号，则 Multisim 14 自动将其改为正弦波信号。如图 2-1 所示，设置信号源频率为 1kHz，幅度为 10mV，单击仿真/分析/交流分析，弹出交流分析对话框，如图 2-4 所示。

在频率参数选项卡中，设置合适的起始频率和终止频率。单击输出选项卡，在变量列表中选择 V(5)为分析变量，单击仿真按钮，得到电路输出信号的幅频特性和相频特性，如图 2-5 所示。

图 2-3 直流工作点分析仿真结果

图 2-4 交流分析对话框

3．单频交流分析（Single Frequency AC Analysis）

单频交流分析用于测试电路对某个特定频率的交流频率响应。如图 2-1 所示，单击仿真/分析/单频交流分析，弹出如图 2-6 所示的单频交流分析对话框。在频率参数选项卡中，设置频率为1kHz，复合数字格式选择幅值/相位。单击输出选项卡，选择节点 5 的电位 V(5)为输出节点，单击仿真按钮，即可得到仿真结果。

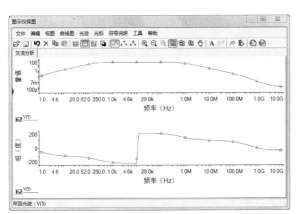

图 2-5 交流分析仿真结果

图 2-6 单频交流分析对话框

4．瞬态分析（Transient Analysis）

瞬态分析是指在激励作用下分析时间域内电路响应的波形函数。Multisim 14 在进行瞬态分析时，将进行连续的直流工作点分析，把结果用节点电位的形式展示出来。如图 2-1 所示，设置信号源频率为1kHz，幅值为10mV。单击仿真/分析/瞬态分析，打开瞬态分析对话框，如图 2-7 所示。

在分析参数选项卡中可以设置合适的起始时间、结束时间和最大时间步长等参数，输出选项卡中选择 V(5)为输出变量，单击仿真按钮，得到瞬态分析仿真结果，如图 2-8 所示。

5．噪声分析（Noise Analysis）

噪声分析就是分析噪声对电路性能的影响。Multisim 14 中的噪声模型假定了仿真电路中的每一个元器件经过噪声分析后，它们的总噪声输出对仿真电路的输出节点的影响。在 Multisim 14 中给出了 3 种噪声模型，分别是热噪声、散粒噪声和闪烁噪声。

图 2-7　瞬态分析对话框

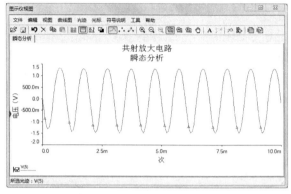

图 2-8　瞬态分析仿真结果

单击仿真/分析/噪声分析，弹出噪声分析对话框，如图 2-9 所示。在分析参数选项卡中，选择输入噪声参考源为信号源 V1，输出节点选择 V(5)，参考节点默认为接地点，在更多选项中选择计算功率谱密度曲线。

在输出选项卡中设置 inoise_spectrum 和 onoise_spectrum 为待观察的输出变量，如图 2-10 所示。单击仿真按钮，得到噪声分析仿真结果，如图 2-11 所示。

图 2-9　噪声分析对话框

图 2-10　噪声分析输出选项卡

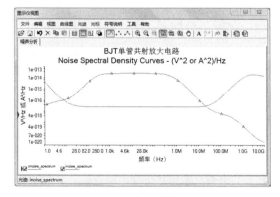

图 2-11　噪声分析仿真结果

6. 噪声系数分析（**Noise Figure Analysis**）

噪声系数分析用来衡量噪声对信号的干扰程度。信噪比是一个衡量电子电路中信号质量好坏的重要参数。Multisim 12 的噪声系数分析是指分析输入信噪比/输出信噪比的变化。

单击仿真/分析/噪声系数分析，弹出如图 2-12 所示的噪声因数分析对话框。设置信号源 V1 为输入噪声信号源，V(5)为输出节点，参考节点默认接地点。

单击仿真按钮，即可得到噪声系数分析仿真结果。

7. 失真分析

失真分析用于分析电子电路中的非线性失真和相位偏移，通常非线性失真会导致谐波失真，而相位偏移会导致互调失真。如果电路中有一个交流信号源，则该分析方法就会确定电路中的每个节点的二次和三次谐波造成的失真。如果电路中有两个频率（f_1、f_2，且 $f_1 > f_2$，）不同的交流信号源，则该分析方法能够确定电路变量在 3 个不同频率上的谐波失真：$f_1 + f_2$、$f_1 - f_2$、$2f_1 - f_2$。

在进行失真分析前，需要设置交流信号源的参数。双击信号源，打开信号源参数设置对话框，单击值选项卡，设置失真频率 1 的幅值和相位，当进行互调失真分析时，还需要设置失真频率 2 的幅值和相位，如图 2-13 所示。

图 2-12　噪声因数分析对话框

图 2-13　信号源参数设置对话框

单击仿真/分析/失真分析，设置分析的起始频率、停止频率、扫描类型等参数，单击输出选项卡，选择 V(5)为输出节点。单击仿真按钮，得到失真分析仿真结果，如图 2-14 所示。

8. 直流扫描分析（**DC Sweep Analysis**）

直流扫描分析用来分析电路中的某个节点电压/电流随电路中的一个或两个直流电源变化的情况。通过直流扫描分析可以直观看到扫描参数的变化对仿真实验结果的影响。在进行直流扫描分析时，电容视为开路，电感视为短路。

单击仿真/分析/直流扫描分析，打开直流扫描分析对话框，在分析参数选项卡中，选择电源 VCC 为要扫描的直流电源，设置扫描电压的起始值、停止值和增量。单击输出选项卡，选择节点 2 的电位 V(2)为输出节点。单击仿真按钮，得到直流扫描分析仿真结果，如图 2-15 所示。

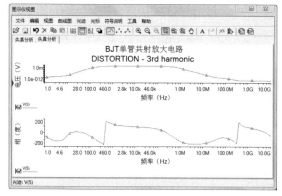

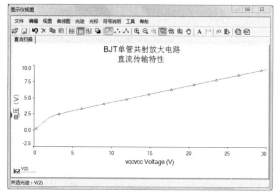

图 2-14　失真分析仿真结果　　　　　　　　　图 2-15　直流扫描分析仿真结果

9. 参数扫描分析（Parameter Sweep Analysis）

参数扫描分析就是不断变化仿真电路中某个元器件的参数，观察其参数值在一定范围内的变化对电路的直流工作点、瞬态特性以及交流频率特性的影响。

单击仿真/分析/参数扫描分析，弹出参数扫描对话框，如图 2-16 所示。以研究电阻 R1 阻值变化对输出电压的影响为例，在分析参数选项卡中，选择电阻 R1 为参数扫描器件，其他参数设置如图 2-16 所示。在输出选项卡中选择 V(5)为输出节点。单击仿真按钮，参数扫描分析仿真结果如图 2-17 所示。从图 2-17 中可以看出，当电阻 R1 阻值较小时，输出波形不失真；当电阻 R1 阻值增大到一定程度时，输出信号出现了截止失真。

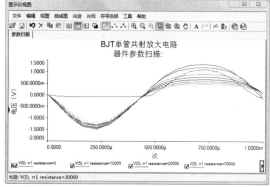

图 2-16　参数扫描对话框　　　　　　　　　图 2-17　参数扫描分析仿真结果

10. 温度扫描分析（Temperature Sweep Analysis）

在电子电路中，温度对电子元器件的影响很大，尤其对于半导体器件，更是不能忽视。温度扫描分析就是分析温度变化对电路性能的影响，相当于在不同工作温度条件下多次进行仿真电路的瞬时性能分析。单击仿真/分析/温度扫描分析，弹出温度扫描分析对话框，如图 2-18 所示。

在分析参数选项卡中，设置合适的开始和停止温度，在输出选项卡中选择 V(5)为输出节点。单击仿真按钮，得到温度扫描分析仿真结果，如图 2-19 所示。

图 2-18　温度扫描分析对话框

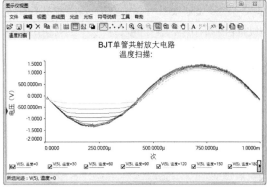

图 2-19　温度扫描分析仿真结果

2.1.3　Multisim 14 虚拟仪器使用方法

Multisim 14 提供了类型丰富的虚拟仪器，这些虚拟仪器的参数设置、使用方法、外观设计与实验室中的真实仪器基本一致。用户可通过虚拟仪器分析运行结果，判断设计是否合理。

1. 数字万用表

数字万用表可以用来测量电压、电流、电阻和分贝损耗等，其量程可以自动调节。单击仿真/仪器/万用表或仪表工具栏的 图标，将数字万用表移动到电路设计窗口中合适的位置，完成虚拟仪器的放置，如图 2-20(a)所示。双击万用表，弹出图 2-20(b)所示对话框。

对话框中的黑色条 为数值显示区，各按钮功能如下所述。

A：单击该按钮，测量对象为电流。

V：单击该按钮，测量对象为电压。

Ω：单击该按钮，测量对象为电阻。

dB：单击该按钮，数值显示切换到分贝表示。

∼：单击该按钮，测量的对象为交流参数。

━：单击该按钮，测量的对象为直流参数。

+：对应数字万用表正极。

−：对应数字万用表负极。

设置……：设置万用表参数，单击该按钮，弹出如图 2-21 所示对话框，可以在该对话框中设置电流表和电压表内阻、欧姆表电流以及显示额定界限等。

(a)数字万用表　　　(b)万用表对话框

图 2-20　数字万用表及其对话框

图 2-21　万用表设置对话框

2．函数发生器

Multisim 14 的函数发生器可以产生正弦波、三角波和方波，信号频率可以在1Hz～999MHz 范围内调节。单击仿真/仪器/函数发生器或仪表工具栏的 ▒▒ 图标，将函数发生器移动到电路设计窗口中合适的位置，完成虚拟仪器的放置，如图 2-22(a)所示。双击函数发生器，弹出图 2-22(b)所示对话框。

如图 2-22(b)所示，函数发生器的波形有三种，从左到右分别表示正弦波、三角波和方波。信号选项中可以设置信号的频率、占空比、幅值和偏置。

如图 2-23 所示为数字万用表测量函数发生器输出交流电压有效值的电路。设置函数发生器输出波形为正弦波，频率为1kHz，幅值为10V。启动仿真，双击数字万用表，得到如图 2-24 所示的测量结果。

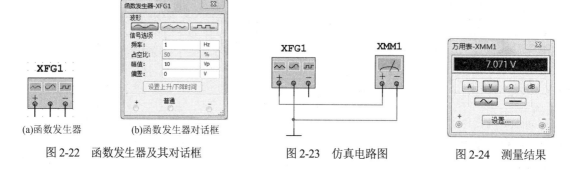

(a)函数发生器　　　　　(b)函数发生器对话框

图 2-22　函数发生器及其对话框　　　　　图 2-23　仿真电路图　　　　　图 2-24　测量结果

3．双通道示波器

双通道示波器主要用于显示被测信号的波形，还可以用于测量被测信号的频率、周期、幅值等参数。单击仿真/仪器/双通道示波器或仪表工具栏的 ▒▒ 图标，将双通道示波器移动到电路设计窗口中合适的位置，完成虚拟仪器的放置。双通道示波器如图 2-25(a)所示。

如图 2-25(b)所示，函数发生器 1 波形设置为正弦波、频率为1kHz、幅值为10V，函数信号发生器 2 波形设置为三角波、频率为500Hz、幅值为5V。启动仿真，双通道示波器波形如图 2-26 所示。从该示波器中可以读取各信号的频率、周期、幅值等参数，还可以进行时基、通道 A、通道 B、触发设置。时基设置包括 X 轴刻度选择、X 轴位移、波形显示方式。通道 A 和通道 B 设置可调整对应通道刻度、位移、波形显示方式。触发设置可以选择触发方式，包括边沿触发、电平触发、触发次数等。

此外，还可以用四通道示波器同时观测 4 路输入信号，其使用方法和参数调节方式与双通道示波器基本一致。

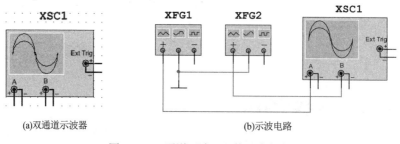

(a)双通道示波器　　　　　　　　　　(b)示波电路

图 2-25　双通道示波器及其示波电路

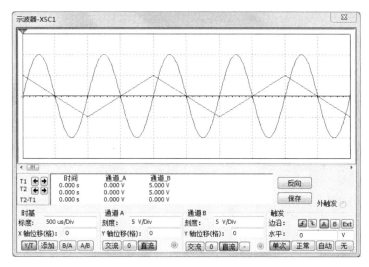

图 2-26　双通道示波器波形

4. 波特测试仪

波特测试仪主要用于测量电路的频率特性，包括幅频特性和相频特性。单击仿真/仪器/波特测试仪或仪表工具栏的▧图标，将波特测试仪移动到电路设计窗口中合适的位置，完成虚拟仪器的放置，如图 2-27(a)所示。双击波特测试仪，弹出图 2-27(b)所示对话框。

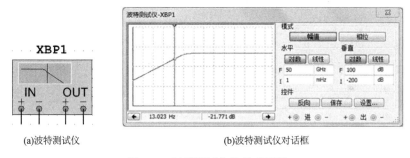

(a)波特测试仪　　　　　　　　　　　　(b)波特测试仪对话框

图 2-27　波特测试仪及其对话框

在图 2-27(b)所示波特测试仪对话框中，左边为幅频特性曲线或相频特性曲线的显示区域，右边为参数设定区域。设定的参数包括：幅值/相位选择、对数/线性坐标选择、水平/垂直坐标的最大值（F）/最小值（I）设定等。

5. IV 分析仪

IV 分析仪是一种专门用于测量二极管、晶体管和 MOS 管特性曲线和参数的仪器。单击仿真/仪器/IV 分析仪或仪表工具栏的▧图标，将 IV 分析仪移动到电路设计窗口中合适的位置，完成虚拟仪器的放置，如图 2-28(a)所示。

双击 IV 分析仪，弹出图 2-28(b)所示 IV 分析仪对话框。其中，对话框左边为 IV 曲线显示区域，右边为参数设定区域。在参数设定区域上方为元器件选择，包括二极管、PNP 型 BJT、NPN 型 BJT、PMOS、NMOS，选定了分析元器件，在控制面板下方会显示相应元器件与 IV 分析仪的连接图。其他参数设置包括电流/电压的对数/线性坐标选择、显示区域的起点（I）和终点（F）。

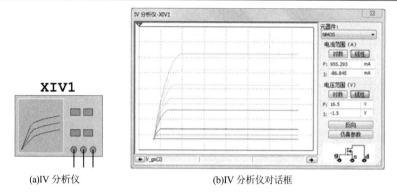

(a)IV 分析仪　　　　　　　　　　　　　　(b)IV 分析仪对话框

图 2-28　IV 分析仪及其对话框

6. 光谱分析仪

光谱分析仪主要用于信号的频域分析。单击仿真/仪器/光谱分析仪或仪表工具栏的 ▦ 图标，将光谱分析仪移动到电路设计窗口中合适的位置，完成虚拟仪器的放置，如图 2-29(a)所示。光谱分析仪共有 2 个接线端，用于连接被测电路的被测端点和外部触发端。双击该图标，弹出光谱分析仪对话框，如图 2-29(b)所示。

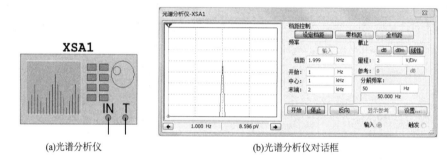

(a)光谱分析仪　　　　　　　　　　　　　　(b)光谱分析仪对话框

图 2-29　光谱分析仪及其对话框

2.2　二极管

阳极 ○——▷|——○ 阴极

图 2-30　二极管的代表符号

二极管是一种半导体电子器件，其代表符号如图 2-30 所示，P 区一侧引出的电极为阳极（正极），N 区一侧引出的电极为阴极（负极），三角形表示正向电流的方向。一般在二极管的外壳上标有符号、色点或色圈来表示其极性。

2.2.1　二极管的类型

按材料分：有硅二极管、锗二极管和砷化镓二极管等。

按结构分：根据 PN 结面积大小，有点接触型和面接触型二极管。

按用途分：有整流、稳压、开关、发光、光电、变容和阻尼等二极管。

按封装形式分：有塑料封装（塑封）及金属封装等二极管。

按功率分：有大功率、中功率及小功率等二极管。

2.2.2　常用二极管的主要参数

一些常用二极管的主要参数分别如表 2-1、表 2-2、表 2-3 所示。

表 2-1　部分常用锗二极管的主要参数

型号	反向击穿电压 V_{BR}/V	反向电流 I_R/μA	最高反向电压 V_{RM}/V	反向工作电压 V_R/V	正向电流 I_F/mA	最大整流电流 I_{OM}/mA	最高工作频率 f_M/MHz
2AP1	≥40		20	≥10	≥2.5		
2AP3	≥45	≤250	30	≥25	≥7.5	16	
2AP5	≥110		75	≥75	≥2.5		150
2AP7	≥150		100	≥100	≥5.0	12	
2AP8B	≥15	≤200	15	≥10	≥6	35	
2AP9	20		10	≥10	≥8	5	100
2AP10	30	40	20	≥20			
2AP14	≥30	≤250	30	≥30	≥30	≤30	40
2AP17	≥100	≤250	100	≥100	≥10	≤15	

表 2-2　部分普通整流二极管的主要参数

最高反向电压/V									额定正向电流 /A	正向压降 /V	反向漏电流 /μA
50	100	200	300	400	500	600	800	1000			
型号											
1N4001	1N4002	1N4003		1N4004		1N4005	1N4006	1N4007	1	1.1	5
1N5391	1N5392	1N5393	1N5394	1N5395	1N5396	1N5397	1N5398	1N5399	1.5	1.4	10
PS200	PS201	PS202		PS204		PS206	PS208	PS2010	2	1.2	15
1N5400	1N5401	1N5402	1N5403	1N5404	1N5405	1N5406	1N5407	1N5408	3	1.2	10

表 2-3　部分常用稳压二极管的主要参数

型号	稳定电压 V_Z/V	稳定电流 I_Z/mA	在稳定电流下的动态电阻 R_Z/Ω	最大工作电流 I_{ZM}/mA	稳定电流下的电压温度系数 C_{TV}/(10⁻⁴/℃)	最大耗散功率 P_{ZM}/W	反向漏电流 I_{EO}/μA
2CW52	3.2～5.5		≤70	55	≥8		≤2
2CW54	5.5～6.5	10	≤30	38	3～5		
2CW56	7.0～8.8		≤15	27	≤7		
2CW58	9.2～10.5		≤25	23	≤8	0.25	
2CW59	10.0～11.8	5	≤30	20	≤9		≤0.5
2CW60	11.5～12.5		≤40	19	≤9		
2CW68	27～30	3	≤95	8	≤10		
2CW100	1.0～2.8	50	≤15	330	≤9	1	≤10
2CW110	11.5～12.5	20	≤20	76	≤9		≤0.5
2CW130	3.0～5.5	100	≤20	660	≥8	3	≤5
2CW139	12.2～14.0	50	≤16	200	≤10		≤0.5
2DW231	5.8～6.6	30	≤15	30	≤|50|	0.2	≤1
2DW232	6.0～6.5	30	≤20	30	≤|5|	0.2	≤1

2.2.3　二极管的极性判别及选用

二极管的极性判别：一般情况下，二极管有色点的一端为正极，如 2AP1～2AP7、2AP11～2AP17 等。如果是透明玻璃壳二极管，则可以直接看出极性，即内部连接触丝的一头是正极，连接半导体片的一头是负极。塑封二极管有圆环标志的是负极，如 1N4000 系列。无标记的二极管，可利用二极管的单向导电性，用万用表欧姆挡分别测二极管的正向电阻、反向电阻来判别正极、负极。

二极管的选用：二极管的正向电阻越小越好，通常为几十欧至几千欧；反向电阻越大越好，一般应大于 500kΩ。二极管的反向电阻与正向电阻相差越大，说明二极管的单向导电性能越好，通常要求相差 1000 倍以上。

点接触型二极管的工作频率高，不能承受较高的电压和通过较大的电流，多用于检波、小电流整流或高频开关电路。面接触型二极管的工作电流和能承受的功率都较大，但适用的频率较低，多用于整流、稳压、低频开关电路等方面。选用整流二极管时，既要考虑正向电压，又要考虑正向最大工作电流和最高反向电压。选用检波二极管时，要求工作频率高，正向电阻小，以保证较高的工作效率，较好的特性曲线，避免引起过大的失真。

2.2.4　二极管特性仿真

在 Multisim 元器件库中选择二极管 1N4148，调用 IV 分析仪，建立如图 2-31 所示的二极管特性仿真电路。启动仿真，双击 IV 分析仪图标打开 IV 分析仪对话框，设置仿真参数，得到二极管的伏安特性曲线，如图 2-32 所示。

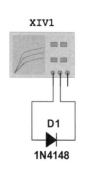

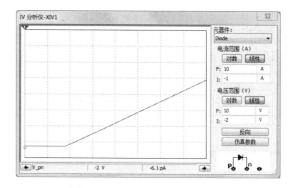

图 2-31　二极管特性仿真电路　　　　　　图 2-32　二极管的伏安特性曲线

移动窗口左侧的游标，在二极管伏安特性曲线上选择 10 个典型数据，记录于表 2-4 中。根据表 2-4 中的数据，用描点法绘出二极管伏安特性曲线。

表 2-4　二极管伏安特性数据记录表

序号	1	2	3	4	5	6	7	8	9	10
u_D										
i_D										

2.2.5　直流稳压电源仿真分析

1. 整流电路

整流电路的作用就是把交流电变换成直流电。搭建如图 2-33 所示的单相桥式整流电路。设置信号源频率为 50Hz，电压源电压有效值为 220V。启动仿真，示波器显示整流前后的波形如图 2-34 所示。

改变 R1 的阻值,观察输出波形的变化。

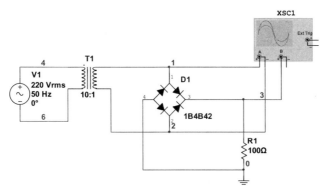

图 2-33　单相桥式整流电路

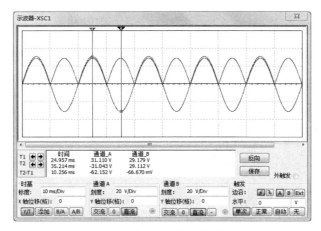

图 2-34　示波器显示整流前后的波形

2. 滤波电路

整流后输出的电压是单相脉动的,为了减小脉动,可采用电容滤波电路。在如图 2-33 所示电路中加入滤波电容 C1,同时为了减小纹波加入高频电容 C2,如图 2-35 所示。

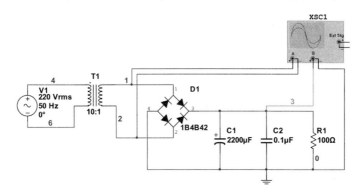

图 2-35　整流滤波电路

启动仿真,示波器输出波形如图 2-36 所示。改变电容 C1 的值,观察示波器输出波形,分析电容 C1 的取值对滤波效果的影响。改变电容 C2 的值,观察示波器输出波形,分析电容 C2 的取值对滤波效果的影响。

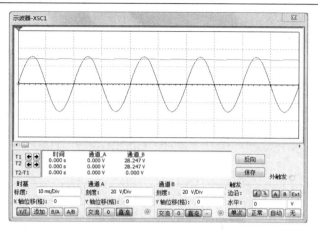

图 2-36　示波器输出波形

3. 直流稳压电源电路

为了进一步减小纹波电压并提高带载能力，在整流滤波后接入稳压电路构成直流稳压电源电路，如图 2-37 所示。测量并计算直流稳压电源电路的各项性能指标。

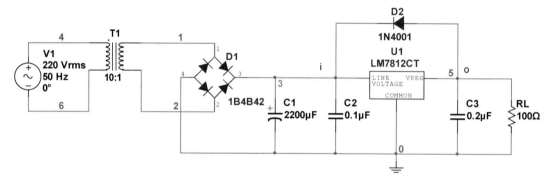

图 2-37　直流稳压电源电路

（1）输出电阻。调用万用表，分别测量图 2-37 中输出端空载电压 $U_o =$ _____ V，带载电压 $U_{oL} =$ _____ V，流过负载电流 $I_{oL} =$ _____ A，计算输出电阻：

$$R_o = \frac{\Delta U_o}{\Delta I_o} = \frac{U_o - U_{oL}}{I_{oL}} = \underline{\hspace{2cm}} \Omega$$

（2）电流调整率。根据上一步测量得到的 U_o 和 U_{oL}，计算电流调整率：

$$S_i = \left. \frac{U_o - U_{oL}}{U_o} \right|_{\substack{\Delta U_i = 0 \\ \Delta T = 0}} \times 100\% = \underline{\hspace{2cm}}$$

（3）稳压系数。测量集成稳压器输入电压 $U_i =$ _____ V；改变信号源输出，使信号源有效值增大 10%，测量集成稳压器输入电压 $U_i' =$ _____ V，输出电压 $U_{oL}' =$ _____ V；改变信号源输出，使信号源有效值减小 10%，测量集成稳压器输入电压 $U_i'' =$ _____ V，输出电压 $U_{oL}'' =$ _____ V。计算稳压系数：

$$S_U = \left. \frac{(U_{oL}' - U_{oL}'')/U_{oL}}{(U_i' - U_i'')/U_i} \right|_{\substack{\Delta I_o = 0 \\ \Delta T = 0}} \times 100\% = \underline{\hspace{2cm}}$$

此外，根据如图 2-37 所示的电路，还可以测量纹波系数、纹波抑制比等。

2.3　三极管

三极管的主要功能是电流放大，也可以当作电子开关，配合其他组件还可以构成振荡器等。三极管的种类很多，并且不同的型号有不同的用途，大多数是塑料封装或金属封装。

常用的三极管有 90×× 系列，包括低频小功率硅管 9013（NPN）、9012（PNP），低噪声管 9014（NPN），高频小功率管 9018（NPN），等等。它们的型号一般都标在塑料外壳上，其外形都一样，都是 TO-92 标准封装，如图 2-38 所示。在老式的电子产品中还能见到 3DG6（低频小功率硅管）、3AX31（低频小功率锗管）等，它们的型号也都印在金属外壳上，封装方式为 TO-18，如图 2-39 所示。

图 2-38　TO-92 封装　　　　　　　　　　　图 2-39　TO-18 封装

2.3.1　常用三极管的主要参数

一些常用三极管如 3DG100（3DG6）型 NPN 硅高频小功率三极管、3DG130（3DG12）型 NPN 硅高频小功率三极管、9011～9018 塑封硅三极管、常用开关三极管的主要参数分别如表 2-5～表 2-8 所示。

表 2-5　3DG100（3DG6）型 NPN 硅高频小功率三极管的主要参数

原型号		3DG6				测试条件
新型号		3DG100A	3DG100B	3DG100C	3DG100D	
极限参数	P_{cm}/mW	100	100	100	100	$T_a = 25℃$
	I_{cm}/mA	20	20	20	20	
	$BV_{(br)cbo}$/V	≥30	≥40	≥30	≥40	$I_c = 100\mu A$
	$BV_{(br)ceo}$/V	≥20	≥30	≥20	≥30	$I_e = 100\mu A$
	$BV_{(br)ebo}$/V	≥4	≥4	≥4	≥4	$I_e = 100\mu A$
直流参数	I_{cbo}/μA	≤0.01	≤0.01	≤0.01	≤0.01	$V_{cb} = 10V$
	I_{ceo}/μA	≤0.1	≤0.1	≤0.1	≤0.1	$V_{ce} = 10V$
	I_{ebo}/μA	≤0.01	≤0.01	≤0.01	≤0.01	$V_{eb} = 1.5V$
	V_{bes}/V	≤1	≤1	≤1	≤1	$I_c = 10mA, I_b = 1mA$
	V_{ces}/V	≤1	≤1	≤1	≤1	$I_c = 10mA, I_b = 1mA$
	h_{FE}	≥30	≥30	≥30	≥30	$V_{ce} = 10V, I_c = 3mA$
交流参数	f_T/MHz	≥150	≥150	≥300	≥300	$V_{cb} = 10V, I_e = 3mA;$ $f = 100MHz, R_L = 5\Omega$
	K_P/dB	≥7	≥7	≥7	≥7	$V_{cb} = 6V, I_e = 3mA;$ $f = 100MHz$
	C_{ob}/pF	≤4	≤4	≤4	≤4	$V_{cb} = 10V, I_e = 0$
h_{FE} 色标分挡		（红）30～60；（绿）50～110；（蓝）90～160；（白）>150				

表2-6 3DG130（3DG12）型NPN硅高频小功率三极管的主要参数

原型号		3DG12				测试条件
新型号		3DG130A	3DG130B	3DG130C	3DG130D	
极限参数	P_{cm}/mW	700	700	700	700	$T_a = 25℃$
	I_{cm}/mA	300	300	300	300	
	$BV_{(br)cbo}$/V	≥40	≥60	≥40	≥60	$I_c = 100\mu A$
	$BV_{(br)ceo}$/V	≥30	≥45	≥30	≥45	$I_c = 100\mu A$
	$BV_{(br)ebo}$/V	≥4	≥4	≥4	≥4	$I_e = 100\mu A$
直流参数	I_{cbo}/μA	≤0.5	≤0.5	≤0.5	≤0.5	$V_{cb} = 10V$
	I_{ceo}/μA	≤1	≤1	≤1	≤1	$V_{ce} = 10V$
	I_{ebo}/μA	≤0.5	≤0.5	≤0.5	≤0.5	$V_{eb} = 1.5V$
	V_{bes}/V	≤1	≤1	≤1	≤1	$I_c = 100mA, I_b = 10mA$
	V_{ces}/V	≤0.6	≤0.6	≤0.6	≤0.6	$I_c = 100mA, I_b = 10mA$
	h_{FE}	≥30	≥30	≥30	≥30	$V_{ce} = 10V, I_c = 50mA$
交流参数	f_T/MHz	≥150	≥150	≥300	≥300	$V_{cb} = 10V, I_e = 50mA$; $f = 100MHz, R_L = 5\Omega$
	K_P/dB	≥6	≥6	≥6	≥6	$V_{cb} = 10V, I_e = 50mA$; $f = 100MHz$
	C_{ob}/pF	≤10	≤10	≤10	≤10	$V_{cb} = 10V, I_e = 0$
h_{FE}色标分挡		（红）30～60；（绿）50～110；（蓝）90～160；（白）>150				

表2-7 9011～9018塑封硅三极管的主要参数

参数		（3DG）9011	（3CX）9012	（3DX）9013	（3DG）9014	（3CG）9015	（3DG）9016	（3DG）9018
极限参数	P_{cm}/mW	200	300	300	300	300	200	200
	I_{cm}/mA	20	300	300	100	100	25	20
	$BV_{(br)cbo}$/V	20	20	20	25	25	25	30
	$BV_{(br)ceo}$/V	18	18	18	20	20	20	20
	$BV_{(br)ebo}$/V	5	5	5	4	4	4	4
直流参数	I_{cbo}/μA	0.01	0.5	0.5	0.05	0.05	0.05	0.05
	I_{ceo}/μA	0.1	1	1	0.5	0.5	0.5	0.5
	I_{ebo}/μA	0.01	0.5	0.5	0.05	0.05	0.05	0.05
	V_{ces}/V	0.5	0.5	0.5	0.5	0.5	0.5	0.35
	V_{bes}/V		1	1	1	1	1	1
	h_{FE}	30	30	30	30	30	30	30
交流参数	f_T/MHz	100			80	80	500	600
	C_{ob}/pF	3.5			2.5	4	1.6	4
	K_P/dB							10
h_{FE}色标分挡		（红）30～60；（绿）50～110；（蓝）90～160；（白）>150						

表 2-8　常用开关三极管的主要参数

型号	P_{cm} /mW	I_{cm} /mA	h_{FE}	f_T /MHz	I_{ceo} /μA	I_{ebo} /μA	BV_{ceo} /V	t_{on} /ns	t_{off} /ns
3AK11	120	70	30～150	≥8	≤30		≥25		
3AK20	50	20	30～150	≥150	≤50	≤100	≥12	≤40	≤150
3CK3	500	200	≥20	≥100	≤0.5	≤2	≥20	≤10	≤80
3CK11	100	20	20～200	≥150	≤1		≥20	≤45	≤150
3DK4	700	800	20～200	≥100	≤1	≤1	≥15	≤50	≤100
3DK12	75	30	20～150	≥150	≤0.1	≤0.1	≥20	≤30	≤60
3DK22	150	50	25～180	≥80	≤0.5		≥20	≤10	≤80
3DK41	300	200	≥20	≥100	≤1		≥15	≤50	≤100
3DK51	75	30	≥20	≥150	≤0.1		≥20	≤30	≤60

2.3.2　三极管的选用

1. 一般小功率三极管的选用

小功率三极管在电子电路中的应用最多，主要用作小信号的放大、控制或振荡器。选用三极管时首先要弄清楚电子电路的工作频率大概是多少。如中波收音机振荡器的最高频率为 2MHz 左右；而调频收音机的最高振荡频率为 120MHz 左右；电视机中 VHF 频段的最高振荡频率为 250MHz 左右；UHF 频段的最高振荡频率为 1000MHz 左右。工程设计中一般要求三极管的特征频率 f_T 大于 3 倍的实际工作频率，所以可按照此要求来选择三极管的 f_T。由于硅材料高频三极管的 f_T 一般不低于 50MHz，所以在音频电子电路中使用这类三极管可不考虑 f_T 这个参数。

小功率三极管 $BV_{(br)ceo}$（三极管基极开路时集电极-发射极间的反向击穿电压）的选择可以根据电路的电源电压来决定，一般情况下只要三极管的 $BV_{(br)ceo}$ 大于电路中电源的最高电压即可。当三极管的负载是感性负载，如变压器、线圈等时，$BV_{(br)ceo}$ 数值的选择要慎重，感性负载上的感应电压可能达到电源电压的 2～8 倍（如节能灯中的升压三极管）。一般小功率三极管的 $BV_{(br)ceo}$ 都不低于 15V，所以在无电感元件的低电压电路中也不用考虑这个参数。

一般小功率三极管的集电极最大允许电流 I_{cm} 为 30～50mA，对于小信号电路一般可以不予考虑。但对于驱动继电器及推动大功率音箱的三极管要认真计算。当然，首先要了解继电器的吸合电流是多少毫安，以此来确定三极管的 I_{cm}。

国产及国外生产的小功率三极管的型号极多，它们的参数有一部分是相同的，有一部分是不同的。可以根据以上分析的使用条件，本着"大能代小"的原则（即 $BV_{(br)ceo}$ 高的三极管可以代替 $BV_{(br)ceo}$ 低的三极管；I_{cm} 大的三极管可以代替 I_{cm} 小的三极管等），就可以对三极管应用自如了。

2. 大功率三极管的选用

对于大功率三极管，只要不是高频发射电路，我们都不必考虑三极管的特征频率 f_T。对于三极管的 $BV_{(br)ceo}$ 这个极限参数的考虑，与小功率三极管是一样的。对于 I_{cm} 的选择，主要也是根据三极管所带的负载情况而计算的。三极管的集电极最大允许耗散功率 P_{cm} 是大功率三极管重点考虑的问题，需要注意的是，大功率三极管必须有良好的散热器。即使是一只四五十瓦的大功率三极管，在没有散热器时，也只能经受两三瓦的功率耗散。大功率三极管的选择还应留有充分的裕量。另外，在选择大功率三极管时还要考虑它的安装条件，以决定选择塑封三极管还是金属封装三极管。

如果无法查到某三极管的参数，可以根据它的外形来推测它的参数。目前小功率三极管最常见的是 TO-92 封装的塑封管，也有部分是金属封装的。它们的 P_{cm} 一般为 100～500mW，最大的不超过

1W。它们的 I_{cm} 一般为 50～500mA，最大的不超过 1.5A。而其他参数不好判断。

2.3.3　三极管特性仿真

1．输入特性曲线

在 Multisim 元器件库中选择 NPN 型三极管 2N2222，搭建如图 2-40 所示的 BJT 输入特性仿真电路。

单击仿真/分析/直流扫描，打开直流扫描对话框。在分析参数选项卡中设置扫描源 1 为电源 VBB，设置扫描起始值、停止值和增量，在输出选项卡中设置电流 i_b 为输出变量。启动仿真，得到 BJT 输入特性曲线，如图 2-41 所示。

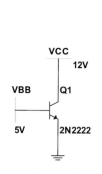

图 2-40　BJT 输入特性仿真电路

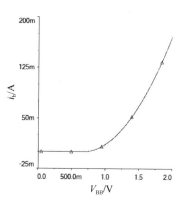

图 2-41　BJT 输入特性曲线

在 BJT 输入特性曲线中，单击工具/导出至 Excel，将数据保存至 Excel。在保存的 Excel 文档中选择 10 组典型数据记录于表 2-9 中。根据表 2-9 中的测量数据，用描点法绘出 BJT 输入特性曲线。

表 2-9　BJT 输入特性数据记录表

序号	1	2	3	4	5	6	7	8	9	10
u_{BE}										
i_B										

2．输出特性曲线

BJT 输出特性仿真电路如图 2-42 所示，选择 NPN 型三极管 2N2222，调用 IV 分析仪，在弹出的 IV 分析仪对话框中设置仿真参数，得到 BJT 输出特性曲线，如图 2-43 所示。

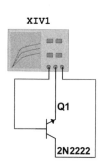

图 2-42　BJT 输出特性仿真电路

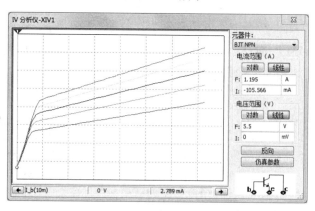

图 2-43　BJT 输出特性曲线

移动 IV 分析仪左侧游标，选择并记录 $i_b = 10\mu A$ 和 $i_b = 20\mu A$ 对应输出特性曲线上的 10 组典型数据，记录于表 2-10 中。根据表 2-10 中的数据，用描点法绘出 BJT 输出特性曲线。

表 2-10　BJT 输出特性数据记录表

序号	1	2	3	4	5	6	7	8	9	10
u_{ce}										
$i_c\big\|_{i_b=10\mu A}$										
$i_c\big\|_{i_b=20\mu A}$										

根据表 2-10 中的数据，计算电流放大系数：$\beta = \dfrac{\Delta i_c}{\Delta i_b} = $ _____。

2.3.4　共射极放大电路的仿真分析

1. 静态工作点的调节和测量

（1）静态工作点（也称直流工作点）的调节。搭建如图 2-44 所示电路，设置信号源频率为 1kHz。改变信号源幅值和 RP 的值，观察示波器波形，当示波器显示信号幅值最大且不失真时，表示静态工作点调节完毕。移动示波器显示窗口左侧游标读取并记录最大不失真输出电压幅值 $U_{opm} = $

_____。

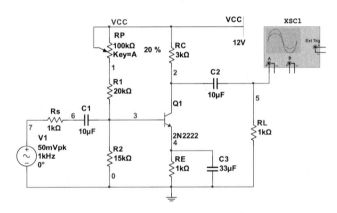

图 2-44　单管共射极放大电路

（2）静态工作点的测量。调节静态工作点后，单击仿真/分析/直流工作点，在弹出的直流工作点对话框中选择输出变量，单击仿真按钮完成静态工作点测量，将静态工作点测量数据记录于表 2-11 中。

表 2-11　静态工作点数据记录表

三极管型号	I_{bQ}	I_{cQ}	I_{eQ}	U_{beQ}	U_{ceQ}

2. 放大器动态性能测量

（1）电压增益测量：启动仿真，观察示波器输出波形，当输出波形正常放大且不失真时，用示波器或万用表测量输出电压 $U_{oL} = $ _____、输入电压 $U_i = $ _____，放大电路电压增益 $A_u = U_{oL}/U_i = $ _____。

（2）输入电阻测量：输入电阻为放大器输入端的等效电阻，为输入电压与输入电流之比。分别用万用表测量输入电压 U_i 和输入电流 I_i，可得输入电阻 $r_i = U_i/I_i = $ _____。 但在实际应用中，由于输入电流 I_i 的值很小（微安及以下），为减小测量误差，往往采用测量电压的方法，即 $r_i = U_i/(U_1 - U_i)$， 其中 U_1 为信号源 V1 的电压有效值。

（3）输出电阻测量：输出电阻为当输入电源置零时，从输出端看进去的交流等效电阻。根据输出电阻的定义，将放大电路信号源短路，用交流电压源替换负载，输出电阻测量电路如图 2-45 所示。用万用表分别测量交流电压源电压 $U_o = $ _____ 和该交流电压源输出电流 $I_o = $ _____，则输出电阻 $r_o = U_o/I_o = $ _____。

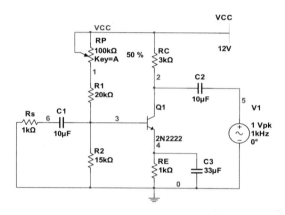

图 2-45　输出电阻测量电路

（4）频率特性观测。将波特测试仪接入电路中，如图 2-46 所示。

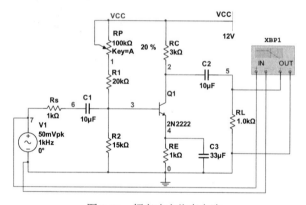

图 2-46　频率响应仿真电路

启动仿真，打开波特测试仪对话框，设置坐标显示模式、起始刻度（I）、终止刻度（F），得到放大电路的幅频特性曲线和相频特性曲线，分别如图 2-47 和图 2-48 所示。

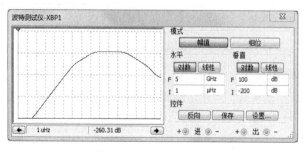

图 2-47　幅频特性曲线

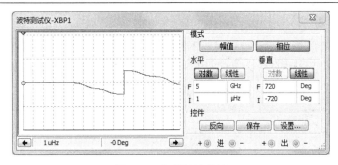

图 2-48　相频特性曲线

在幅频特性曲线中，拉动窗口左侧游标，记下最大值读数，再把游标拉动到幅值下降 3dB 处，记录上限截止频率 f_H = _____，下限截止频率 f_L = _____，计算 BW= _____。

（5）失真波形的调节和观察。

饱和失真：改变滑动变阻器 RP 的值，使放大器处于饱和区，观察示波器上的饱和失真波形。

截止失真：改变滑动变阻器 RP 的值，使放大器处于截止区，观察示波器上的截止失真波形。

既截止又饱和失真：增大信号源幅值，同时改变滑动变阻器 RP 的值，观察示波器上既截止又饱和失真波形。

（6）电路参数调节。

调整或改变如图 2-44 所示电路中的参数，观察三极管静态工作点和输出波形的变化，说明每个元器件在电路中的作用。根据三极管共射极放大电路的仿真分析，读者可以尝试三极管另外两种组态（共集电极组态和共基极组态）电路的仿真分析。

2.3.5　差分放大电路的仿真分析

如图 2-49 所示，当开关 S3 与左路闭合（并断开电阻 R8）时为典型差分放大电路，开关 S3 与右路闭合时为恒流源式差分放大电路。开关 S1 和 S2 都与上路闭合时构成差模信号输入，开关 S1 和 S2 都与下路闭合时构成共模信号输入。

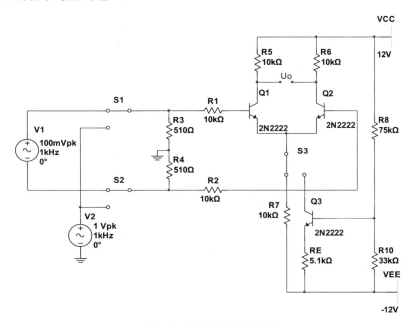

图 2-49　典型差分放大电路

1. 静态工作点测量

如图 2-49 所示，将开关 S1 和 S2 同时与下路闭合，S3 与左路闭合，信号源 V2 幅值设置为零。用万用表分别测量三极管 Q1 和 Q2 各电极的电位及电阻 RE 两端的电压 U_{RE}，记录于表 2-12 中。

表 2-12　典型差分放大电路静态工作点数据记录表

测量值	V_{C1}	V_{C2}	V_{B1}	V_{B2}	V_{E1}	V_{E2}	U_{RE}
测量计算值	I_{C1}	I_{C2}	I_{B1}	I_{B2}	U_{CE1}	U_{CE2}	I_E

2. 动态性能测量

（1）差模信号输入。

如图 2-49 所示，开关 S1 和 S2 与上路闭合，构成了差分放大电路的差模信号 u_{id}。设置信号源 V1 频率为 1kHz，幅值为 100mV，将示波器双通道分别接在信号源和双端输出 U_o，观察输出波形，用万用表测量差模输入电压 U_{id} 并记录于表 2-13 中。

表 2-13　差分放大电路数据记录表

测量值	典型差分放大器		恒流源式差分放大器	
	差模输入 u_{id}	共模输入 u_{ic}	差模输入 u_{id}	共模输入 u_{ic}
U_i				
$A_{vd1}=V_{c1d}/U_{id}$	$V_{c1d}=$	/	$V_{c1d}=$	/
	$A_{vd1}=$	/	$A_{vd1}=$	/
$A_{vd2}=V_{c2d}/U_{id}$	$V_{c2d}=$	/	$V_{c2d}=$	/
	$A_{vd2}=$	/	$A_{vd2}=$	/
$A_{ud}=U_{od}/U_{id}$	$U_{od}=$		$U_{od}=$	
	$A_{ud}=$		$A_{ud}=$	
$A_{vc1}=V_{c1c}/U_{ic}$	/	$V_{c1c}=$	/	$V_{c1c}=$
	/	$A_{vc1}=$	/	$A_{vc1}=$
$A_{vc2}=V_{c2c}/U_{ic}$	/	$V_{c2c}=$	/	$V_{c2c}=$
	/	$A_{vc2}=$	/	$A_{vc2}=$
$A_{uc}=U_{oc}/U_{ic}$	/	$U_{oc}=$	/	$U_{oc}=$
	/	$A_{uc}=$	/	$A_{uc}=$
$K_{CMR1}=\left|\dfrac{A_{vd1}}{A_{vc1}}\right|$				
$K_{CMR}=\left|\dfrac{A_{ud}}{A_{uc}}\right|$				

（2）共模信号输入。

如图 2-49 所示，开关 S1 和 S2 与下路闭合，构成了差分放大电路的共模信号 u_{ic}。设置信号源 V1 频率为 1kHz，幅值为 1V，将示波器双通道分别接在信号源和双端输出 U_o，观察输出波形，用万用表测量共模输入电压 U_{ic} 并记录于表 2-13 中。

（3）典型差分放大电路的测量。

如图 2-49 所示，开关 S3 与左路闭合，同时断开电阻 R8，构成典型差分放大电路。

接入差模信号输入形式，用万用表交流挡分别测量输入电压 U_{id}、三极管 Q1 集电极电位 V_{c1d}、三极管 Q2 集电极电位 V_{c2d} 和双端输出电压 U_{od}，分别记录于表 2-13 中。

接入共模信号输入形式，用万用表交流挡分别测量输入电压 U_{ic}、三极管 Q1 集电极电位 V_{c1c}、三极管 Q2 集电极电位 V_{c2c} 和双端输出电压 U_{oc}，分别记录于表 2-13 中。

（4）恒流源式差分放大电路的测量。

如图 2-49 所示，开关 S3 与右路闭合，构成恒流源式差分放大电路。

接入差模信号输入形式，用万用表交流挡分别测量输入电压 U_{id}、三极管 Q1 集电极电位 V_{c1d}、三极管 Q2 集电极电位 V_{c2d} 和双端输出电压 U_{od}，分别记录于表 2-13 中。

接入共模信号输入形式，用万用表交流挡分别测量输入电压 U_{ic}、三极管 Q1 集电极电位 V_{c1c}、三极管 Q2 集电极电位 V_{c2c} 和双端输出电压 U_{oc}，分别记录于表 2-13 中。

（5）共模抑制比。

共模抑制比体现差分放大电路抑制共模信号和放大差模信号的能力。根据表 2-13 记录的数据计算差模增益、共模增益、共模抑制比 K_{CMR}，记录于表 2-13 中。

2.4　场效应管

场效应晶体管（Field Effect Transistor，FET）简称场效应管，是利用控制输入回路的电场效应来控制输出回路电流的一种半导体器件。由多数载流子参与导电，也称为单极型晶体管，属于电压控制型半导体器件。它具有输入电阻高（$10^7 \sim 10^{12}\Omega$）、噪声小、功耗低、动态范围大、易于集成、没有二次击穿现象、安全工作区域宽等优点，现已成为双极型晶体管和功率晶体管的强大竞争者。

与双极型晶体管相比，场效应管具有如下特点。

（1）场效应管是电压控制器件，它通过 V_{GS}（栅源电压）来控制 I_D（漏极电流）。

（2）场效应管的控制输入端电流极小，因此它的输入电阻很大。

（3）它是利用多数载流子导电的，因此温度稳定性较好。

（4）它组成的放大电路的电压放大系要小于三极管组成放大电路的电压放大系数。

（5）场效应管的抗辐射能力强。

（6）由于不存在杂乱运动的电子扩散引起的散粒噪声，所以噪声低。

2.4.1　场效应管的分类

场效应管可分为结型场效应管（JFET）和绝缘栅型场效应管（MOS 场效应管）两大类。

按沟道材料可将结型和绝缘栅型又各分为 N 沟道和 P 沟道两种。

按导电方式分为耗尽型与增强型。结型场效应管均为耗尽型，绝缘栅型场效应管既有耗尽型，也有增强型，而 MOS 场效应管又分为 N 沟道耗尽型和增强型、P 沟道耗尽型和增强型四大类。

2.4.2　几种 N 沟道结型场效应管的参数

几种 N 沟道结型场效应管的参数如表 2-14 所示。

2.4.3　场效应管的选用

（1）为了安全使用场效应管，在电路的设计中不能超过场效应管的耗散功率、最大漏源电压、最大栅源电压和最大电流等参数的极限值。

（2）在使用各类型场效应管时，都要严格按要求的偏置接入电路中，要遵守场效应管偏置的极性，如结型场效应管栅源漏之间是 PN 结，N 沟道管栅极不能加正偏压，P 沟道管栅极不能加负偏压等。

表 2-14　几种 N 沟道结型场效应管的参数

参数	3DJ6D	3DJ6E	3DJ6F	3DJ6G	3DJ6H	测试条件
饱和漏源电流/mA	< 0.35	0.3～1.2	1～3.5	3～6.5	10～18	$V_{DS} = 10V, V_{GS} = 0V$
夹断电压/V	<｜-9｜	<｜-9｜	<｜-9｜	<｜-9｜	<｜-9｜	$V_{DS} = 10V, I_{DS} = 50\mu A$
栅源绝缘电阻/Ω	≥10^8	≥10^8	≥10^8	≥10^8	≥10^7	$V_{DS} = 0V, V_{GS} = 10V$
共源小信号低频跨导/μS	> 1000	> 1000	> 1000	> 1000	> 6000	$V_{DS} = 10V, I_{DS} = 3mA$ $f = 1kHz$
输入电容/pF	≤5	≤5	≤5	≤5	≤6	$V_{DS} = 10V, f = 500kHz$
反馈电容/pF	≤2	≤2	≤2	≤2	≤3	$V_{DS} = 10V, f = 500kHz$
高频功率增益/dB	≥10	≤10	≥10	≥10	≥10	$V_{DS} = 10V, f = 3MHz$
低频噪声/dB	≤5	≤5	≤5	≤5	≤5	$V_{DS} = 10V, R_G = 10\Omega$ $f = 1kHz$
最高振荡频率/MHz	≥30	≥30	≥30	≥30	≥30	$V_{DS} = 10V$
最大漏源电压/V	≥20	≥20	≥20	≥20	≥20	
最大栅源电压/V	≥20	≥20	≥20	≥20	≥20	
最大耗散功率/mW	100	100	100	100	100	
最大漏源电流/mA	15	15	15	15	15	

（3）MOS 场效应管由于输入阻抗极高，所以在运输、贮藏中必须将引出脚短路，要用金属屏蔽包装，以防止外来感应电势将栅极击穿。尤其要注意，不能将 MOS 场效应管放入塑料盒子内，保存时最好放在金属盒子内，同时也要注意防潮。

（4）为了防止场效应管栅极感应击穿，要求一切测试仪器、工作台、电烙铁、电路本身都必须有良好的接地；引脚在焊接时，先焊源极；在连入电路之前，场效应管的全部引线端保持互相短接状态，焊接完成后才把短接材料去掉；从元器件架上取下场效应管时，应以适当的方式确保人体接地，如采用接地环等；当然，采用先进的气热型电烙铁，焊接场效应管是比较方便的，并且应确保安全；在未关断电源时，绝对不可以把场效应管插入电路或从电路中拔出。以上安全措施在使用场效应管时必须注意。

（5）在安装场效应管时，注意安装的位置要尽量避免靠近发热元器件；为了防止管件振动，有必要将管壳体紧固起来；引脚引线在弯曲时，应当在大于根部尺寸5mm 处进行，以防止弯断引脚和引起漏气等。

（6）使用 VMOS 场效应管时必须加合适的散热器。以 VNF306 为例，该管子加装 140×140×4（mm）的散热器后，最大功率才能达到 30W。

（7）多管并联后，由于极间电容和分布电容相应增加，使放大器的高频特性变坏，通过反馈容易引起放大器的高频寄生振荡。为此，并联复合管的管子一般不超过 4 个，而且在各管的基极或栅极上串接防寄生振荡电阻。

（8）结型场效应管的栅源电压不能接反，可以在开路状态下保存，而绝缘栅型场效应管在不使用时，由于它的输入阻抗非常高，必须将各电极短路，以免由于外电场作用而使场效应管损坏。

（9）焊接时，电烙铁外壳必须装有外接地线，以防止由于电烙铁带电而损坏场效应管。对于少量焊接，也可以将电烙铁烧热后拔下插头或切断电源后进行。特别是在焊接绝缘栅型场效应管时，要按源极、漏极、栅极的先后顺序焊接，并且要断电焊接。

（10）用 25W 电烙铁焊接时应迅速，若用 45～75W 电烙铁焊接，应用镊子夹住引脚根部以帮助散热。结型场效应管可用万用表欧姆挡定性地检查其质量（检查各 PN 结的正反向电阻及漏源之间的电阻），而绝缘栅型场效管不能用万用表检查，必须用测试仪，而且要在接入测试仪后才能去掉各电极短路线，应先短路再取下该管，关键在于避免栅极悬空。

（11）在要求输入阻抗较高的场合使用时，必须采取防潮措施，以免由于温度影响使场效应管的输入阻抗降低。如果用四引线的场效应管，则其衬底引线应接地。陶瓷封装的芝麻管有光敏特性，应注意避光使用。

（12）对于功率型场效应管，要有良好的散热条件。功率型场效应管在高负荷条件下运用，必须设计足够的散热器，确保壳体温度不超过额定值，使元器件长期稳定可靠地工作。

总之，确保场效应管安全使用，要注意的事项是多种多样的，采取的安全措施也是多种多样的，广大的专业技术人员，特别是广大的电子爱好者，都要根据自己的实际情况，采取切实可行的办法，安全有效地使用场效应管。

2.4.4　场效应管特性仿真

1. 转移特性曲线

转移特性仿真电路如图 2-50 所示，单击仿真/分析/直流扫描，选择栅极电源 VSS 为扫描源并设置扫描的起始值、终止值和增量，设置漏极电流为分析变量。启动仿真，得到转移特性曲线，如图 2-51 所示。

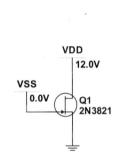

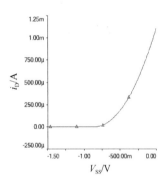

图 2-50　转移特性仿真电路　　　　　图 2-51　转移特性曲线

在转移特性曲线中，单击工具/导出至 Excel，把转移特性曲线数据保存至 Excel。在保存的 Excel 文档中选择 10 组典型数据记录于表 2-15 中。根据表 2-15 中的数据，用描点法绘出场效应管转移特性曲线。

表 2-15　转移特性数据记录表

序号	1	2	3	4	5	6	7	8	9	10
u_{GS}										
i_D										

根据表 2-15 中的数据，可得夹断电压 V_P＝＿＿＿＿，饱和电流 I_{DSS}＝＿＿＿＿。取 $I_{DQ}=I_{DSS}/2$＝＿＿＿＿，则 U_{GSQ}＝＿＿＿＿。

2. 输出特性曲线

在图 2-50 中，单击仿真/分析/直流扫描，设置漏极电源 VDD 为扫描源 1，栅极电源 VSS 为扫描源 2，设置扫描起始值、终止值和增量（要求扫描源 2 扫描参数包含 U_{GSQ}），设置漏极电流为输出变量。启动仿真，得到输出特性曲线，如图 2-52 所示。

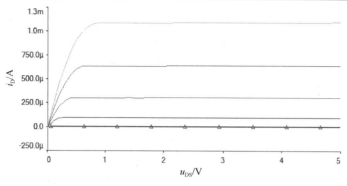

图 2-52 输出特性曲线

在输出特性曲线中，单击工具/导出至 Excel，把输出特性曲线数据保存至 Excel。在保存的 Excel 文档中选择 U_{GSQ} 所对应输出特性曲线上的 10 组典型数据记录于表 2-16 中。根据表 2-16 中的数据，用描点法绘出输出特性曲线。

表 2-16 输出特性数据记录表

序号	1	2	3	4	5	6	7	8	9	10
$u_{DS}\big|_{u_{GS}=U_{GSQ}}$										
i_D										

2.4.5 共漏极放大电路的仿真分析

如图 2-53 所示的电路为共漏极放大仿真电路（源极电压跟随器），电压放大倍数约为 1，输入阻抗高，输出阻抗低，常用于阻抗变换。

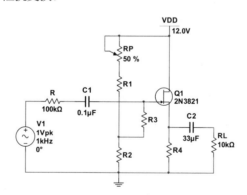

图 2-53 共漏极放大仿真电路

根据图 2-51 的转移特性曲线数据，在静态工作点 U_{GSQ} 附近选择两点，计算：

$$g_m = \frac{\Delta i_D}{\Delta u_{GS}} = \underline{\hspace{2cm}} \text{。 由 } A_u = \frac{g_m R_4}{(1 + g_m R_4)} \approx 1，\text{得 } R_4 = \underline{\hspace{2cm}} \text{。}$$

$$V_{SQ} = I_{DQ} R_4 = \underline{\hspace{2cm}}，V_{GQ} = U_{GSQ} + V_{SQ} = \underline{\hspace{2cm}} \text{。}$$

由 $R_i = R_3 + (RP + R_1)//R_2 \approx 1\text{M}\Omega$，且 $R_3 \gg R_1, R_2$，取 $R_3 = 1\text{M}\Omega$。

由 $V_{GQ} \approx \dfrac{R_2 V_{CC}}{RP + R_1 + R_2}$，$R_3 \gg R_1, R_2$，选择 $R_1 = \underline{\hspace{2cm}}$，$R_2 = \underline{\hspace{2cm}}$，$RP = \underline{\hspace{2cm}}$。

1．静态工作点测量

如图 2-53 所示，信号源幅值设置为 0V，调用万用表测量源极直流电位 V_S，通过调节电位器 RP，使 V_{SQ} 满足设计要求。单击仿真/分析/直流工作点，在直流工作点对话框中选择输出变量，单击仿真按钮完成静态工作点测量，将静态工作点测量数据记录于表 2-17 中。

表 2-17　静态工作点数据记录表

场效应管型号	测量值				计算值
	I_{DQ}	V_{GQ}	V_{SQ}	U_{DSQ}	$U_{GSQ}=V_{GQ}-V_{SQ}$

注意，U_{GSQ} 的值通过测量 V_{GQ} 和 V_{SQ} 的值计算求得，不能直接测量。

2．动态指标测量

（1）电压放大倍数测量。

设置信号源频率为 1kHz，启动仿真，用示波器观察输出信号，调节信号源幅值，使示波器显示波形正常不失真。用万用表或示波器测量输出电压 $U_{oL}=$ _____，输入电压 $U_i=$ _____，计算 $A_u=U_{oL}/U_i=$ _____。

（2）输入电阻测量。

源极电压跟随器输入阻抗大，为减小误差，利用被测放大器的隔离作用，通过测量跟随器的输出电压实现。测量电阻 R 短路时的输出电压 $U_{oL}=$ _____，R 接入时的输出电压 $U_{o2}=$ _____，计算输入电阻 $R_i = \dfrac{U_{o2}R}{(U_{o1}-U_{o2})} =$ _____。

（3）输出电阻测量。

分别测量带载时的输出电压 $U_{oL}=$ _____，空载时的输出电压 $U_o=$ _____，计算输出电阻 $R_o = \left(\dfrac{U_o}{U_{oL}} - 1 \right) R_L =$ _____。

（4）频率特性观测。

将波特测试仪接入电路中，频率特性仿真电路如图 2-54 所示。

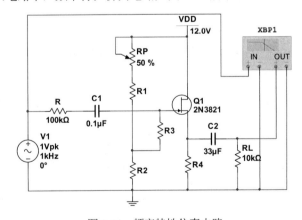

图 2-54　频率特性仿真电路

启动仿真，打开波特测试仪面板，设置坐标显示模式、起始刻度（I）、终止刻度（F）。放大电路的幅频特性曲线和相频特性曲线分别如图 2-55 和图 2-56 所示。

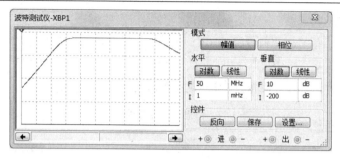

图 2-55　幅频特性曲线

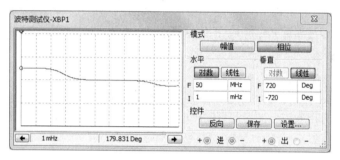

图 2-56　相频特性曲线

　　幅频特性曲线中间平坦部分为放大电路的通带，通带内放大电路增益基本不变且最大。在幅频特性曲线中，拉动窗口左侧游标，记下读数最大值，再把游标拉动到幅值下降 3dB 处，记录上限截止频率 f_H =_____，下限截止频率 f_L =_____，计算 BW=_____。

　　（5）最大不失真输出电压幅值测量。

　　调节信号源幅值，使示波器上显示的输出波形幅值最大且不失真，在示波器上读取最大不失真输出电压幅值 U_{opm} =_____。

　　（6）电路参数调节。

　　调整或改变图 2-53 所示电路中的参数，观察场效应管静态工作点和输出波形的变化，说明每个元器件在电路中作用。根据场效应管共漏极放大电路的仿真分析，读者可以尝试场效应管另外两种组态（共源极组态和共栅极组态）电路的仿真分析。

2.5　集成运算放大器

　　从 20 世纪 60 年代初期出现单片集成运算放大器（简称运放）μA702 后，集成运放在信号运算、信号处理、信号测量及波形产生等方面获得了广泛的应用，在控制、测量、仪表等领域中占有重要地位。目前，集成运放在向低漂移、低功耗、高速度、高输入阻抗、高放大倍数和高输出功率等高指标的方向发展。

　　集成运放是一种具有高电压放大倍数的直接耦合放大器，具有高增益、高可靠性、低成本、小尺寸等特点。在工程设计中，常把运放理想化，即认为理想运放具有以下特性：

　　开环差模放大倍数为无穷大，即 $A_{ud}=\infty$；

　　差模输入电阻 $r_{id}=\infty$；

　　开环输出电阻 $r_o=0$；

　　共模抑制比 $K_{CMRR}=\infty$；

　　输入失调电压 U_{os} 和输入失调电流 I_{os} 都为 0；

频带无限宽；

干扰、内部噪声和温度漂移都为不存在。

集成运放和外部反馈网络相配置后，能够在它的输出和输入之间建立起种种特定的函数关系，故称它为"运算"放大器。在 Multisim 仿真软件中，集成运放常采用如图 2-57 所示的符号形式。

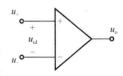

图 2-57　Multisim 软件中集成运放的符号

2.5.1　集成运算放大器的分类与选用

集成运算放大器的种类很多，按工艺分为双极型、JFET 型和 CMOS 型。双极型具有低输入阻抗、高速、低噪声、低失调、高耐压等特点，如常用的有 LM358 系列。JFET 型具有中等输入阻抗、中等噪声、失调大，常用的有 MC3318 系列。CMOS 型具有高输入阻抗、噪声大、失调大、功耗低，常用的有 LMV35x 系列。

按照集成运算放大器的参数分类，可分为如下 10 类。

1．通用型集成运算放大器

通用型集成运算放大器是指它的技术参数比较适中，可满足大多数情况下的使用要求。通用型集成运算放大器又分为Ⅰ型、Ⅱ型和Ⅲ型，其中Ⅰ型属于低增益运算放大器，Ⅱ型属于中增益运算放大器，Ⅲ型属于高增益运算放大器。Ⅰ型和Ⅱ型基本上是早期的产品，其输入失调电压为 2mV 左右，开环增益一般大于 80dB。这类放大器的主要特点是价格低廉、产品量大面广，其性能指标适用于一般性场合。

2．高精度集成运算放大器

高精度集成运算放大器是指那些失调电压小，温度漂移非常小，以及增益、共模抑制比非常高的运算放大器。这类运算放大器的噪声也比较小。其中单片高精度集成运算放大器的失调电压可小到几微伏，温度漂移（温漂）小到几十微伏每摄氏度。

3．高速型集成运算放大器

在快速 A/D 和 D/A 转换器、视频放大器中，要求集成运算放大器的转换速率 S_R 一定要高，有的可达 2～3kV/μs。单位增益带宽 BWG 一定要足够大，像通用型集成运算放大器是不适合于高速应用的场合的。高速型运算放大器的主要特点是具有高的转换速率和宽的频率响应。

4．高输入阻抗集成运算放大器

高输入阻抗集成运算放大器的输入阻抗十分大，输入电流非常小。这类运算放大器的输入级往往采用 MOS 场效应管，输入阻抗一般大于 $10^9\Omega$，适用于测量放大电路、信号发生电路或采样-保持电路。如国产的 F3130，输入级采用 MOS 场效应管，输入电阻大于 $10^{12}\Omega$，输入电流仅为 5pA。

5．低功耗集成运算放大器

低功耗集成运算放大器工作时的电流非常小，电源电压也很低，整个运算放大器的功耗仅为几十微瓦。这类集成运算放大器多用于便携式电子产品中。由于电子电路集成化的最大优点是能使复杂电路小型轻便，所以随着便携式仪器应用范围的扩大，需使用低电源电压供电、低功率消耗的运算放大器。

6．宽频带集成运算放大器

宽频带集成运算放大器的频带很宽，其单位增益带宽可达千兆赫以上，往往用于宽频带放大电路中。

7．高压型集成运算放大器

运算放大器的输出电压主要受供电电源的限制。在普通的运算放大器中，输出电压的最大值一般仅几十伏，输出电流仅几十毫安。若要提高输出电压或增大输出电流，集成运算放大器外部必须加辅助电路。高压型集成运算放大器外部不需附加任何电路，即可输出高电压和大电流。一般集成运算放大器的供电电压在 15V 以下，而高压型集成运算放大器的供电电压可达数十伏。

8. 功率型集成运算放大器

功率型集成运算放大器的输出级，可向负载提供比较大的功率输出。

9. 低温漂型运算放大器

在精密仪器、弱信号检测等自动控制仪表中，总是希望运算放大器的失调电压要小且不随温度的变化而变化。低温漂型运算放大器就是为此而设计的。

10. 可编程控制运算放大器

在仪器仪表的使用过程中都会涉及量程的问题。为了得到固定电压输出，就必须改变运算放大器的放大倍数。

目前国内外生产的集成运算放大器型号很多，性能各异，有通用型和专用型（特殊用途）之分，还有一些以运算放大器为基本单元制造的专用器件，如仪表放大器、隔离放大器、缓冲放大器、程控放大器、休眠运算放大器、对数放大器和宽动态范围的运算放大器等。选用时要仔细查阅元器件手册。一般应用时首先考虑选择通用型的，其价格便宜，易于购买。如果某些性能不能满足特殊要求，则可选用专用型的。

2.5.2　集成运算放大器的主要参数及其测试

尽管理想运算放大器并不存在，但由于实际集成运算放大器的技术指标比较理想，在具体分析时将其理想化一般是允许的。在工程应用和设计时，为了正确、合理地选择和使用集成运算放大器，必须了解它的各种实际参数。下面介绍集成运算放大器的几个主要参数。

1. 输入失调电压 U_{os}

集成运算放大器的失调是指在零输入时输出不为零的现象，这是由于集成运算放大器内部差分输入级参数的不完全对称产生的。输入失调电压 U_{os} 是为使输出电压为零而在输入端需要加的补偿电压，在实际测试中，可以理解为输入信号为零时，输出端的电压折算到同相输入端的数值。

如图 2-58 所示是 μA741（741）芯片失调电压测试仿真电路，其中 $R_1=R_3$，$R_2=R_4$，R_2 在千欧级别。若集成运算放大器的输出电压为 U_o，则 U_o 即为输出失调电压，输入失调电压 U_{os} 可以表示为：

$$U_{os} = \frac{R_1}{R_1 + R_2} U_o。$$

由于 R_2 与 R_1 的比值直接影响测量结果，故该比值不能太小，否则在实际测量中因输出失调电压 U_o 太小而难以测量实际的读数，若该比值太大则集成运算放大器有可能进入饱和状态而不能用公式算出输入失调电压 U_{os}。实际操作中可以根据芯片手册给出的典型数据选取 R_2 与 R_1 的比值，但在 Multisim 仿真中，该比值范围可以适当扩宽。选取合适的 R_2 与 R_1 的比值（如 100），根据如图 2-58 所示的电路，用直流电压表测量集成运算放大器的输出电压 U_o，并计算输入失调电压 U_{os}，记录在表 2-18 中。

2. 输入失调电流 I_{os}

输入失调电流 I_{os} 是当集成运算放大器的输出电压等于零时，两个输入端的偏置电流之差，即 $I_{os}=|I_{B+}-I_{B-}|$。输入失调电流的大小描述了集成运算放大器输入级差分对晶体管输入电流的不对称情况，反映了差动输入级两个晶体管的失调程度。由于 I_{os} 一般在纳安数量级，因此该值通常不是直接测量的，测试仿真电路如图 2-59 所示。其中 $R_5=R_6$，I_{B+} 是流过电阻 R5 的电流，I_B 是流过电阻 R6 的电流。

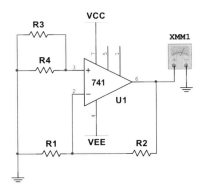

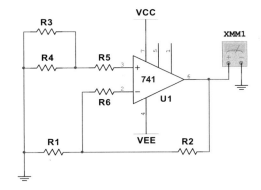

图 2-58　741 芯片失调电压测试仿真电路　　　　　图 2-59　失调电流测试仿真电路

图 2-59 是在图 2-58 的基础上增加了电阻 R5 和 R6，接入 R5 和 R6 的阻值较大（如 10kΩ），流经它们的电流将变成输入电压的差异，从而影响输出电压的大小，用万用表测出集成运算放大器的输出电压 U_{o1}，则输入失调电流 I_{os} 可以表示为

$$I_{os} = \left| I_{B+} - I_{B-} \right| = \left| U_o - U_{o1} \right| \times \frac{R_1}{R_1 + R_2} \times \frac{1}{R_5}$$

其中，U_o 为图 2-58 电路中集成运算放大器的输出电压。用直流电压表测量如图 2-59 所示电路中集成运算放大器的输出电压 U_{o1}，并计算输入失调电流 I_{os}，记录在表 2-18 中。

表 2-18　集成运算放大器失调参数测试记录表

芯片型号	电阻值			测量值		计算值	
	$R_1=R_3$	$R_2=R_4$	$R_5=R_6$	U_o	U_{o1}	U_{os}	I_{os}
μA741							

注意，U_{os} 一般为几毫伏（1～10mV），高质量集成运算放大器的 U_{os} 在 1mV 以下，该电压越小越好。

3. 开环差模电压增益 A_{ud}

开环差模电压增益 A_{ud} 是指集成运算放大器在无外加反馈情况下的直流差模电压放大倍数。它是决定运算精度的主要因素。A_{ud} 越高构成的运算电路越稳定，运算精度就越高。理想集成运算放大器的 A_{ud} 等于无穷大，一般集成运算放大器的 A_{ud} 为 100dB 左右，高的可达 140dB。

由于集成运算放大器的开环电压放大倍数很高，难以直接进行测量，因此一般采用闭环测量方法，其仿真电路如图 2-60 所示。其原理是：被测集成运算放大器通过电阻 Rf、R1 和 R2 完成直流闭环，以抑制输出电压漂移，通过电阻 Rf 和 Rs 实现交流闭环。经过电阻 R1 和 R2 的分压后，u_{id} 足够小，以保证集成运算放大器工作在线性区。为减小输入偏置电流的影响，同相输入端电阻 R3 应与反相输入端电阻 R2 相匹配，电容 C 主要起隔直作用。由此，可得被测集成运算放大器的开环差模电压增益为

$$A_{ud} = \frac{U_o}{U_{id}} = \left(1 + \frac{R_1}{R_2}\right) \frac{U_o}{U_i}$$

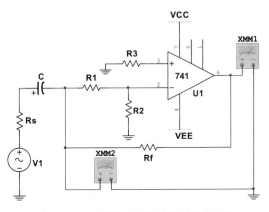

图 2-60　开环差模电压增益测试仿真电路

在实际电路的测试中，首先要进行调零。测量时，要使集成运算放大器工作在线性区，无明显失真（可以用示波器观察输出波形），且交流信号源的输出频率尽量低（小于 100Hz），信号源的电压不能太大，一般取 100mV 及以下。电阻 R1 和 Rf，R2 和 R3 的参数可以选择一致，但电阻 R1 与 R2 的阻值和要远远大于 R3 的阻值。一般 R1 和 Rf 的阻值选择千欧级，R2 和 R3 的阻值选择欧姆级，电容 C 的值可取 10～470μF。

在输入端加入正弦交流信号，可以记录多个频点，并记录在表 2-19 中。根据表 2-19 中多个频点的增益，尝试用对数坐标画出增益的频率特性曲线。

表 2-19　集成运算放大器开环差模电压增益 A_{ud} 测试记录表

频率	f					
实测值	U_i					
	U_o					
计算值	A_{ud}					

4. 最大共模输入电压 U_{icm}

最大共模输入电压 U_{icm} 是指集成运算放大器在线性工作范围内能承受的最大共模输入电压，否则会使输入级进入饱和或截止状态。

如图 2-61 所示，电阻 R1 和 Rf 的参数要一致，一般可取 10kΩ。输出端接入示波器，并观察最大不失真的输出波形，从而确定 U_{icm} 值。

另一种测试最大共模输入电压的仿真电路如图 2-62 所示。给集成运算放大器输入 200Hz 的正弦共模信号 u_{ic}，并逐渐增加共模信号 u_{ic} 的幅值，用示波器观察输出波形到临界不失真状态，与最大输出不失真波形对应的输入共模信号 u_{ic} 的有效值就是最大共模输入电压 U_{icm}。其中，R1 和 R2 的阻值一般要取 2kΩ 以上。可选取 $R_1=R_2$，$R_f=R_3$。电容 C 的值可取 10～470μF。调零电阻要根据集成运算放大器的型号而有所调整。

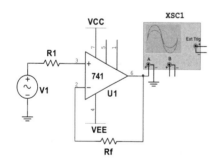
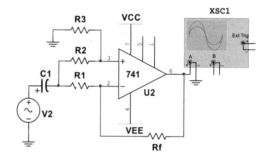

图 2-61　U_{icm} 测试仿真电路 1　　　　　　　图 2-62　U_{icm} 测试仿真电路 2

选择一种集成运算放大器最大共模输入电压 U_{icm} 的测试电路，并记录测量值 U_{icm}=_____。

5. 共模抑制比 K_{CMRR}

共模抑制比 K_{CMRR} 是衡量输入级各参数对称程度的标志，定义为差模放大倍数 A_{ud} 与共模放大倍数 A_{uc} 比值的绝对值。即

$$K_{CMRR} = \left| \frac{A_{ud}}{A_{uc}} \right| (dB) \quad \text{或} \quad K_{CMRR} = 20\lg \left| \frac{A_{ud}}{A_{uc}} \right| (dB)$$

共模抑制比越大，表示集成运算放大器对共模信号的抑制能力越强。理想集成运算放大器的共模抑制比为无穷大，大多数集成运算放大器的 $K_{CMRR} \geq 80dB$，优质集成运算放大器可达 160dB。

如图 2-62 所示是共模抑制比 K_{CMRR} 测试电路，则集成运算放大器工作在闭环状态下的差模电压放大倍数：$A_{ud} = -\dfrac{R_f}{R_1}$。

当接入共模输入信号 U_{ic} 时，测得 U_{oc}，则共模电压放大倍数为：$A_{uc} = \dfrac{U_{oc}}{U_{ic}}$。

由此得到共模抑制比：$K_{CMRR} = \left| \dfrac{A_{ud}}{A_{uc}} \right| = \dfrac{R_f}{R_1} \cdot \dfrac{U_{ic}}{U_{oc}}$。

测试中要注意消振与调零，还要注意输入信号 U_{ic} 的幅值必须小于集成运算放大器的最大共模输入电压范围 U_{icm}。输入频率 200Hz 的正弦波信号，U_{ic} 的幅值为 1～2V，观察输出波形，测量 U_{ic} 和 U_{oc}，并计算 A_{ud}、A_{uc} 和 K_{CMRR}，记录在表 2-20 中。

表 2-20　集成运算放大器共模抑制比参数记录表

集成运算放大器型号	电阻值		测量值		计算值		
	R_1	R_f	U_{ic}	U_{oc}	A_{ud}	A_{uc}	K_{CMRR}

6. 输出电压最大动态范围 $U_{op\text{-}p}$

集成运算放大器的动态范围与电源电压、外接负载及信号源频率有关。如图 2-63 所示，改变输入信号的幅值，用示波器观察输出信号的不失真范围，该输出的电压峰–峰值就是集成运算放大器的最大输出电压。一般选取 $R_1 = R_2$，阻值取 1～10kΩ；$R_3 = R_f$，阻值取 100～510kΩ；R_f 与 R_1 的比值为 10～100。

在集成运算放大器输入端接入频率 200Hz，几十毫伏幅值的正弦波信号，输出端接入示波器。逐步增大输入信号的幅值，观察示波器显示的最大不失真波

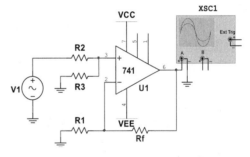

图 2-63　最大动态范围 $U_{op\text{-}p}$ 测试仿真电路

形，测出 $U_{op\text{-}p} = $＿＿＿＿＿＿。或将示波器调到 X-Y 显示功能，X 通道连接至图 2-63 所示电路的输入电压信号，Y 通道连接至输出电压信号。逐步增大输入信号的幅值，直到出现转折曲线，根据集成运算放大器的传输特性曲线，可以得出输出电压的最大动态范围 $U_{op\text{-}p}$。

2.5.3　集成运算放大器的应用仿真

1. 集成运算放大器的线性应用

集成运算放大器工作在线性区时，通常要引入深度负反馈。所以，它的输出电压和输入电压的关系基本取决于反馈电路和输入电路的结构和参数，而与集成运算放大器本身的参数关系不大。改变输入电路和反馈电路的结构形式，即可实现不同的运算。在线性应用方面，可组成比例、加法、减法、积分、微分、对数等模拟运算电路。

（1）如图 2-64 所示电路，设置信号源频率为 1kHz，幅值为 1Vp 的正弦波信号，观察输入信号和输出信号波形的幅值关系，说明该电路实现的功能＿＿＿＿＿＿＿＿＿＿＿＿＿＿。

（2）如图 2-65 所示电路，设置信号源频率为 1kHz，幅值为 1Vp 的正弦波信号，观察输入信号和输出信号波形的幅值关系，说明该电路实现的功能＿＿＿＿＿＿＿＿＿＿＿＿＿＿。

（3）如图 2-66 所示电路，设置信号源 V1、V2、V3 频率为 1kHz，幅值分别为 0.2Vpk、

0.3Vpk、0.4Vpk。启动仿真，打开示波器控制面板，调整示波器参数，使示波器窗口显示大小合适且不失真的正弦波。观察输出波形并记录其幅值 U_o=＿＿＿＿＿＿＿。

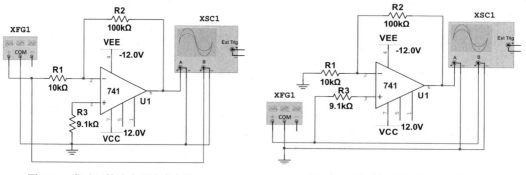

图 2-64　集成运算放大器仿真电路 1　　　　　图 2-65　集成运算放大器仿真电路 2

然后，保持信号源 V1 幅值不变，将信号源 V2 和信号源 V3 幅值设置为 0V，观察输出波形并记录其幅值 U_{o1}=＿＿＿＿＿＿＿。

其次，保持信号源 V2 幅值不变，将信号源 V1 和信号源 V3 幅值设置为 0V，观察输出波形并记录其幅值 U_{o2}=＿＿＿＿＿＿＿。

最后，保持信号源 V3 幅值不变，将信号源 V1 和信号源 V2 幅值设置为 0V，观察输出波形并记录其幅值 U_{o3}=＿＿＿＿＿＿＿。

通过对输出波形的观察和测量，得到 U_o 与 U_{o1}、U_{o2} 和 U_{o3} 之间的关系是＿＿＿＿＿＿＿＿，由此可知图 2-66 所示电路的主要功能＿＿＿＿＿＿＿＿＿＿＿＿＿。

（4）如图 2-67 所示，设置信号源 V1、V2 频率为 1kHz，幅值分别为 0.5Vpk、1Vpk。启动仿真，打开示波器面板，调整示波器参数，使示波器窗口显示大小合适且不失真的正弦波。观察输出波形并记录其幅值 U_o=＿＿＿＿＿＿＿。

然后，保持信号源 V1 幅值不变，将信号源 V2 幅值设置为 0V，观察输出波形并记录其幅值 U_{o1}=＿＿＿＿＿＿＿。

最后，保持信号源 V2 幅值不变，将信号源 V1 幅值设置为 0V，观察输出波形并记录其幅值 U_{o2}=＿＿＿＿＿＿＿。

通过对输出波形的观察和测量，得到 U_o 与 U_{o1} 和 U_{o2} 之间的关系是＿＿＿＿＿＿＿＿＿，由此可知图 2-67 所示电路的主要功能＿＿＿＿＿＿＿＿＿＿＿＿＿。

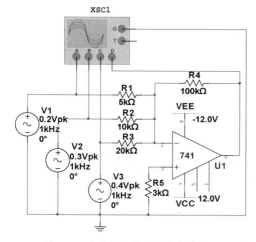

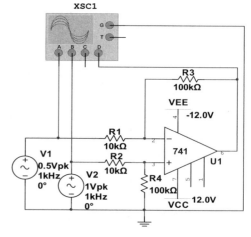

图 2-66　集成运算放大器仿真电路 3　　　　　图 2-67　集成运算放大器仿真电路 4

（5）如图 2-68 所示电路，函数信号发生器波形选择方波，频率为 50Hz，幅值为 10V。启动仿真，打开示波器，得到仿真结果如图 2-69 所示。

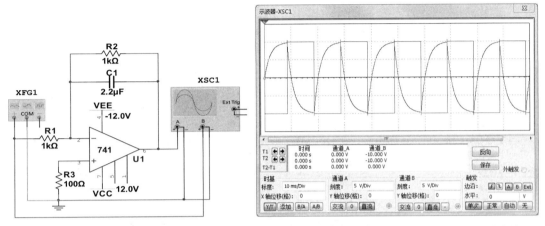

图 2-68　积分运算电路　　　　　　　　　图 2-69　50Hz 方波信号输入时积分运算电路仿真结果

从图 2-69 中可以看出，该积分运算电路的充电和放电时间都比输入方波信号的负和正半周期短很多，所以当电容两端电压充电和放电到最大数值后会维持一段时间不变，能在波形中观察到明显的充电和放电过程。若要使充放电过程不明显，输出波形近似为三角波，则需要增大时间常数 τ 或减小输入方波周期，如将图 2-68 所示电路中的信号源频率设置为 1kHz，其他参数不变，启动仿真，得到仿真结果如图 2-70 所示。

改变电路中 C1、R1 的值和信号源频率，观察仿真波形的不同，分析 C1、R1 以及信号源频率的取值不同对积分性能的影响。

（6）如图 2-71 所示电路，设置信号源波形为三角波，频率为 1kHz，幅值为 10V。启动仿真，得到仿真结果如图 2-72 所示。

从图 2-72 中可以观察到电容充放电过程比较明显，微分效果不好。若要使微分效果变好，则需要减小时间常数 τ 或增大微分信号周期。若将信号源频率变为 50Hz，其他参数不变，启动仿真，得到仿真结果如图 2-73 所示。

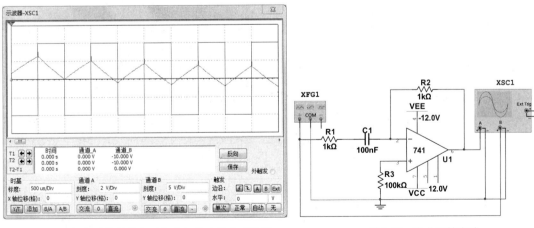

图 2-70　1kHz 方波信号输入时积分运算电路仿真结果　　　图 2-71　微分运算电路

改变电路中 C1 和 R1 的取值以及信号源频率，观察仿真波形的不同，分析 C1、R1 和信号源频率取值不同对微分性能的影响。

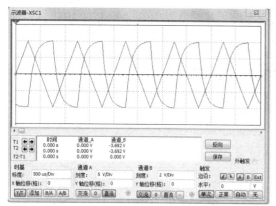 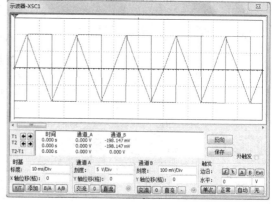

图 2-72　1kHz 三角波信号输入时微分运算电路仿真结果　　图 2-73　50Hz 三角波信号输入时微分运算电路仿真结果

2. 集成运算放大器的非线性应用

电压比较器是集成运算放大器非线性的典型应用电路，电压比较器集成运算放大器两个输入端电压，当同相输入端电位大于反相输入端电位时输出正向饱和电压，当同相输入端电位小于反相输入端电位时输出负向饱和电压。

（1）简单电压比较器。

集成运算放大器工作于开环状态下构成的电压比较器即为简单电压比较器，简单电压比较器具有电路简单、灵敏度高等优点。如图 2-74 所示，设置信号源 V2 为正弦波，幅值为 10Vpk，频率为 50Hz。启动仿真，打开示波器，得到仿真结果如图 2-75 所示。

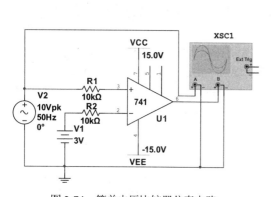

图 2-74　简单电压比较器仿真电路

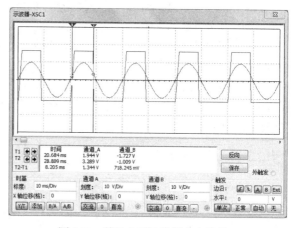

图 2-75　简单电压比较器仿真结果

移动示波器窗口左侧游标，读取门限电压 V_{T1} = _____ 和 V_{T2} = _____。单击仿真/分析/直流扫描，打开直流扫描对话框。在分析参数选项卡中选择信号源 V2 为扫描源，并设置扫描源的起始值、停止值和增量。在输出选项卡中选择集成运算放大器输出电压为分析变量。启动仿真，得到电压传输特性曲线，如图 2-76 所示。

在图 2-74 中分别改变直流电源 V1 参数或者互换 V1 和 V2 的位置，重复上述操作，观察输出波形和传输特性曲线的变化。

（2）迟滞电压比较器。

迟滞电压比较器是一个具有迟滞回环传输特性的比较器，其在简单电压比较器基础上引入了正反馈网络。如图 2-77 所示，设置信号发生器波形为三角波，幅值为 10V，频率为 500Hz。启动仿真，得到仿真结果如图 2-78 所示。

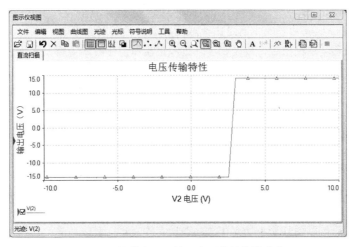

图 2-76　简单电压比较器电压传输特性曲线

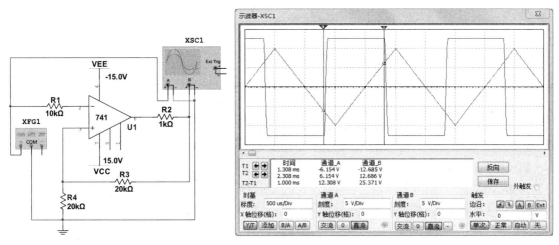

图 2-77　迟滞电压比较器仿真电路　　　　　图 2-78　迟滞电压比较器仿真结果

移动示波器窗口左侧游标，读取上门限电压 V_{T+} =＿＿＿＿＿＿＿＿＿＿，以及下门限电压 V_{T-} =＿＿＿＿＿＿＿＿＿。改变函数信号发生器信号频率，分别再次测量上门限电压 V_{T+} 和下门限电压 V_{T-}，结合集成运算放大器的参数，说明频率对门限电压的影响。

2.6　集成功率放大器

功率放大电路一般是用来放大信号功率的，由于它通常处于电路的最后一级，也称为末级放大器。其主要用作放大电路的输出级，以输出足够的功率驱动执行机构工作。如使扬声器发声、继电器动作、仪表指针偏转、电动机旋转等。

集成功率放大器具有体积小、工作稳定、易于安装和调试，还具有温度稳定性好、电源利用率高、功率低、非线性失真小等优点。有时还将各种保护电路如过流保护、过压保护、过热保护等电路集成在芯片内部，使集成功率放大器的使用更加安全可靠。了解了集成功率放大器的外特性和外线路的连接方法，就能组成实用电路。集成功率放大器是模拟集成电路的一个重要组成部分，广泛应用于各种电子电气设备中。

2.6.1　集成功率放大器的分类

从电路结构来看，集成功率放大器是由集成运算放大器发展而来的，和集成运算放大器相似，包括前置级、驱动级和功率输出级，以及稳压、过流过压保护等附属电路。除此之外，它基于功率放大电路输出功率大的特点，在内部电路的设计上还要满足一些特殊的要求。如集成功率放大器的输出级常常采用复合管，有更高的直流电源电压。对输出功率比较高的集成功率放大器，要求其外壳装散热片。由于集成工艺的限制，集成功率放大器中的某些元器件要外接，如 OTL（Output Transformerless）电路中的大电容等。有时为了用户使用方便而留出若干引线，以外接元器件灵活地调节某些技术上的指标，如外接不同的电阻以获得不同的电压放大倍数等。

集成功率放大器的种类繁多，输出功率从几十毫瓦至几百瓦，从用途上可以分为通用型和专用型功放，通用型是指可以应用于多种场合的功率放大器，专用型是指只应用于某种特定场合的功率放大器，如电视机、音响设备等集成功率放大器。从芯片内部的构成可以划分为单通道和双通道功率放大器；从输出功率方面可以划分为小功率和大功率功率放大器。集成功率放大器可以双电源供电，也可以单电源供电，还可以接成 BTL（Balanced Transformerless）电路的形式。

目前，常用集成功率放大器主要有低功率（1～2W）放大器、耳机放大器、中等功率放大器（电源电压 12～45V）和高功率放大器（电源电压 50V 以上）。在低电压单电源供电条件下，为了获得比较大的输出功率，多采用 BTL 电路形式和比较低的负载电阻（如 4Ω、2Ω）。采用 OTL 电路单电源供电时，需要附加一个输出隔直电容器。对于大功率输出，通常采用 OCL 无输出电容器电路，但需要双电源供电。如果输出功率仍不满足要求，则可采用 BTL 电路增加输出功率。若要进一步增加输出功率，则可采用多路放大器并联的方式实现。

2.6.2　集成功率放大器的主要性能指标及选用

集成功率放大器的主要任务是输出大的信号功率，它的输入、输出电压和电流都较大，是大信号放大器。当负载为谐振电路或耦合回路时，要求在指定频率范围内有较好幅频和相频特性以及较高的选择性。集成功率放大器的主要性能指标包括电压、带宽、功率、效率、信噪比、输入阻抗、输出阻抗以及增益等。选择集成功率放大器时，要确保性能指标的准确性和实用性。

1. 电压

电压是集成功率放大器选型时的重要参数指标，一般是指需要放大信号的最高电压值，挑选时需要考虑使用的电压是有效值还是峰–峰值，通常集成功率放大器手册中给出的是峰–峰值。

2. 带宽

带宽是指集成功率放大器的使用频率范围。一般来说，集成功率放大器的带宽都是以正弦波来定义的，如 100kHz 的集成功率放大器，就是指正弦波信号可以达到的最高频率，而三角波或方波等因为高次谐波的影响都无法达到。用户可以根据小信号带宽或者大信号带宽的需求进行选择。

3. 功率

功率代表了放大器的驱动能力。对集成功率放大器而言，一般用最大输出功率来衡量它的放大能力。最大输出功率是指在输入正弦波信号，电路的输出波形不超过规定的非线性失真指标时，放大器的最大输出电压和最大输出电流有效值的乘积。

4. 效率

集成功率放大器提供给负载的功率是由直流电源提供的，因此，集成功率放大器的效率定义为负载得到的有用信号功率和电源提供的直流功率的比值。它代表了集成功率放大器将电源直流能量转换为交流能量的能力。当直流电源所提供的功率一定时，为了向负载提供尽可能大的信号功率，则必须减少功率放大电路自身的损耗。

5. 信噪比

信噪比是指集成功率放大器的额定输出电压和集成功率放大器的固有输出噪声电压之比，一般用 dB 表示，专业使用集成功率放大器的宽带信噪比一般为 94dB 以上。

集成功率放大器的输入阻抗、输出阻抗和增益与一般放大器的定义类似。在选用集成功率放大器时，首先根据需要考虑元器件的性能价格比，其次要满足系统对集成功率放大器输出功率的要求，在有特殊要求的场合，如高温条件，则要选择有过热闭锁设施的集成功率放大器，在高级收录机和音响设备中，要选择非线性失真小、频带宽、调谐方便等性能优良的集成功率放大器。

2.6.3　集成功率放大器的应用分析

常见的低频集成功率放大器有 LM386、LM380、TDA2030、TDA2006 等。本书主要介绍 LM386 和 TDA2030，它们被应用于各类高、中、低档和普及型收录机和音响设备中。

选择 TDA2030，搭建如图 2-79 所示的功率放大仿真电路。

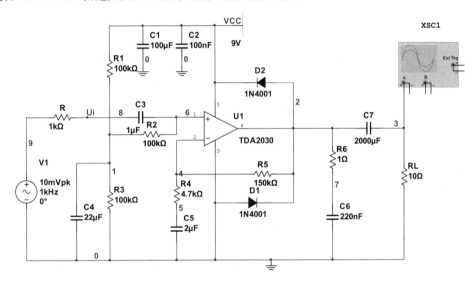

图 2-79　TDA2030 组成功率放大仿真电路

功率放大电路性能指标的测量如下。

1. 最大不失真功率测量

设置信号源频率为 1kHz，用示波器观察负载电阻上输出波形，改变信号源幅值，使示波器上输出波形最大且不失真，用万用表测量最大不失真输出电压有效值$U_{oLm} = $＿＿＿＿＿＿＿，计算最大不失真输出功率$P_{om} = \dfrac{U_{oLm}^2}{R_L} = $＿＿＿＿＿＿＿。

2. 效率测量

用万用表测量电源 VCC 流出总电流$I_{AV} = $＿＿＿＿＿，计算效率$\eta = \dfrac{P_{om}}{P_{VCC}} = \dfrac{P_{om}}{V_{CC}I_{AV}} = $＿＿＿＿＿＿＿。

3. 电压增益测量

调用万用表分别测量输入电压有效值$U_i = $＿＿＿＿＿＿和输出电压有效值$U_o = $＿＿＿＿＿＿，计算电压

增益 $A_u = \dfrac{U_{oL}}{U_i} = $ _____。

4．功率增益测量

将信号源幅值调至 10mv，分别测量电路中电阻接入时的输出电压 $U_{oR} = $ _____和电阻短路时的输出电压 $U_o = $ _____，计算输入电阻 $r_i = \dfrac{U_{oR}}{U_o - U_{oR}} = $ _____，据此可求得功率增益

$$A_P = \dfrac{P_o}{P_i} = A_u^2 \dfrac{r_i}{R_L} = _____。$$

5．通频带测量

在 Multisim 虚拟仪器中调用波特测试仪，测量上限截止频率 $f_H = $ _____和下限截止频率 $f_L = $ _____，则通频带 $BW = f_H - f_L = $ _____。

6．信噪比测量

将信号源幅值置零。用万用表交流挡测量负载电阻上的噪声输出电压 $U_{on} = $ _____，则信噪比

$$\alpha = \dfrac{P_{om}}{P_i} = \dfrac{U_{oLm}^2}{U_{on}^2} = _____。$$

根据 TDA2030 功率放大电路的仿真分析，读者可以尝试其他功率放大电路（如 LM386、LM380 和 TDA2006 等）的仿真分析。

本 章 小 结

1．Multisim14 仿真软件：Multisim 14 提供了直流工作点分析、交流分析、瞬态分析等各种分析功能，还提供了类型丰富的虚拟仪器，这些虚拟仪器的参数设置、使用方法、外观设计与实验室中的真实仪器基本一致。用户可以通过虚拟仪器分析运行结果，判断设计是否合理。

2．在选用二极管时，要根据其主要参数进行选取。Multisim 软件中可以通过对二极管的伏安特性分析，了解二极管的特征参数。直流稳压电源的仿真设计，有助于了解电路中各个元器件的作用，以及输出电阻、电流调整率和稳压系数等性能指标。

3．三极管的 β 值是衡量其电流放大能力的重要参数，在设计三极管放大电路时，需要使用该参数估算电阻值的选取。通过对三极管输入和输出特性的仿真，可以了解三极管的工作特性，为三极管在放大电路中的应用设计提供参考。由三极管组成的共射极放大电路是放大电路的基本单元之一，静态工作点的测量为三极管工作在放大区提供了依据，电压增益、输入电阻、输出电阻和通频带是放大电路的主要性能指标。差分放大电路的共模抑制比是其放大差模信号和抑制共模信号能力的重要体现。

4．场效应管的 g_m 是其输入电压对输出电流控制能力的重要衡量指标，也是与三极管的主要区别的特征之一。由场效应管组成的放大电路也是放大电路的基本单元之一，但场效应管的输入电阻较大，在测量其放大电路的输入电阻时，往往采取测量输出电压的方法。电压增益、输出电阻和通频带的测量与三极管放大电路类似。

5．集成运算放大器是一种具有高电压放大倍数的直接耦合放大器，具有高增益、高可靠性、低成本、小尺寸等特点。其种类很多，在实际选用时要了解输入失调电压、输入失调电流和开环差模增益等参数。通过仿真分析，掌握集成运算放大器的线性应用和非线性应用电路的工作特点。

6．集成功率放大器是由集成运算放大器发展而来的，和集成运算放大器相似，包括前置级、驱动级和功率输出级，以及稳压、过流过压保护等附属电路。集成功率放大器的主要任务是输出大的信号

功率，它的输入、输出电压和电流都较大，是大信号放大器。其主要指标包括电压、带宽、功率、效率、信噪比、输入阻抗、输出阻抗以及增益等。选择集成功率放大器时，要确保性能指标的准确性和实用性。

7. 仿真分析是电路设计的辅助手段之一，仿真实验可以反复进行，可以让学习者更好地理解和掌握实验原理和操作技能，且不受时间、空间、设备等因素的限制，可以安全地进行。本章为后续章节的实验操作提供参考。

思 考 题

1. Multisim 仿真软件在电子电路仿真中常用的功能有哪些？请举例说明。

2. 使用 Multisim 仿真软件分析电路的性能时有哪些优缺点？

3. 在选用二极管时，主要考虑哪些参数？

4. 某电路的输入信号 $u_i = 6\sin\omega t(\text{V})$，要求其输出电压的幅值为 $-4\sim5\text{V}$，请利用二极管的特点设计该电路，并在 Multisim 仿真软件中进行仿真。

5. 通过三极管的输入和输出特性曲线，以及场效应管的转移特性曲线和输出特性曲线，试分析和比较三极管和场效应管的异同。

6. 如图 2-44 所示电路，若集电极电阻 RC 的取值过大或过小，对电路的性能会产生什么样的影响？如果把 RE 的阻值分成 200Ω 和 800Ω 串联，且电容 C3 只与 800Ω 电阻并联，那么对电路的性能会产生什么样的影响？请通过仿真数据加以说明。

7. 根据图 2-49 仿真电路，比较典型差分放大电路对差模信号和共模信号的放大能力的不同。在差模信号输入时，典型差分放大电路和恒流源式差分放大电路的单端输出有什么不同？分析其原因。

8. 根据图 2-49 仿真电路计算得出的 K_{CMRR} 进行分析，比较典型差分放大电路和恒流源式差分放大电路性能的不同。

9. 在如图 2-49 所示的电路中，将电阻 R8 换成可调电阻，通过调节其阻值，说明 Q3 三极管的工作状态对恒流源式差分放大电路性能的影响。

10. 如图 2-53 所示电路，若将电阻 R 的阻值减小至 1kΩ，对放大电路的性能有影响吗？思考为何电阻 R 的阻值不能取得太小，请通过仿真数据加以说明。

11. 在图 2-64 至图 2-67 仿真电路中，加大输入信号的幅值，会观察到什么现象？试解释该现象产生的原因。

12. 在图 2-77 所示电路中输入正弦波信号，观察输出波形，试与图 2-74 所示电路进行比较，说明简单电压比较器和迟滞电压比较器的优缺点。

13. 查阅 LM386 相关手册，在 Multisim 仿真软件中搭建由 LM386 组成的功率放大电路，测量电路的主要性能指标，并与图 2-79 所示电路的性能进行对比分析。

第3章 线性电子电路实验

线性电子电路实验是一门实践性、工程性很强的基础实验课。为了更好地将理论知识应用于实际的电路中，本章在仿真实验的基础上，将线性电子电路中的抽象概念与实际的电路结合起来，设置了 16 个基础性实验。在注重理论知识的同时，初步培养学习者实验技能以及分析、设计模拟系统、处理模拟信号的能力，也为学习电子专业后续课程奠定扎实基础。本章主要探讨的内容如下。

- 常用电子仪器的使用
- 以"任务驱动"方式掌握电子电路的基本设计方法
- 常用模拟元器件应用电路的主要技术指标及测量方法
- 实际电路测量过程中的注意事项

3.1 常用电子仪器的使用

一、实验目的

1. 了解常用电子仪器的主要技术指标、性能、型号、面板上各旋钮和开关的功能和作用。
2. 初步掌握常用电子仪器的使用方法和一般的测量技术。
3. 学会正确使用与本实验有关的仪器。

二、实验仪器

本实验所用到的实验仪器如表 3-1 所示，其中实验仪器的型号、主要功能及主要特点根据实验测试内容进行概括性描述。

表 3-1 实验仪器

序　号	仪 器 名 称	型　号	主　要　功　能
1	模拟电路实验箱		
2	数字万用表		
3	指针式万用表		
4	函数信号发生器		
5	双踪示波器		
6	交流毫伏表		

三、预习要求

1. 实验前必须认真预习、阅读所用电子仪器的使用说明，初步了解其技术指标、测量功能和使用方法。
2. 应根据被测量的内容和要求（如交、直流电压和电流，测量精度高低，测量条件，交流信号的波形及频率高低等），正确选用测量仪器。

四、实验原理

1. 常用电子仪器设备的使用连接方式

在生产、科研、教学中常用的电子仪器有万用表、直流稳压电源、函数信号发生器、示波器、交流毫伏表、实验箱、频率计等。为了更好地完成本实验，学会正确地使用常用电子仪器，在实验前一定要先熟悉和掌握实验室相对应的仪器使用说明书中相关的内容，了解表 3-1 中有关实验仪器的主要技术指标和工作原理，理解其面板上各开关、旋钮的作用和使用方法等。

在实验过程中，很多电参数的测量都与电压相关，因此电路参数的测量往往都需要测量电压。常用的仪器如指针式万用表、数字万用表、双踪示波器和交流毫伏表在测量电压的过程中都可以看作一个单口网络，直接并接在待测电路两端，如图 3-1 所示。在实验过程中，可能会同时使用多种仪器设备，如同时进行直流电压、交流电压或波形的观察等，此时多参数测试线路连接示意图如图 3-2 所示。

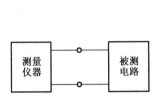

图 3-1　单参数测试线路连接示意图

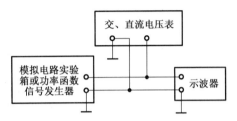

图 3-2　多参数测试线路连接示意图

2．正弦波和脉冲波的主要电参数

功率函数信号发生器输出的正弦波、三角波、锯齿波为连续变化的模拟电信号，其输出的脉冲信号为快速变化的数字信号，其中正弦波和脉冲波是常用的电信号。正弦波及主要参数如图 3-3 所示，其主要参数可分别用有效值 U、峰值 U_p、峰-峰值 $U_{p\text{-}p}$、周期 T（或频率 f）表示。

各参数之间的关系为：$U_{p\text{-}p} = 2U_p = 2\sqrt{2}U$，$U_p = \sqrt{2}U$，$T = 1/f$

脉冲波及主要参数如图 3-4 所示，其主要参数有幅值 U_m，脉冲周期 T（或频率 f）和脉宽 T_p（或占空比 D），其中 $D = T_p/T$；方波是脉冲波中的特例，其占空比为 $1:2$。

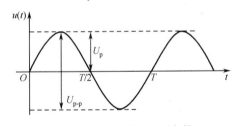

图 3-3　正弦波及主要参数

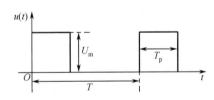

图 3-4　脉冲波及主要参数

五、实验内容及步骤

1．直流电压的选择与调节以及测量

根据模拟电路实验箱输出的直流稳压电压值，分别选用数字万用表、指针式万用表、双踪示波器或其他型号的相应仪器的合适量程测出各组电压值，并记录于表 3-2 中。其中 1～20V 可调的这组稳压电源须用数字万用表的直流电压挡调测到约 6.000V 后再用其他仪表测量和记录其电压值。

表 3-2　直流电压的选择与调节以及测量记录表

序号	模拟电路实验箱输出的电压值/V	数字万用表		指针式万用表		*双踪示波器	
		量程/V	测量值/V	量程/V	测量值/V	V/DIV	测量值/V
1							
2							

续表

序号	模拟电路实验箱输出的电压值/V	数字万用表		指针式万用表		*双踪示波器	
		量程/V	测量值/V	量程/V	测量值/V	V/DIV	测量值/V
3							
4							
5							
6	（1.3～18）→6.000						

*：凡本书中的实验内容或序号前标有*的，均为选做内容，以后不再说明。

2. 交流信号的选择与调节以及测量

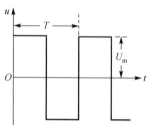

图 3-5　示波器自身校准信号

（1）示波器自身校准信号的观察与测画。

调节和选择所用示波器的相关旋钮和开关，使其处于合适的位置，接入示波器自身的校准信号，调节 Y 轴和 X 轴的位移旋钮和亮度旋钮等（或按 AUTO 键），即可在示波器显示屏上显示出相应的方波，测画出其波形，并标注幅值 U_m 和周期 T，如图 3-5 所示。

（2）信号波形的选择与观察。

调节函数信号发生器，使其输出频率为 1kHz 左右，峰-峰值为 5V 左右，波形分别为正弦波、三角波、方波以及脉冲波，由示波器分别进行显示观察，并画出所显示的四种波形示意图于表 3-3 中。

（3）波形幅值的调节与测量。

调节函数信号发生器的相关旋钮，使其输出频率为 1kHz 的正弦波，然后按表 3-4 的要求，使其电压输出端输出相应的电压，并用示波器、交流毫伏表以及数字电压表，分别测量其电压值，记录于表 3-4 中。

表 3-3　函数信号发生器输出的波形图

函数信号发生器的输出波形	示波器所观察显示的波形示意图
正弦波	
三角波	
方波	
*脉冲波	

表 3-4　正弦波电压调节与测量记录表

函数信号发生器输出的正弦波电压 f=1kHz	示波器			毫伏表		数字万用表	
	V/DIV 应选挡位	波形所占 Y 轴格数	V_p 测量值	应选量程	所测电压的有效值	应选量程	所测电压的有效值
0dB $V_{p\text{-}p}$=8V							
−20dB $V_{p\text{-}p}$=0.8V							
−40dB $V_{p\text{-}p}$=80mV							
*0dB $V_{p\text{-}p}$=2V							

（4）波形频率的调节和测量。

将函数信号发生器输出的正弦波电压峰-峰值调到 2V，然后按表 3-5 中的要求调到所需的频率，再分别选择合适的水平灵敏度 T/DIV 位置，测量出相应的频率，记录于表 3-5 中。

表 3-5　正弦波频率调节与测量记录表

函数信号发生器	示 波 器			
输出的正弦波 V_{p-p}=2V	T/DIV 位置	周期所占格数	所 测 周 期	所 测 频 率
1MHz				
50kHz				
1kHz				
20Hz				

*3. 相位差的测量

根据第 1 章图 1-2 所示相位测量原理，用双踪示波器测量同频率不同相的两信号的相位差。

六、实验注意事项

1．测量电压时，必须在测量前先分清楚是交流电压还是直流电压，然后选择相对应的电压测量按钮。

2．切忌使用万用表的欧姆挡或电流挡去测量交、直流电压，否则易烧坏万用表。

3．应正确合理地选择电压表的量程，以提高测量精度。在不知其电压值大小时，应先用大量程测试，然后再往下调，直到量程合适为止。

4．用示波器测量电压幅值和波形的周期时，应校准后再进行测量（或者在测量时按 AUTO 键）。

七、思考题

1．什么是电压有效值？什么是电压峰值？

2．用交流电压表测量的电压值和用示波器直接测量的电压值有什么不同？

3．在用示波器测量交流信号的峰值和频率时，如何操作其关键性的旋钮才能尽可能提高测量精度？

八、实验报告要求

1．明确实验目的。

2．列表指明所用仪器的名称、型号和功能等。

3．列表整理各项实验内容，并计算出相应的测量结果（须注单位）以及画出所测波形。

4．分析计算实验测量值与实际标称值之间的相对误差。

5．解答思考题。

6．写出实验心得体会及其他。

3.2　二极管极性的判别及直流稳压电源电路

一、实验目的

1．学会用指针式万用表简易判别二极管的极性和性能优劣的方法。

2．了解单相整流、滤波和稳压电路的工作原理。

3．学会直流稳压电源电路的设计与调测方法。

4．掌握集成稳压器的特点，能够合理选择和使用。

二、实验仪器及元器件

根据本实验所用到的仪器及元器件，将实验仪器及元器件的名称、型号、主要功能填写在表 3-6 中。

表 3-6　实验仪器及元器件

序　号	仪器及元器件名称	型　号	主　要　功　能
1			
2			
3			
4			
5			
6			

三、预习要求

1．预习二极管的特性及工作原理。

2．预习直流稳压电源电路的组成及工作原理。

3．完成实验电路参数设计，画出正确、完整的实验电路。

4．理解、领会和明确实验内容，写出待测试参数的代号和公式等。

四、实验原理

1．二极管极性及其性能判别

二极管是具有单向导电性的半导体两极器件。它由一个 PN 结加上相应的引线和管壳组成，用符号"──▷├──"表示，本符号中左边为正极，接 P 型半导体，右边为负极，接 N 型半导体。根据二极管制造时所用的材料不同，可分为硅管和锗管两种：硅管的正向压降一般为 0.6～0.8V，锗管的正向压降一般为 0.2～0.3V。

用指针式万用表判别二极管的极性，其测量原理主要是根据万用表的内部结构和 PN 结的单向导电性进行的。如果二极管性能正常，电阻值小时，黑表笔所接的电极（引脚）为二极管的正极，另一电极（引脚）为二极管的负极。

选择合适的量程（如 R×100Ω 或 R×1kΩ 挡）判别二极管的极性，红表笔接二极管的负极，黑表笔接二极管的正极，此时所测的是二极管正向电阻，阻值较小；红黑表笔反接后（且将量程改为 R×10kΩ 挡）所测的是二极管的反向电阻，阻值很大，性能优；如果所测的正反向电阻阻值均为无穷大，则表明内部断路；如果所测的正反向电阻阻值均为零或很小，则表明内部短路；如果所测的正反向电阻阻值接近，则性能严重恶化。

2．直流稳压电源的组成

直流稳压电源在广播、电视、电信、计算机等领域应用十分广泛。它通常由电源变换电路、整流电路、滤波电路、稳压电路组成。

（1）电源变换电路。

电源变换电路通常是将 220V 的工频交流电源变换成所需的低压电源，一般由变压器或阻容分压电路来完成。

（2）整流电路。

整流电路主要利用二极管的正向导电、反向截止的原理，把交流电整流变换为脉动的直流电。整流电路的输入电压波形如图 3-6(a)所示。整流电路可分为半波整流、全波整流和桥式整流。本实验采用桥式整流，整流电路的输出电压波形如图 3-6(b)所示。其输出的脉动电压平均值

$$U_{L(AV)} = \frac{1}{\pi} \int_0^{\pi} \sqrt{2} U_2 \sin \omega t \mathrm{d}t = \frac{2\sqrt{2}}{\pi} U_2 \approx 0.9 U_2$$

桥式整流电路中流过二极管的平均电流为 $I_{D(AV)} = \frac{1}{2} I_{L(AV)}$（$I_{L(AV)}$ 为负载平均电流）。

桥式整流电路中二极管承受的最大反向电压为 $U_{RM} = \sqrt{2} U_2$。

（3）滤波电路。

滤波电路是利用电容和电感的充放电储能原理，将波动变化大的脉动直流电滤波成较平滑的直流电。滤波电路有电容式、电感式、电容电感式、电容电阻式，具体须根据负载电流大小和电流变化情况以及对纹波电压的要求来选择滤波电路形式。最简单的滤波电路就是把一个电容与负载并联后接入整流输出电路。其整流滤波电路的输出电压波形如图 3-6(c)所示。

桥式整流电容滤波电路的输出电压：$U_{i(AV)} = (0.9 \sim \sqrt{2}) U_2$，其系数大小主要由负载电流大小决定。当负载电阻很小时，$U_{i(AV)} = 0.9 U_2$；当负载电阻开路时，$U_{i(AV)} = \sqrt{2} U_2$。工程上常取 $U_{i(AV)} = 1.2 U_2$。当滤波电容满足 $C \geqslant (3 \sim 5) T / 2 R_L$（$T = 0.02\mathrm{s}$）时，才有较好的滤波效果。

（4）稳压电路。

稳压电路是直流稳压电源的核心。因为整流滤波后的电压虽然已是直流电压，但它还是会随输入电网的波动而变化的，是一种电压值不稳定的直流电压，而且纹波系数也较大，所以必须加入稳压电路才能输出稳定的直流电压。稳压电路的输出电压波形如图 3-6(d)所示。集成稳压器因具有体积小、成本低、性能好、工作可靠性高、外电路简单、使用方便、功能强等优点，现已得到广泛应用。本实验采用集成稳压器进行稳压。

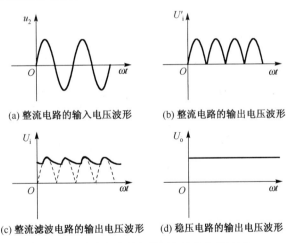

(a) 整流电路的输入电压波形　　　　(b) 整流电路的输出电压波形

(c) 整流滤波电路的输出电压波形　　(d) 稳压电路的输出电压波形

图 3-6　整流、滤波和稳压电路的电压波形

（5）三端式集成稳压器。

集成稳压器的种类有很多，目前使用的大多是三端式集成稳压器。常用的有以下 4 个系列：固定正电压输出的集成稳压器 78×× 系列、固定负电压输出的集成稳压器 79×× 系列、可调的正电压输出的集成稳压器 117/217/317 系列、可调的负电压输出的集成稳压器 137/237/337 系列。其 TO-220 封装的集成稳压器引脚位置和功能如图 3-7 所示。

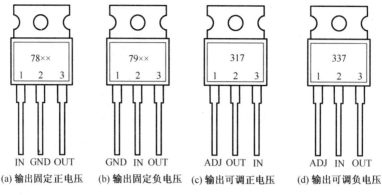

(a) 输出固定正电压　(b) 输出固定负电压　(c) 输出可调正电压　(d) 输出可调负电压

图 3-7　集成稳压器引脚位置和功能

典型的集成稳压器的主要技术指标如表 3-7 所示。

表 3-7　典型的集成稳压器的主要技术指标

参数名称/单位	型号			
	CW7805	CW7812	CW7912	CW317
输入电压/V	+10	+19	−19	≤40
输出电压范围/V	+5.75～+5.25	+11.4～+12.6	−11.4～−12.6	+1.2～+37
最小输入电压/V	+7	+14	−14	$+3 \leq V_i - V_o \leq +40$
电压调整率/mV	+3	+3	+3	0.02%/V
最大输出电流/A	加散热片可达 1A			1.5

五、实验内容及步骤

1. 二极管的极性和性能的判断

用指针式万用表的欧姆挡 $R×100\Omega$、$R×1k\Omega$（或用数字万用表的电阻测量功能分别选择量程 $2k\Omega$、$20k\Omega$）分别测量硅和锗两种材料的二极管的正向电阻值，$R×10k\Omega$（数字万用表测量电阻的最大量程）挡测量其反向电阻值，分别记录测量结果于表 3-8 中。性能判别分好（优）、一般、差（坏）3 种，并在对应的符号极性实物示意图栏目中画出二极管对应的极性符号图。

表 3-8　二极管的极性和性能测试

所测二极管型号	正向电阻值		反向电阻值	对应的符号极性	性　能
	$R×100\Omega$	$R×1k\Omega$	$R×10k\Omega$		
硅管					
锗管					

2. 正确设计和组装固定正电压输出的直流稳压电源实验电路

（1）正确设计和组装由 CW7812 组成的直流稳压电源电路，如图 3-8 所示。

在该电路中，C_1 为低频滤波电容，其值较大，通常取几百到几千 μF，且应采用不低于 $2U_2$ 耐压的电容，C_2、C_3 为高频滤波电容，其值较小，通常取零点几 μF 即可。该电路中的 R_L 为负载电阻，必须使用大功率的电阻（8W），阻值可取 100Ω 左右。

（2）调节变压器 TD 的位置，使 U_2 为所设计的值，即满足 $U_{i(AV)} = 1.2U_2 = 19V$（CW7812 典型

输入电压为 19V，参见表 3-7）。测量并计算表 3-9 所示的参数。

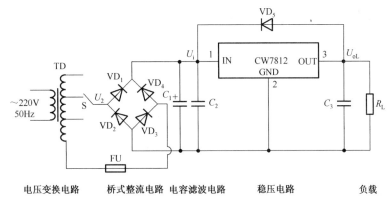

图 3-8　由 CW7812 组成的直流稳压电源电路

表 3-9　直流电源电路参数测试

电路名称	测 量 值							计 算 值				
	交流电压/V	直流电压/V			纹波电压/mV		直流电流/mA	R_o/Ω	$S_i/\%$	$\gamma_i/\%$	$\gamma_o/\%$	S_{nip}/dB
	U_2	U_i	U_{oL}	U_o	$U_{i\sim}$	$U_{oL\sim}$	I_{oL}					
CW7812												
CW317												

（3）计算输出电阻 R_o 的值。输出电阻主要反映稳压电路受负载变化的影响，实际上它就是电源戴维南等效电路的内阻。分别测量集成稳压器输出端空载和带载时的电压值 U_o 和 U_{oL}，以及流过负载电阻的电流 I_{oL}，并将计算结果填入表 3-9 中，其中：

$$R_o = \frac{\Delta U_o}{\Delta I_o} = \frac{U_o - U_{oL}}{I_{oL}}$$

（4）计算电流调整率 S_i 的值。电流调整率是反映直流稳压电源负载能力的一项主要自指标，又称为电流稳定系数。它表征当输入电压不变时，直流稳压电源对由于负载电流（输出电流）变化而引起的输出电压的波动的抑制能力，在规定的负载电流变化的条件下，通常以单位输出电压下的输出电压变化值的百分比来表示直流稳压电源的电流调整率。根据以上步骤（3）中的测量值，将计算结果填入表 3-9 中，其中：

$$S_i = \frac{U_o - U_{oL}}{U_o}\bigg|_{\substack{\Delta U_i=0 \\ \Delta T=0}} \times 100\%$$

（5）根据以上的测量结果，计算输入纹波系数 γ_i、输出纹波系数 γ_o 以及纹波抑制比 S_{nip}，并将计算结果填入表 3-9 中，其中：

$$\gamma_i = \frac{U_{i\sim}}{U_i}, \qquad \gamma_o = \frac{U_{oL\sim}}{U_{oL}}, \qquad S_{nip} = 20\lg\frac{U_{i\sim}}{U_{oL\sim}}$$

（6）调节变压器，使 U_2 增加 10%，模拟电网电压为 220V+22V 的情形，测量此时集成稳压器对应的输出电压 U_{oL}' 和输入电压 U_i'；调节变压器，使 U_2 减小 10%，模拟电网电压为 220V-22V 的情形，测量此时集成稳压器对应的输出电压 U_{oL}'' 和输入电压 U_i''，将测量值记录于表 3-10 中，计算稳压系数，其中：

$$S_U = \frac{(U_{oL}' - U_{oL}'')/U_{oL}}{(U_i' - U_i'')/U_i}\bigg|_{\substack{\Delta I_o=0 \\ \Delta T=0}} \times 100\%$$

表 3-10　稳压性能测试

电 路 名 称	测 量 值						计 算 值
	交流电压/V		直流电压/V				稳压系数
	U_2'	U_2''	U_i'	U_i''	U_{oL}'	U_{oL}''	S_U
CW7812							
CW317							

3．正确设计和组装正电压输出可调的直流稳压电源实验电路

（1）正确设计和组装由 CW317 组成的直流稳压电源电路，如图 3-9 所示。

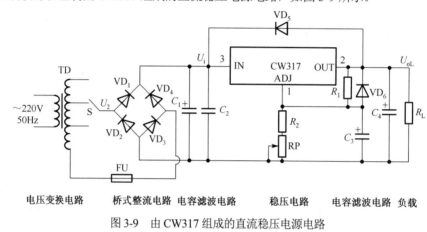

图 3-9　由 CW317 组成的直流稳压电源电路

（2）此电路中滤波电容 C_1、C_2 和负载电阻 R_L 的要求同 CW7812 电路，C_3、C_4 采用 10～100μF 电容即可，R_1、R_2 可采用 100～300Ω 电阻，RP 可采用 1kΩ 左右电位器。

（3）调节电位器 RP，测量并记录直流稳压电源输出电压最大值 U_{oLmax}=_____V 和最小值 U_{oLmin}=_____V。

（4）调节电位器 RP，使输出电压 $U_{oLmin} \leqslant U_{oL} \leqslant U_{oLmax}$，测量表 3-9 和表 3-10 所示参数并计算相应的指标填入表中。

六、实验注意事项

1．不能用指针式万用表的小量程挡如 $R\times1\Omega$ 和 $R\times10\Omega$ 以及最大量程挡 $R\times10k\Omega$ 测量工作极限电流小的二极管（尤其是锗管）的正向电阻值。

2．用指针式万用表判断二极管的性能和极性时，在选好量程后，应进行调零和简单必要的校对，方可进行测试，不致造成误测误判。

3．直流稳压电源电路实验输入电压为 220V 的单相交流强电，实验时必须时刻注意人身和设备安全，千万不可大意，必须严格遵照接线、拆线时不带电，测量、调试和进行故障排除时人体绝不能触碰带强电的导体。

4．接线时必须十分认真、仔细，反复检查、确认组装和连接正确无误后才能通电测试。

5．变压器的输出端、整流电路和稳压器的输出端都绝不允许短路，以免烧坏元器件。

6．千万不可用万用表的电流挡和欧姆挡测量电压，当某项内容测试完毕后，都必须将万用表置于交流电压最大量程。

7．实验完成后，必须在关掉电源后才能拆除接线。

8. 电解电容有正负极性之分，不可接错，否则将烧坏电容。

9. 负载电阻 R_L 必须用大功率电阻（8W），绝不能用小功率电阻，否则将被烧坏。

七、思考题

1. 为什么不能用指针式万用表的 $R×1Ω$ 挡和 $R×10Ω$ 挡量程测量工作极限电流小的二极管的正向电阻值？

2. 用指针式万用表的不同量程测量同一只二极管的正向电阻值，其结果不同，为什么？

3. 桥式整流电容滤波电路的输出电压 $V_{i(AV)}$ 是否随负载的变化而变化？为什么？

4. 在测量 ΔU_o 时，是否可以用指针式万用表进行？为什么？

5. 图 3-8 所示电路中的 C_2 和 C_3 起什么作用？如果不用 C_2 和 C_3，将可能出现什么现象？

八、实验报告要求

1. 明确实验目的。

2. 写出所用仪器名称、型号及功能作用等。

3. 画出完整、正确、清晰的实验电路。

4. 简述实验电路原理。

5. 整理各项实验内容，计算出结果。

6. 完成思考题。

7. 分析产生实验误差的最主要原因，写出实验体会等。

3.3　三极管极性和类型的判别及共射极放大电路

一、实验目的

1. 学会用指针式万用表简易判别三极管的极性和类型的方法。

2. 掌握放大器静态工作点的调试方法，了解电路中各元器件参数值对静态工作点的影响。

3. 掌握放大器的主要性能指标的调测方法。

4. 掌握发射极负反馈电阻对放大电路性能的影响。

二、实验仪器及元器件

根据本实验所用到的仪器及元器件，将实验仪器及元器件的名称、型号、主要功能填写在表 3-11 中。

表 3-11　实验仪器及元器件

序　号	仪器及元器件名称	型　号	主 要 功 能
1			
2			
3			
4			

三、预习要求

1. 预习三极管的特性及工作原理。

2. 预习共射极放大电路的实验原理和测量方法。

3．完成电路的参数设计，画出完整正确的实验电路图。

4．明确实验内容，写出实验步骤。

四、实验原理

1．三极管的极性及类型判别

用指针式万用表判别三极管的极性，其测量原理主要是根据万用表的内部结构和 PN 结的单向导电性进行的。NPN 型和 PNP 型三极管的等效结构分别如图 3-10(a)、(b)所示。

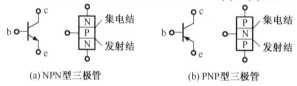

(a) NPN型三极管   (b) PNP型三极管

图 3-10   三极管的结构

根据三极管的结构，可用万用表判别三极管的类型（NPN 型或 PNP 型）和 3 个电极等，其判别原理和方法如下。

（1）"两大两小"判断类型，确定基极 b。

将万用表的功能选为"Ω"，量程拨到 $R×100\Omega$ 或 $R×1k\Omega$ 档，如果把黑表笔接到某一假设为基极的引脚上，红表笔分别接到其余两只引脚上，两次测得的电阻值都很大（或者都较小），然后把红表笔接到假设的基极引脚，黑表笔分别接到其余两只引脚，两次所测得电阻值都较小（或者都很大），则可确定所假设的基极是正确的。即简称为"两大两小"或者"两小两大"为假设正确。如果两次测得的电阻值为一大一小，则可确定假设是错的。这时就需要重新假设一引脚为基极，再重复上述测试直到正确找到基极。基极确定的同时也可判定三极管的类型：如果是黑表笔接基极，红表笔分别接其他两极时所测的电阻值都较小，则说明该三极管为 NPN 型，反之则为 PNP 型。

（2）构建放大状态，确定集电极 c 和发射极 e。

此项判断必须在完成前项判别确定三极管类型和基极的基础上进行。现以 NPN 型三极管为例进行判断。判断测试的 4 种等效电路图分别如图 3-11(a)、(b)、(c)、(d)所示。

由等效电路图和三极管的工作原理可知，正常情况下，按图 3-11(a)连接时，构成了三极管的共射放大状态，故此时流过表的电流最大，即电阻值最小。具体判断方法是：先把万用表拨到 $R×1k\Omega$ 挡，再把黑表笔接到假定的集电极 c，红表笔接到假定的发射极 e，并用两只手分别捏住 b、c 两个电极（但绝不能使 b、c 直接接触）。通过人体，相当于 b、c 之间接入偏置电阻 R_b，读出并记下所测的电阻值。然后将红黑表笔对换位置重测重读。在 4 次测量（如图 3-11(a)、(b)、(c)、(d)所示）读数中电阻值最小的一次，黑表笔所接的引脚为集电极 c，红表笔所接的引脚为发射极 e。若 4 次测量的电阻值差别不大，则说明该三极管性能严重恶化或损坏。有条件时，可用 100kΩ 左右的电阻作为 R_b 接入图 3-11 所示电路中进行测量判别，更为稳定可靠。

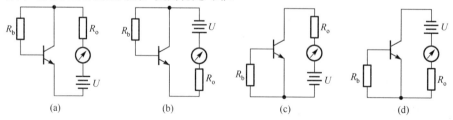

(a)   (b)   (c)   (d)

图 3-11   判断三极管集电极 c 和发射极 e 的等效电路

2. 共射极放大电路

单级放大器是构成多级放大器和复杂电路的基本单元。其功能是在不失真的条件下，对输入信号进行放大。要使放大器正常工作，必须设置合适的静态工作点。静态工作点 Q 的设置除要满足放大倍数、输入电阻、输出电阻、非线性失真等各项指标的要求外，还要满足当外界环境等条件发生变化时，静态工作点要保持稳定。影响静态工作点的因素较多，但当三极管确定之后，主要因素取决于偏置电路，如电源电压的变动、集电极电阻 R_c 和基极偏置电阻的改变等都会影响工作点。

为了稳定静态工作点，经常采用具有直流电流负反馈的分压式偏置单管放大器实验电路，其原理图如图 3-12 所示。电路中上偏置电阻 R_{b1} 由 R'_{b1} 和 RP 串联组成，RP 是为调节三极管静态工作点而设置的；R_{b2} 为下偏置电阻；R_c 为集电极电阻；R_{e1} 和 R_{e2} 为发射极电流负反馈电阻，起到稳定静态工作点的作用；C_1 和 C_2 为交流耦合电容；C_e 为发射极旁路电容，为交流信号提供通路；R_s 为测试电阻，以便测量输入电阻；R_L 为负载电阻。外加输入的交流信号 u_s 经 C_1 耦合到三极管基极，经过放大器放大后从三极管的集电极输出，再经 C_2 耦合到负载电阻 R_L 上。

（1）静态工作点的估算。

分压偏置式放大电路具有稳定静态工作点 Q 的作用，在实际电路中应用广泛。在实际应用中，为保证 Q 点的稳定，对硅材料的三极管而言，估算时一般选取：静态时 R_{b2} 流过的电流 $I_2 = (5\sim 10)I_{bQ}$，基极对地的点位 $V_{bQ} = (5\sim 10)U_{beQ}$。

由图 3-12 可得分压偏置式电路的直流通路如图 3-13 所示，从而可得静态工作点：

$$V_{bQ} \approx \frac{R_{b2}}{R_{b1} + R_{b2}}V_{CC}，\quad I_{cQ} \approx I_{eQ} = \frac{V_{eQ}}{R_{e1} + R_{e2}} = \frac{V_{bQ} - U_{beQ}}{R_{e1} + R_{e2}}$$

$$I_{bQ} = \frac{I_{cQ}}{\beta}，\quad U_{ceQ} = V_{CC} - I_{cQ}(R_c + R_{e1} + R_{e2})$$

在工程应用中，为了保证三极管可靠地工作在放大状态，一般在选用射极电阻 $R_e = R_{e1} + R_{e2}$ 时使 $V_{eQ} \approx (0.2 \sim 0.3)V_{CC}$，其中 $V_{eQ} = I_{eQ}R_e$。

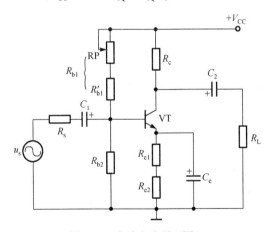

图 3-12　实验电路原理图

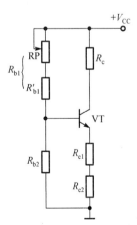

图 3-13　直流通路

（2）放大电路的动态指标。

根据三极管的微变等效模型，可得图 3-12 所示放大电路的微变等效电路，如图 3-14 所示。三极管放大电路正常工作时的主要动态性能指标估算如下。

交流电压放大倍数：

$$A_u = -\frac{\beta(R_L /\!/ R_c)}{r_{be}}$$

其中，r_{be} 为三极管输入电阻，其值为 $r_{be} = r_{bb'} + (1+\beta)\dfrac{U_{T}}{I_{eQ}}$，其中，$r_{bb'}$ 为基区体电阻，可查手册，如无特殊说明，则近似取值为 300Ω；U_{T} 称为热电压，常温下取值 26mV。

输入电阻：
$$r_{i} = R_{b1} /\!/ R_{b2} /\!/ r_{be}$$
输出电阻：
$$r_{o} \approx R_{c}$$

需要注意，测量放大电路的动态指标必须在输出波形不失真的条件下进行。

（3）放大电路电压增益的幅频特性和频带。

放大电路电压增益是频率的函数，电压增益的大小与频率的函数关系即是幅频特性。单管阻容耦合放大电路的幅频特性曲线如图 3-15 所示，$|A_{u}|$ 为中频电压放大倍数，通常规定电压放大倍数随频率的变化下降到中频放大倍数的 $1/\sqrt{2}$ 倍，即 $0.707|A_{u}|$ 时所对应的频率分别称为下限频率 f_{L} 和上限频率 f_{H}，则通频带 BW $= f_{H} - f_{L}$。实验中，常用逐点法或扫频法测量电压增益的幅频特性曲线。

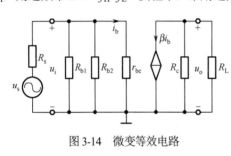

图 3-14　微变等效电路　　　　　　图 3-15　幅频特性曲线

五、实验设计任务

如图 3-12 所示，选用三极管型号为 9013（或者其他 NPN 类型的三极管），其 $\beta = 100$，电路工作电源电压 V_{CC} 为 12V，设 $I_{eQ} = 2.4\text{mA}$，$R_{L} = 5.1\text{k}\Omega$。根据以上要求，设计、计算并选取电路元器件参数，使放大器能够不失真地放大常用的正弦波信号，并达到 $|A_{u}| \geq 80$ 倍的要求。

六、实验内容及步骤

1. 三极管类型和极性的判断

选用一只常用的塑封小功率三极管，如 9011、9012 或 9013 型三极管等，用指针式万用表的欧姆挡判别出类型（是 NPN 型，还是 PNP 型）和 3 只引脚对应的电极位置，然后分别用 e（发射极）、b（基极）、c（集电极）标注在图 3-16 所示对应的引脚中。

2. 正确设计和组装共射极放大电路

（1）根据设计任务，选定图 3-12 所示电路中的电阻和电容值，正确搭建实验电路。

图 3-16　三极管引脚位置标注示意图

根据图 3-13 所示直流通路中静态工作点的估算，以及图 3-14 所示微变等效电路中动态指标的估算，推荐参数设计如下。

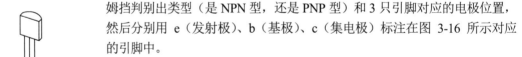

R'_{b1}、R_{b2} 可采用 10～30kΩ 电阻，RP 可采用 300kΩ 左右电位器，R_{c}、R_{e2}、R_{s}、R_{L} 可采用 1～5kΩ 电阻，R_{e1} 可采用 300Ω 左右小阻值电阻，耦合电容 C_{1}、C_{2} 和旁路电容 C_{e} 可采用 10～30μF 电解电容。

（2）组装之前必须测量和调节电源电压，使其为所需要的值，并注意电源的极性和信号源的接地线都不能接错，不能带电进行接线。

（3）将函数信号发生器的输出波形选择为正弦波，调节信号的频率为 1kHz 左右，幅值为 20～30mV，并按照图 3-12 中 u_s 的极性要求接入放大器的输入端。

（4）将示波器的各开关、旋钮选择在相应合适的挡位，并将其测试连接线接到放大器的输出端，完成实验电路制作。

3．静态工作点的调节与测量

（1）静态工作点的调节。

根据设计任务，反复调节电位器 RP，使用万用表测量三极管发射极对地的电位 V_{eQ}，直到 $V_{eQ} = I_{eQ}(R_{e1} + R_{e2})$，其中 $I_{eQ} \approx I_{cQ} = 2.4\text{mA}$。此时示波器显示的放大器输出正弦波形不失真，且有很大的电压放大倍数（一般 $|A_u|$ 在几十到 200 之间），表示放大器的静态工作点调试完成。

（2）静态工作点的测量。

完成静态工作点的调节之后，断开输入信号，再用万用表测量此时放大器的静态工作点，并记录于表 3-12 中，其中 I_{eQ} 和 I_{cQ} 一般用所测的相应电压和已知的电阻值通过计算确定，即通过间接测量方法得到。为了理论分析计算，此时应测出电位器 RP 的阻值_____Ω。

表 3-12　放大器静态工作点测量记录表

测量值/V				计算值/mA	
U_{ceQ}	U_{beQ}	V_{eQ}	V_{cQ}	$I_{eQ} = V_{eQ}/(R_{e1} + R_{e2})$	$I_{cQ} = (V_{CC} - V_{eQ})/R_c$

注意：一般硅管的 U_{beQ} 约为 0.7V，$I_{eQ} \approx I_{cQ}$，否则是电路有误或者测量错误。

4．放大器动态性能指标的测量

完成静态工作点测量之后，接入输入信号，测量和计算放大器的动态指标并记录于表 3-13 中。

表 3-13　放大器动态参数测量与计算记录表

测量值	U_s/mV	U_i/mV	U_{oL}/V	U_o/V
测量计算值	$A_u = -\dfrac{U_{oL}}{U_i}$	$r_i = \dfrac{U_i R_s}{U_s - U_i}$　（kΩ）	$r_o = \left(\dfrac{U_o}{U_{oL}} - 1\right)R_L$　（kΩ）	
理论计算值	$A_u = -\dfrac{\beta(R_L // R_c)}{r_{be}}$	$r_i = R_{b1} // R_{b2} // r_{be}$　（kΩ）	$r_o \approx R_c$　（kΩ）	
相对误差				

（1）电压增益 A_u 的测量。

接通放大器的输入信号，即保持原来调好的输入正弦波信号的频率和幅值，用示波器观察放大器输出端有放大且不失真的正弦波后，用万用表或毫伏表分别测出其输出电压 U_{oL} 和输入电压 U_i 的有效值，即可得到电压增益：$A_u = -\dfrac{U_{oL}}{U_i}$。

（2）输入电阻 r_i 的测量。

r_i 为从放大器输入端看进去的交流等效电阻，它等于放大器输入电压 U_i 与输入电流 I_i 之比，即 $r_i = \dfrac{U_i}{I_i}$。本实验采用换算法测量输入电阻。测量电路如图 3-17 所示。在信号源与放大器之间串联一

个已知电阻 R_s，只要分别测出 U_s 和 U_i，即可得知输入电阻为：

$$r_i = \frac{U_i}{I_i} = \frac{U_i}{(U_s - U_i)/R_s} = \frac{U_i R_s}{U_s - U_i}$$

（3）输出电阻 r_o 的测量。

r_o 是从放大器输出端（即负载）向放大器看进去的交流等效电阻（即戴维南等效电阻）。它的大小能够说明放大器承受负载的能力，其值越小，带负载能力越强。用换算法测量 r_o 的电路如图 3-18 所示，即

$$r_o = \left(\frac{U_o}{U_{oL}} - 1\right) R_L$$

其中，U_o 为图 3-12 所示放大电路负载 R_L 开路时的输出电压，U_{oL} 是图 3-12 所示放大电路负载 R_L 两端的电压。

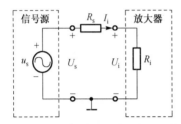 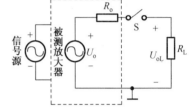

图 3-17　用换算法测量输入电阻 r_i 的电路　　　图 3-18　用换算法测量输出电阻 r_o 的电路

（4）幅频特性及通频带 BW 的测量。

幅频特性的测量：保持输入信号的幅值不变，调节函数信号发生器的频率，测量并记录多个频点情况下放大电路的输出电压，并计算电压增益，采用描点法绘出放大电路的幅频特性曲线。由曲线即可确定放大电路的上、下限截止频率 f_H、f_L 以及通频带 BW= f_H $-f_L$。测量时应注意取点要恰当，在低频段与高频段应多测几点，在中频段可以少测几点。此外，在改变频率时，要保持输入信号的幅值不变，且输出波形不失真。

通频带的另一种测量方法：将放大器输入中频信号，如 $f=1$kHz，在其输出端有正常的放大波形时，测出其电压值为 U_o，然后维持 U_i 不变，增加信号源的频率直到输出电压下降到 $0.707U_o$ 为止，此频率就是上限频率 f_H。同理保持 U_i 不变，降低信号源的频率直到输出电压下降到 $0.707U_o$ 为止，此频率就是下限频率 f_L。必须多次反复调节信号源的频率和输出电压幅值才能完成测量。

记录上限频率 f_H = _____ kHz，下限频率 f_L = _____ kHz，计算 BW= _____ kHz。

（5）3 种失真波形的调节与观察。

① 既饱和又截止失真波形。

大大增加信号源的输出电压幅值（必要时再略调 RP），使放大器输出端同时出现正负向失真，将示波器观察到的失真波形画出。

② 饱和失真波形。

减小 RP 的值，使 U_{ceQ} 的值很小，即放大器工作在饱和区，测画出示波器此时显示的输出波形即为放大器的饱和失真波形（一般是指输出为负半周的波形被削平）。

③ 截止失真波形。

增大 RP 的值，使放大器工作在截止区，即 U_{ceQ} 的值很大，测画出示波器观察到的截止失真波形（一般是指输出为正半周的波形被削平）。

（6）发射极电阻对动态特性的影响。

保持静态工作点不变，将图 3-12 中的电容 C_e 改为与电阻 R_{e2} 并联，如图 3-19 所示。测量放大电

路动态特性指标，记录数据于表 3-14 中，并与表 3-13 中的测试结果比较，总结发射极电阻对放大电路动态特性的影响。

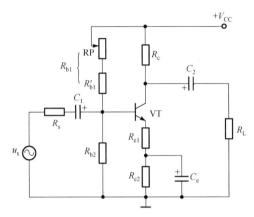

图 3-19 改接后的实验电路

表 3-14 发射极电阻对动态特性的影响

测量值	U_s/mV		U_i/mV	U_{oL}/V	U_o/V
测量计算值	$A_u = -\dfrac{U_{oL}}{U_i}$		$r_i = \dfrac{U_i R_s}{U_s - U_i}$ （kΩ）	$r_o = \left(\dfrac{U_o}{U_{oL}} - 1\right) R_L$ （kΩ）	
理论计算值	$A_u = -\dfrac{\beta(R_L /\!/ R_c)}{r_{be} + (1+\beta)R_{e1}}$		$r_i = R_{b1} /\!/ R_{b2} /\![r_{be} + (1+\beta)R_{e1}]$ （kΩ）	$r_o \approx R_c$ （kΩ）	
相对误差					

七、实验注意事项

1．用指针式万用表判断三极管的性能和极性时，在选好量程后，应进行调零和简单必要的校对，方可进行测试，不致造成误测误判。

2．偏置电阻 R_{b1} 和 R_{b2} 的值不能取得太小，过小的偏置电阻会使静态功耗增大，且引起信号源的分流过大，使放大电路输入电阻变小。

3．一般来说，C_1、C_2 和 C_e 越大，低频特性越好，但电容过大体积也大，既不经济又会增加分布电容，影响高频特性，且电容大的电解电容的漏电电流也大。电容的选择一般能满足放大电路的下限频率即可。

4．为了便于调节静态工作点，应选较大阻值的电位器 RP。测量 RP 的值时，应将其从电路中断开。

5．放大电路输入电压的幅值不能太大，一般为几毫伏到二十几毫伏，否则输出信号会严重失真。

八、思考题

1．能否用数字万用表测量图 3-12 所示放大电路的电压增益及幅频特性？为什么？

2．在图 3-12 所示的电路中，一般是改变上偏置电阻 R_{b1} 来调节静态工作点的，为什么？改变下偏置电阻 R_{b2} 来调节静态工作点可以吗？调节 R_c 呢？为什么？

3．C_e 若严重漏电或者容量失效而开路，分别会对放大器产生什么影响？

九、实验报告要求

1. 明确实验目的。
2. 写出所用仪器名称、型号及功能作用等。
3. 画出完整、正确、清晰的实验电路。
4. 简述实验电路原理。
5. 整理各项实验内容，计算出结果。
6. 完成思考题。
7. 分析产生实验误差的最主要原因，写出实验体会等。

3.4 两级阻容耦合交流放大电路

一、实验目的

1. 理解阻容耦合的基本概念和特点。
2. 学习两级阻容耦合放大电路的工作原理，以及静态工作点的调整方法。
3. 掌握两级阻容耦合放大电路性能指标的调试和测量方法。

二、实验仪器及元器件

根据本实验所用到的仪器及元器件，将实验仪器及元器件的名称、型号、主要功能填写在表 3-15 中。

表 3-15　实验仪器及元器件

序　　号	仪器及元器件名称	型　　号	主 要 功 能
1			
2			
3			
4			
5			
6			

三、预习要求

1. 预习两级阻容耦合放大电路的工作原理。
2. 复习放大电路的失真及其消除方法。
3. 复习多级放大电路的性能指标和频率响应特性测量方法。

四、实验电路及原理

在实际的电子设备中，通常放大电路的输入信号都是很弱的，一般在毫伏或微伏数量级，为了得到足够大的放大倍数或者使输入电阻和输出电阻达到指标要求，一个放大电路往往由多级组成。由几个单级放大电路连接起来的电路称为多级放大电路。在多级放大电路中，每两个单级放大电路之间的连接方式称为耦合，要求前级的输出信号通过耦合不失真地传输到后级的输入端。常见的耦合方式有 4 种形式。

1. 变压器耦合

利用变压器将前级的输出端与后级的输入端连接起来，这种耦合方式称为变压器耦合。变压器耦合的优点是：由于变压器不能传输直流信号，且有隔直作用，因此各级静态工作点相互独立，互不影响。变压器在传输信号的同时还能够进行阻抗、电压、电流变换。变压器耦合的缺点是：体积大、笨重，不能实现集成化应用。

2. 直接耦合

直接耦合是将前级放大电路和后级放大电路直接相连的耦合方式。直接耦合所用元器件少、体积小、低频特性好、便于集成化。直接耦合的缺点是：由于失去隔离作用，前级和后级的直流通路相通，静态电位相互牵制，使得各级静态工作点相互影响，另外还存在零点漂移现象。

3. 光电耦合

光电耦合也称光电隔离，即采用光耦合器进行隔离。光耦合器是以光为媒介传输电信号的一种电—光—电转换器件，由发光源和受光器两部分组成。光耦合器的结构相当于把发光二极管和光敏（三极）管封装在一起。发光二极管把输入的电信号转换为光信号传给光敏管转换为电信号输出，由于没有直接的电气连接，这样既耦合传输了信号，又有隔离干扰的作用。

光电耦合的主要优点是：信号单向传输，输入端和输出端完全实现了电气隔离，输出信号对输入端无影响，抗干扰能力强，工作稳定，无触点，使用寿命长，传输效率高。在单片开关电源中，利用线性光电耦合可构成光耦反馈电路，通过调节控制端电流来改变占空比，达到精密稳压目的。

4. 阻容耦合

阻容耦合是利用电容器作为耦合元件将前级和后级连接起来，这个电容器称为耦合电容。阻容耦合的优点是：前级和后级直流通路彼此隔开，每一级的静态工作点相互独立，互不影响，便于分析和设计电路，因此，阻容耦合在多级交流放大电路中得到了广泛应用。阻容耦合的缺点是：信号在通过耦合电容加到下一级时会大幅衰减，对直流信号（或变化缓慢的信号）很难传输。在集成电路里制造大电容很困难，不利于集成化。所以，阻容耦合只适用于分立元器件组成的电路。

本实验重点介绍阻容耦合的两级放大电路，如图 3-20 所示。VT_1 和 VT_2 可采用 9013 或 8050 等小功率晶体三极管，第一级的输出信号通过 C_2 和第二级的输入端相连，该电路的静态工作点的计算参见 3.3 节，该电路的主要动态指标如下。

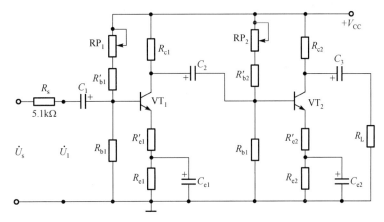

图 3-20　两级阻容耦合放大电路

1．电压放大倍数

电路总电压放大倍数等于两级放大电路的电压放大倍数的乘积，即

$$A_u = A_{u1} \times A_{u2}$$

其中，$A_{u1} = -\beta_1 \dfrac{R_{c1} /\!/ r_{i2}}{r_{be1} + (1+\beta_1)R'_{e1}}$，$A_{u2} = -\beta_2 \dfrac{R_{c2} /\!/ R_L}{r_{be2} + (1+\beta_2)R'_{e2}}$，$\beta_1$ 为 VT_1 的电流放大倍数，β_2 为 VT_2 的电流放大倍数，r_{be1} 是 VT_1 的发射结电阻，r_{be2} 是 VT_2 的发射结电阻，r_{i2} 为第二级的输入电阻，$r_{i2} = R_{b2} /\!/ (R'_{b2} + RP_2) /\!/ [r_{be2} + (1+\beta_2)R'_{e2}]$。

2．输入输出电阻

输入电阻就是第一级（输入级）的输入电阻 r_{i1}，即

$$r_i = r_{i1} = R_{b1} /\!/ (R'_{b1} + RP_1) /\!/ [r_{be1} + (1+\beta_1)R'_{e1}]$$

输出电阻就是第二级（输出级）的输出电阻，即

$$r_o = R_{c2}$$

3．频率响应特性

放大器在低频或高频时，其信号达不到预期的要求，而造成放大器低频或高频时的放大性能变差，我们把这种放大器的放大倍数和工作信号频率有关联的特性称为频率响应，或者称为频率特性。如果用曲线表示，则称为幅频特性曲线，如图 3-15 所示，该曲线为放大器频率响应曲线的一般形式。

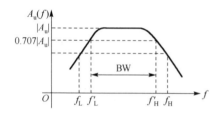

图 3-21　两级放大电路的频带宽度

如果两级放大电路第一级的下限频率为 f_L，第一级的上限频率为 f_H；第二级的下限频率为 f'_L，第二级的上限频率为 f'_H，则两级放大电路总的频带宽度为 $BW = f'_H - f'_L$，其中 $f'_H < f_H$，$f'_L > f_L$，如图 3-21 所示。在多级放大电路中，往往第一级的带宽要大于整个电路的工作带宽，而整个放大电路的工作带宽由最窄一级的频带宽度决定。

五、实验设计任务

如图 3-20 所示的电路，输入正弦波信号 $5\text{mV} \leqslant U_s \leqslant 10\text{mV}$，选用半导体三极管 9013（请查阅相关资料），电源电压 $V_{CC} = 12\text{V}$，负载电阻 $R_L = 3\text{k}\Omega$。根据以上要求，设计、计算并选取电路元器件参数，使放大器能够不失真地放大常用的正弦波信号，并使得两级放大电路的指标满足：电压增益 $A_v \geqslant 240$，输入电阻 $R_i \geqslant 10\text{k}\Omega$，带宽 $50\text{Hz} \leqslant BW \leqslant 50\text{kHz}$。

六、实验内容及步骤

1．根据设计任务，选择合适的电阻和电容值，正确搭建如图 3-20 所示的电路，接通直流工作电源，进行静态工作点调节。

在调节静态工作点时，第二级在输出波形不失真的前提下幅值尽量大，第一级为增加信噪比，工作点尽可能低。输入端输入频率为 1kHz，$U_i = 5\text{mV}$ 左右的正弦交流信号，调整工作点（通常调节晶体三极管 VT_1 和 VT_2 集电极对地的电位约 6V 左右）使得输出信号不失真。断开输入信号，测量并记录可调电阻 $RP_1 = \underline{\qquad}\ \Omega$，$RP_2 = \underline{\qquad}\ \Omega$，测量并计算两级阻容耦合放大电路的静态工作点，记录于　表 3-16 中。

2．测量两级放大电路的放大倍数。

在输入端接入频率为 1kHz，$U_i = 5\text{mV}$ 左右的正弦交流信号，在输出不失真的情况下，断开或接入负载，测量第一级和第二级的输出电压，计算电压放大倍数，并记录于表 3-17 中。其中 U_{o1} 是第

一级输出电压，U_{o2} 是第二级输出电压。

表 3-16　静态工作点的测量与计算

静态工作点	第　一　级				第　二　级			
	V_{c1}	V_{b1}	V_{e1}	U_{be1}	V_{c2}	V_{b2}	V_{e2}	U_{be2}
测量值/V								
计算值/V								

表 3-17　放大倍数的测量与计算

工作状态	输入/输出电压				电压放大倍数		
	U_s / mV	U_i / mV	U_{o1} / V	U_{o2} / V	第　一　级	第　二　级	总　体
					A_{u1}	A_{u2}	A_u
空载							
负载							

3．放大电路输入电阻与输出电阻的测量。

根据图 3-20 以及表 3-17 的测量结果，可计算放大器的输入电阻：

$$r_i = \frac{U_i R_s}{U_s - U_i}$$

放大器的输出电阻：

$$r_o = \left(\frac{U_{o2}}{U_{oL2}} - 1 \right) R_L$$

式中，U_{o2} 为空载时放大器的输出电压；U_{oL2} 为带负载时放大器的输出电压。

4．测量两级放大电路的频率特性。

在输出不失真的情况下，空载时，降低输入信号频率，使输出电压为 $0.707U_{o2}$，读出此时的频率，即为下限频率 f_L。提高输入信号频率，使输出电压为 $0.707U_{o2}$，读出此时的频率，即为上限频率 f_H。通频带 BW $= f_H - f_L$。

将放大器负载接入或断开，输入信号频率调到 1kHz，输出信号幅值调到最大不失真状态，保持输入信号的幅值不变，调节输入信号频率，将测量结果记录于表 3-18 中。

表 3-18　频率特性的测量

f/ Hz		20	50	100	500	1k	5k	10k	20k	50k	80k	90k	100k	110k	120k
U_{o2} /V	空载														
	负载														

根据表 3-18 测量结果，描绘出两级放大电路的幅频特性曲线。

七、实验注意事项

1．调节静态工作点时，如果有寄生振荡，可采用以下措施消除它。

（1）重新布线，导线尽可能短。

（2）可在三极管基极与发射极间加几 pF 到几百 pF 的电容。

（3）信号源与放大电路间用屏蔽线连接。

2．测量静态工作点时，应断开输入信号。

八、思考题

1．根据表 3-18 所示的测量结果，逐点描绘出两级放大电路的频率特性曲线，并标出上限频率 f_H 和下限频率 f_L。

2．若想增大图 3-20 所示电路的带宽，通过哪些方法可以实现？

3．分析两级放大电路静态工作点对放大倍数产生的影响。　　　　·

九、实验报告要求

1．明确实验目的。

2．写出所用仪器名称、型号及功能作用等。

3．画出完整、正确、清晰的实验电路。

4．整理各项实验内容，计算出结果。

5．完成思考题。

6．分析实验结果，写出实验体会等。

3.5　差分放大电路

一、实验目的

1．掌握差分放大电路静态工作点的调整。

2．加深对差分放大电路的性能及特点的理解。

3．学习差分放大电路主要性能指标的测试方法。

二、实验仪器及元器件

根据本实验所用到的仪器及元器件，将实验仪器及元器件的名称、型号、主要功能填写在表 3-19 中。

表 3-19　实验仪器及元器件

序　　号	仪器及元器件名称	型　　号	主　要　功　能
1			
2			
3			
4			
5			
6			

三、预习要求

1．复习差分放大电路中差模输入、共模输入以及单端输出和双端输出的概念。

2．领会和理解差分放大器的工作原理。

3．明确实验内容，画出测量记录表。

四、实验电路及原理

1. 基本概念

（1）差模输入电压和共模输入电压。

差分放大电路有两个输入端，可以分别加上两个输入电压 u_{i1} 和 u_{i2}。如果两个输入电压大小相等，而且极性相反，则这样的输入电压称为差模输入电压 $u_{id} = u_{i1} - u_{i2}$；如果两个输入信号不仅大小相等，而且极性也相同，则这样的输入电压称为共模输入电压 $u_{ic} = (u_{i1} + u_{i2})/2$。

通常情况下，认为差模输入电压反映了有效的信号，而共模输入电压可能反映由于温度变化而产生的漂移信号，或者是随着有效信号一起进入放大电路的某种干扰信号。

（2）差模电压放大倍数和共模电压放大倍数。

放大电路对差模输入电压的放大倍数称为差模电压放大倍数，用 A_{ud} 表示，即

$$A_{ud} = \frac{\Delta u_{od}}{\Delta u_{id}}$$

式中，u_{od} 为差模输出电压。

而放大电路对共模输入电压的放大倍数称为共模电压放大倍数，用 A_{uc} 表示，即

$$A_{uc} = \frac{\Delta u_{oc}}{\Delta u_{ic}}$$

式中，u_{oc} 为共模输出电压。

（3）共模抑制比。

差分放大电路的共模抑制比用符号 K_{CMRR}（Common-Mode Rejection Ratio）表示，定义为差模电压放大倍数与共模电压放大倍数之比，一般用对数表示，单位为 dB，即

$$K_{CMRR} = 20 \lg \left| \frac{A_{ud}}{A_{uc}} \right|$$

共模抑制比能够描述差分放大电路对零点漂移的抑制能力，K_{CMRR} 越大，说明抑制零点漂移的能力越强。

2. 差分放大电路的形式

差分放大电路是基本放大电路之一，由于它具有抑制零点漂移的优异性能，因此得到了广泛的应用，并成为集成电路中重要的基本单元电路，常作为集成运算放大器的输入级。

差分放大电路常见的形式有 3 种：基本形式、长尾式和恒流源式。

（1）基本形式。

将两个电路结构、参数均相同的单管放大电路组合在一起，就成为差分放大电路的基本形式，如图 3-22 所示。输入电压 u_{i1} 和 u_{i2} 分别加在两管的基极，输出电压等于两管的集电极电压之差。

在理想情况下，电路中左右两部分三极管的特性和电阻的参数均完全相同，则当输入电压等于零时，$V_{cQ1} = V_{cQ2}$，故输出电压 $U_o = 0$。如果温度升高使 I_{cQ1} 增大，V_{cQ1} 减小，则 I_{cQ2} 也将增大，V_{cQ2} 也将减小，而且 VT_1、VT_2 变化的幅值相等，结果 VT_1 和 VT_2 输出端的零点漂移将互相抵消。

对于这种基本形式的差分放大电路来说，从每个三极管的集电极对地电压来看，其温度漂移（温漂）与单管放大电路相同，丝毫没有改善。因此实际工作中一般不采用这种基本形式的差分电路。

（2）长尾式。

为了减小每个管子输出端的温漂，引出了长尾式差分放大电路。在图 3-22 的基础上，在两个三极管的发射极接入一个发射极电阻 R_e，如图 3-23 所示。这个电阻一般称为"长尾"，所以这种电路称为长尾式差分放大电路。

长尾电阻 R_e 的作用是引入一个共模负反馈，也就是说，R_e 对共模信号有负反馈作用，而对差模信号没有负反馈作用。假设在电路输入端加上正的共模信号，则两个三极管的集电极电流 i_{c1}、i_{c2} 同时增大，使流过发射极电阻 R_e 的电流 i_e 增加，于是发射极电位 u_e 升高，反馈到两个三极管的基极回路中，使 u_{be1}、u_{be2} 降低，从而限制了 i_{c1}、i_{c2} 的增大。但是对于差模输入信号，由于两个三极管的输入信号幅度相等而极性相反，所以 i_{c1} 增加多少，i_{c2} 就减小同样的数量，因而流过 R_e 的电流总量保持不变，则 $\Delta u_e = 0$，所以对于差模信号没有反馈作用。

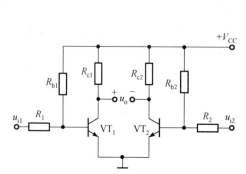

图 3-22　差分放大电路的基本形式

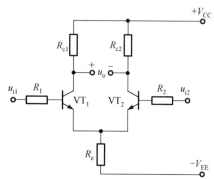

图 3-23　长尾式差分放大电路

R_e 引入的共模负反馈使共模放大倍数 A_{uc} 减小，降低了每个三极管的零点漂移（零漂）。但对差模放大倍数 A_{ud} 没有影响，因此提高了电路的共模抑制比。R_e 越大，共模反馈越强，则抑制零漂的效果越好。但是，随着 R_e 的增大，R_e 上的直流压降越来越大。为此，在电路中引入一个负电源 V_{EE} 来补偿 R_e 上的直流压降，以免输出电压变化范围太小。

在长尾式差分放大电路中，为了在两侧参数不完全对称的情况下能使静态时的 U_o 为零，常常接入调零电位器（R_W），如图 3-24 所示，该电路也称为典型差分放大电路。

（3）恒流源式。

在长尾式差分放大电路中，长尾电阻 R_e 越大，则共模负反馈作用越强，抑制零漂的效果越好。但是 R_e 越大，为了得到同样的工作电流所需的负电源 V_{EE} 的值越高。希望既要抑制零漂的效果比较好，同时又不要求过高的 V_{EE} 值，为此，可以考虑采用一个三极管代替原来的长尾电阻 R_e。

在三极管输出特性的恒流区，当集电极电压有一个较大的变化量 Δu_{ce} 时，集电极电流 i_c 基本不变。此时三极管 c、e 之间的等效电阻 $r_{ce} = \Delta u_{ce}/\Delta i_c$ 的值很大。用恒流三极管充当一个阻值很大的长尾电阻 R_e，既可在不用大电阻的条件下有效地抑制零漂，又适合集成电路制造工艺中用三极管代替大电阻的特点，因此，这种方法在集成运算放大器中被广泛采用。

恒流源式差分放大电路如图 3-25 所示。可见，恒流管 VT$_3$ 的基极电位由电阻 R_{b1}、R_{b2} 分压后得到，可认为基本不受温度变化的影响，则当温度变化时 VT$_3$ 的发射极电位和发射极电流也基本保持稳定，而两个三极管的集电极电流 i_{c1}、i_{c2} 之和近似等于 i_{c3}，所以 i_{c1} 和 i_{c2} 将不会因温度的变化而同时增大或减小。可见，接入恒流三极管后，抑制了共模信号的变化。

3. 实验电路

本实验采用的差分放大电路如图 3-26 与图 3-27 所示。VT$_1$ 和 VT$_2$ 为 3DG6 对管，VT$_3$ 为 9013 管。图 3-26 所示的电路构成典型差分放大电路的基本电路，该电路主要由两个元器件参数相同的基本共射放大器组成。差分对管 VT$_1$、VT$_2$ 起控制和放大电压或电流作用，R_{c1}、R_{c2} 为差分对管的集电极负载电阻，$R_1 \sim R_4$ 构成差分对管的直流偏置电阻，RP$_1$ 调零电位器用来调节 VT$_1$、VT$_2$ 的静态工作点，使得当输入信号 $U_i = 0$ 时，双端输出电压 $U_o = 0$。R_e 为两管共用的发射极电阻，它对差模信号无负反馈作用，因而不影响差模电压放大倍数，但对共模信号有较强的负反馈作用，故可有效地抑制零漂，稳定静态工作点。图 3-27 所示的电路构成恒流源式差分放大电路，由三极管 VT$_3$ 和电阻 R_5、R_{e3} 及电位器RP$_2$组成的恒流源具有很大的电阻，大大提高差分放大电路抑制共模信号的能力。

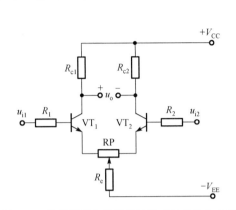

图 3-24　接有调零电位器的长尾式差分放大电路

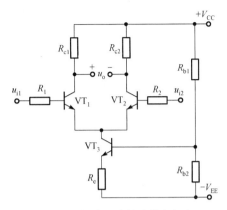

图 3-25　恒流源式差分放大电路

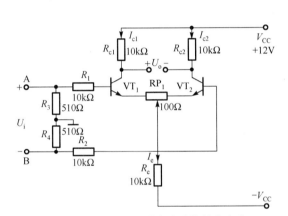

图 3-26　典型差分放大电路的基本电路

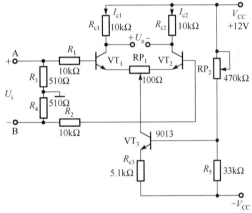

图 3-27　恒流源式差分放大电路

差分放大电路的有关主要技术指标和静态工作点的分析、计算方法如下：

（1）静态工作点的估算。

典型电路：

$$I_e \approx \frac{|-V_{CC}| - V_{be}}{R_e} \quad （当 V_{b1} = V_{b2} \approx 0 时），\quad I_{c1} = I_{c2} = \frac{I_e}{2}$$

恒流源电路：

$$I_{c3} \approx I_{e3} \approx \left\{ \frac{R_5[V_{CC} - (-V_{CC})]}{R_5 + RP_2} - V_{be3} \right\} \times \frac{1}{R_{e3}}, \quad I_{c1} = I_{c2} = \frac{1}{2}I_{c3}$$

（2）差模电压增益和共模电压增益。

当差分放大电路的射极电阻 R_e 足够大，或采用恒流源电路时，差模电压增益 A_{ud} 主要由输出方式决定。当图 3-26 的电路中 $R_1 = R_2 = R_b$，$R_{c1} = R_{c2} = R_c$，且 RP$_1$ 处在中心位置时，差分放大电路双端输出的差模电压增益为

$$A_{ud} = \frac{U_{od}}{U_{id}} = \frac{-\beta R_c}{R_b + r_{be} + \frac{1}{2}(1+\beta)RP_1}$$

单端输出的差模电压增益为

$$A_{ud1} = \frac{V_{c1d}}{U_{id}} = \frac{U_{od}/2}{U_{id}} = \frac{1}{2}A_{ud} , \quad A_{ud2} = \frac{V_{c2d}}{U_{id}} = \frac{-U_{od}/2}{U_{id}} = -\frac{1}{2}A_{ud}$$

当输入共模信号时，单端输出的电压增益为

$$A_{uc1} = A_{vc2} = \frac{V_{c1c}}{U_{ic}} = \frac{V_{c2c}}{U_{ic}} = \frac{\beta R_c}{R_b + r_{be} + (1+\beta)\left(\frac{1}{2}RP_1 + 2R_e\right)} \approx \frac{R_c}{2R_e}$$

当输入共模信号时，在理想情况下，双端输出的电压增益

$$A_{uc} = \frac{U_{oc}}{U_{ic}} = 0$$

实际上元器件不可能完全对称，因此 A_{uc} 一般不会等于零。

五、实验内容

1. 典型差分放大电路的性能测试

按图 3-26 所示的电路进行正确组装和连接。

（1）该放大电路零点的调节：信号源不接入，并将放大电路输入端 A、B 与地短接，接通±12V 直流电源，用数字万用表的直流电压挡测量输出电压 U_o，调节调零电位器 RP_1，使 $U_o = 0$。

（2）静态工作点的测量：零点调好以后，用数字万用表的直流电压 20V 挡，测量 VT_1、VT_2 的各电极的电位及 R_e 两端的电压 U_{RE}，并记录于表 3-20 中。

表 3-20　典型差分放大电路的直流工作点

测量值	V_{c1}/V	V_{b1}/V	V_{e1}/V	V_{c2}/V	V_{b2}/V	V_{e2}/V	U_{RE}/V
实测计算值	I_{c1}/mA	I_{c2}/mA	I_{b1}/mA	I_{b2}/mA	U_{ce1}/V		U_{ce2}/V
理论计算值	I_c/mA		I_b/mA		U_{ce}/V		

（3）差模电压增益的测量：断开直流电源和 A、B 端与地的短接线，信号发生器输出端与放大电路的 A 端连接，信号发生器的地端与放大电路的 B 端连接，构成差模输入方式。调节信号源的频率为 1kHz，幅值约为 100mV，然后接通±12V 电源，用示波器观察放大电路的输出波形为正常放大后，再用交流电压表测量 U_{id}、V_{c1d}、V_{c2d}，并记录于表 3-21 中，同时用示波器观察 U_{id}、V_{c1d}、V_{c2d} 之间的相位关系。如果测量 U_{id} 时因浮地有干扰，可分别测量 A 端和 B 端对地的电压，两者之差为 U_{id}。

（4）共模电压增益的测量：将放大器的 A、B 两端短接，信号源输出端分别与放大电路的 A 端与地端相接，构成共模输入方式，信号源的频率不变，其输出电压幅值 U_{ic} 调为 1V，在放大电路输出波形正常的情况下，测量 V_{c1c}、V_{c2c} 和 U_{oc} 的值，并记录于表 3-21 中，同时用示波器观察 U_{ic}、V_{c1c}、V_{c2c} 的相位。

2. 具有恒流源的差分放大电路性能测试

搭建图 3-27 所示的恒流源式差分放大电路，排除实验故障后调节电位器 RP_2，使三极管 VT_3 集电极与发射极间的电压为 6V 左右，然后重复"典型差分放大电路的性能测试"内容（3）、（4）中的实验步骤如 V_{c1c}、V_{c2c} 和 U_{oc} 的值，并记录于表 3-21 中。

用示波器观察差模输入和共模输入时，单端输出和双端输出的波形。

通过表 3-21 中相关参数的测量和计算，对比分析典型差分放大电路和恒流源式差分放大电路的性能。

表 3-21 差分放大电路的测试参数记录表

工作方式 / 测量值	典型差分放大电路		恒流源式差分放大电路	
	差 模 输 入	共 模 输 入	差 模 输 入	共 模 输 入
U_i	$U_{id}=$	$U_{ic}=$	$U_{id}=$	$U_{ic}=$
$A_{ud1}=V_{c1d}/U_{id}$	$V_{c1d}=$	/	$V_{c1d}=$	/
	$A_{ud1}=$		$A_{ud1}=$	
$A_{ud2}=V_{c2d}/U_{id}$	$V_{c2d}=$	/	$V_{c2d}=$	/
	$A_{ud2}=$		$A_{ud2}=$	
$A_{ud}=U_{od}/U_{id}$	$U_{od}=$	/	$U_{od}=$	/
	$A_{ud}=$		$A_{ud}=$	
$A_{uc1}=V_{c1c}/U_{ic}$	/	$V_{c1c}=$	/	$V_{c1c}=$
		$A_{uc1}=$		$A_{uc1}=$
$A_{uc2}=V_{c2c}/U_{ic}$	/	$V_{c2c}=$	/	$V_{c2c}=$
		$A_{uc2}=$		$A_{uc2}=$
$A_{uc}=U_{oc}/U_{ic}$	/	$U_{oc}=$	/	$U_{oc}=$
		$A_{uc}=$		$A_{uc}=$
$K_{CMRR}=|A_{ud1}/A_{uc1}|$				
$K_{CMRR}=|A_{ud}/A_{uc}|$				

六、实验注意事项

1. 测量典型差分放大电路时，恒流源电路部分不要接入电路中。

2. 测量恒流源式差分放大电路时，因共模输出电压很小，为减小测量误差，应采用毫伏表进行测量。

3. 调零时，若通过选定电位器 RP_1 的调节不能使输出为零，则可适当更换电位器 RP_1，直到输出为零为止。

七、思考题

1. 典型差分放大电路与恒流源式差分放大电路主要的特点和区别是什么？

2. 什么叫差分放大电路的差模输入和共模输入？两者的输入电阻值有什么不同？

3. 简述差分放大电路在差模输入和共模输入时，单端输出和双端输出的电压增益情况。

八、实验报告要求

1. 明确实验目的。

2. 写出所用仪器的名称、型号及功能等。

3. 画出完整、正确的实验电路，并叙述其实验原理。

4. 整理各项实验内容，并计算出结果。

5. 结合理论知识，对实验结果进行分析、比较。

6. 完成思考题。

7. 写出实验总结。

3.6　场效应管放大电路

一、实验目的

1．了解场效应管放大电路的性能和特点。
2．学习场效应管放大电路的设计方法。
3．进一步熟悉和掌握放大器动态参数的测试方法。

二、实验仪器及元器件

根据本实验所用到的仪器及元器件，将实验仪器及元器件的名称、型号、主要功能填写在表 3-22 中。

表 3-22　实验仪器及元器件

序　号	仪器及元器件名称	型　号	主 要 功 能
1			
2			
3			
4			
5			
6			

三、预习要求

1．复习场效应管的特点及场效应管放大电路的工作原理。
2．根据已给定的条件完成电路参数设计和取值，并标注在电路中，写出预习报告。
3．掌握场效应管放大电路的调测方法。

四、实验电路及原理

1．场效应管的特点

场效应管与双极型晶体管比较有如下特点。
（1）场效应管是一种电压控制器件。
（2）输入电阻高（尤其是 MOS 场效应管），噪声系数小。
（3）温度稳定性好，抗辐射能力强。
（4）结型管的源极（S）和漏极（D）可以互换使用，但切勿将栅极（G）、源极（S）电压的极性接反，以免过流而烧坏；对于耗尽型 MOS 场效应管，其栅源偏压可正可负，使用较灵活。
（5）不足之处是共源跨导 g_m 值较低（只有 mS 级），MOS 场效应管的绝缘层很薄，极容易被感应电荷击穿；MOS 场效应管使用时，测量仪器和电烙铁本身必须接地良好，MOS 场效应管不用时所有电极应短接。

2．结型场效应管的特性和参数

结型场效应管的主要特性有输出特性和转移特性。图 3-28 和图 3-29 所示分别为结型场效应管 3DJ6F 的转移特性曲线和输出特性曲线。

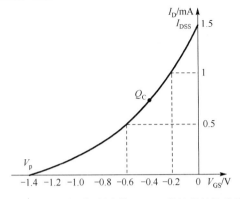

图 3-28　结型场效应管 3DJ6F 的转移特性曲线

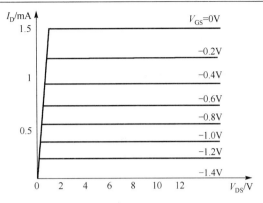

图 3-29　结型场效应管 3DJ6F 的输出特性曲线

3．共漏放大器的工作原理

共漏放大器原理电路如图 3-30 所示，该电路是一种源极跟随器，它类似于由双极型晶体管组成的射极跟随器。它的动态电压放大倍数近似为 1，其特点是输入电阻高、输出电阻低，常用于测量仪器的输入端进行阻抗变换。共漏放大器的交流信号经耦合电容 C_1 送到场效应管栅极，经过放大后（指电流放大）在源极经过耦合电容 C_2 后输出到负载或后级放大器。与双极型晶体管一样，为了使场效应管放大器正常工作，也需选择恰当的直流偏置电路以建立合适的静态工作点。

图 3-30 中的源极跟随器采用分压式自偏压电路。RP 与 R_1 和 R_2 组成的分压器产生的电压及漏极电流在 R_4 上产生的电压降共同构成自偏压电路。只要选择合适的电路参数，就能使源极跟随器建立正常的静态工作点。由图 3-30 所示电路可得静态工作点：

$$V_{GQ} \approx \frac{R_2 \cdot V_{DD}}{RP + R_1 + R_2} \quad （当 R_3 \gg R_1、R_2 时）$$

$$V_{SQ} = I_{DQ} \cdot R_4$$

$$U_{GSQ} = V_{GQ} - V_{SQ} = \frac{R_2 \cdot V_{DD}}{RP + R_1 + R_2} - I_{DQ} \cdot R_4$$

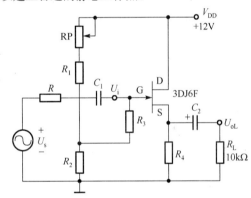

图 3-30　共漏放大器原理电路

源极跟随器的动态指标：

$$A_u = \frac{g_m R_4}{1 + g_m R_4} \quad （空载时）$$

$$A_u = \frac{g_m R_4 // R_L}{1 + g_m R_4 // R_L} \quad （带负载 R_L 时）$$

$$R_i = R_3 + (RP + R_1) // R_2$$

$$R_0 = \frac{1}{g_m} // R_4 = \frac{R_4}{1 + g_m R_4}$$

五、实验设计任务

用场效应管 3DJ6F 构成一个源极跟随器，其性能指标要求 $R_i \geq 1M\Omega$，$A_u \approx 1$，$R_o \leq 1k\Omega$。已知 $V_{DD} = 12V$，设计其电路和参数。

根据要求可采用图 3-30 所示的电路，其场效应管静态工作点可借助转移特性曲线来设置。用 QT2 晶体管图示仪测得 3DJ6F 的转移特性曲线如图 3-28 所示，从中可知 $V_p = -1.4V$，$I_{DSS} = 1.5mA$，

I_{DQ}=0.75mA，U_{GSQ} =-0.4V 和 $g_m = \dfrac{\Delta I_D}{\Delta V_{GS}} = \dfrac{(1-0.5)\text{mA}}{[-0.2-(-0.6)]\text{V}} = \dfrac{0.5\text{mA}}{0.4\text{V}}$ 的量值。

六、实验内容及步骤

1．根据预先设计好的电路参数（参数设计与 3.3 节三极管放大电路类似），并将所设计的参数标注在图 3-30 所示电路中，然后进行正确组装和连接，检查无误后接通电源。

2．排除实验故障，调节 RP，使 V_{SQ} 满足设计要求，测量并记录 V_{SQ} =_____与 V_{GQ} =_____，
计算 U_{GSQ} =_____。

3．测量源极跟随器电压放大倍数：由函数发生器输入 f =1kHz 的正弦波信号 U_s，并调节信号源电压 U_s 的大小，用示波器观察跟随器输出波形不失真时，测出 U_{oL} 和 U_i 的值，并计算 $A_u = U_{oL}/U_i$。

4．测量输入电阻 R_i：因源极跟随器的输入电阻高，为减少测量误差，可利用被测放大器的隔离作用，通过测量跟随器的输出电压来实现。$R_i=U_{o2}R/(U_{o1}-U_{o2})$，式中，$U_{o1}$ 为 R 短路时的输出电压，U_{o2} 为 R 被接入时对应的输出电压。

5．测量输出电阻 R_o：$R_o = (U_o/U_{oL}-1)R_L$，其中，U_o 为空载时的输出电压，U_{oL} 为带上负载时的输出电压。

6．通频带 BW 的测量：BW =f_H－f_L，测量方法与双极型晶体管放大器相同。

7．测量最大不失真输出电压 U_{opm}：调节 U_s 的大小，使跟随器输出电压最大且不失真，用示波器测出输出电压的最大峰值 U_{opm}。

七、实验注意事项

1．3DJ6F 场效应管的特性曲线仅供参考，具体工作特性以实际电路测量为标准。

2．R_4 的选取可以根据 $A_u = \dfrac{g_m R_4}{1 + g_m R_4}$ 和输出电阻 $R_o = \dfrac{R_4}{1 + g_m R_4}$ 综合来确定，R_3 可根据输入电阻 $R_i = R_3 + (\text{RP} + R_1)//R_2$ 的要求来选取，R_1 和 R_2 可根据源极跟随器的静态工作点确定。由于实践中存在各种因素常常会出现误差，电位器的 R_p 取值较大以便进行调节。考虑场效应管的输入、输出电阻比三极管高，C_1 容值可选取得较小，如 0.1μF，C_2 的容值可选取得较大，如 33μF。

3．测量动态指标时，源极跟随器的输出波形应在不失真的条件下进行。

4．信号源 U_s 的幅值不能太大，否则会烧毁 3DJ6F 场效应管。一般 U_s 的峰-峰值不超过 10V。

八、思考题

1．场效应管放大电路的优缺点有哪些？

2．为什么测量场效应管的输入电阻时要用测量输出电压的方法？

3．一般不能用指针式万用表的直流电压挡直接测量场效应管的 U_{GSQ}，为什么？

九、实验报告要求

1．画出正确、完整的实验电路。

2．简述实验电路主要工作原理。

3．列出放大器设计步骤、计算公式、计算结果以及实验取值。

4．对实验内容和数据进行整理和计算，并进行必要的分析、讨论。

5．解答各思考题。

6．写出心得体会及其他。

3.7　集成运算放大器的线性应用

一、实验目的

1. 掌握集成运算放大器的工作特点，学会正确使用集成运算放大器。
2. 掌握集成运算放大器工作在线性区时比例运算电路的设计和调试方法。
3. 了解集成运算放大器单电源供电电路及实际应用时应该注意的一些问题。

二、实验仪器及元器件

根据本实验所用到的仪器及元器件，将实验仪器及元器件的名称、型号、主要功能填写在表 3-23 中。

表 3-23　实验仪器及元器件

序　　号	仪器及元器件名称	型　　号	主 要 功 能
1			
2			
3			
4			
5			
6			

三、预习要求

1. 预习集成运算放大器的工作原理、分类及结构特点。
2. 理解集成运算放大器工作在线性区的特点及实验原理，完成电路参数设计，画出完整、正确的实验电路。
3. 领会和明确实验内容，完成预习报告的写作。

四、实验原理

集成运算放大器（以下简称集成运放）是发展最早、应用最广泛的一种模拟集成电路。它具有开环增益高、输入电阻大、输出电阻小的特点。

集成运放是高增益的多级直接耦合放大器，主要由输入、中间和输出三部分组成。输入部分是为了提高共模抑制比，一般采用差动放大电路，有同相和反相两个输入端；中间部分是为了提高电压放大倍数，由一级或多级放大电路组成；输出部分是为了降低输出阻抗，提高带负载能力，多采用互补对称电路或射极电压跟随器。如图 3-31 所示是集成运放符号。其中，u_+为同相输入端，u_-为反相输入端，即两个输入端对地的电位分别为 u_+ 和 u_-。

集成运放有两个工作区，如图 3-32 所示。当集成运放工作在线性区时，其参数接近理想值，实际应用时通常把它当作理想运放来分析。理想运放的开环差模输入电阻为无穷大，输入电流为零，即 $I_+=I_-=0$，把它称作"虚断"。理想运放的开环差模电压增益 A_{ud} 为无穷大，当输出电压有限时，差模输入电压$|u_+-u_-|=|u_o|/A_{ud}=0$，故 $u_+-u_-=0$，即 $u_+=u_-$，把它称作"虚短"。理想运放的输出电阻为零，失调电压和电流都为零。当集成运放工作在非线性区时，从图 3-32 中可以看出，其输出电压 u_o 为正向饱和电压$+U_{om}$或反向饱和电压$-U_{om}$，并且$\pm U_{om}$不会超过电源的正负电压。

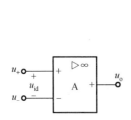

图 3-31 集成运放符号

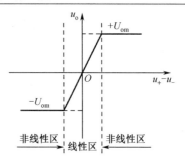

图 3-32 集成运放的传输特性

集成运放按指标可分为通用型、高速型、低功耗型、大功率型、高精度型。其封装形式最常用的是双列直插式，其中 8 引脚和 14 引脚集成运放的引脚号位置如图 3-33(a)、(b)所示。不同型号的集成运放各引脚号的功能可能有所不同，可查阅有关手册。

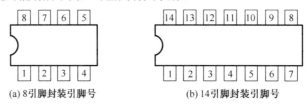

(a) 8引脚封装引脚号   (b) 14引脚封装引脚号

图 3-33 集成运放的引脚号位置

为保证集成运放能正常工作，必须给集成运放提供一个合适的直流电源，直流电源是集成运放内部电路正常工作及对输入信号进行处理所必需的能量来源。当集成运放工作在开环时，由于其开环电压增益 A_{ud} 很高，即使差模输入电压 $u_{id}=u_+-u_-$ 很小，也能使集成运放的输出饱和，故该集成运放的线性工作区很窄。为了保证集成运放工作在线性区，往往在其输出端和输入端之间接入不同的反馈网络，就能实现各种不同的电路功能。

1. 反相比例运算电路

反相比例运算电路原理如图 3-34 所示，该电路信号由反相端输入，输出信号 U_o 与输入信号 U_i 相位相反，U_o 经 R_F 反馈到反相输入端，构成电压并联负反馈电路。图 3-34 所示加框部分是由电阻 R 和电位器 RP 构成的分压电路，为反相比例运算电路提供输入信号 U_i。

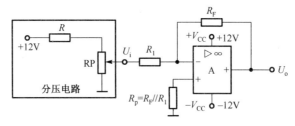

图 3-34 反相比例运算电路原理

由"虚断""虚短"原理可知，该电路的闭环电压放大倍数

$$A_{uf} = \frac{U_o}{U_i} = -\frac{R_F}{R_1}$$

式中的负号说明了输入与输出电压反相。此式还说明了在一定条件下，集成运放的输出电压与输入电压的大小关系是由反馈电阻 R_F 与比例电阻 R_1 的比值来决定的，与电路中的其他参数无关，所以称其为反相比例运算电路。若输入信号为交流正弦电压，则其输入信号最大不失真电压的峰-峰值为

$$U_{\text{ip-p}} = \frac{U_{\text{op-p}}}{|A_{\text{uf}}|} = \frac{U_{\text{op-p}} R_1}{R_F} = \frac{2 U_{\text{om}} R_1}{R_F}$$

其中，$U_{\text{op-p}}$ 为输出最大不失真电压的峰-峰值。$U_{\text{op-p}} = 2U_{\text{om}}$，通常 U_{om} 比电源电压 V_{CC} 小 1～2V。由于反相输入端具有"虚地"的特点，故其共模输入电压为零。当 $R_F = R_1$ 时，运算电路的输出电压等于输入电压的负值，故称为反相器。

2．同相比例运算电路

同相比例运算电路原理如图 3-35 所示，电路中输入信号 U_i 接同相输入端，输出信号 U_o 经 R_F 反馈到反相输入端，使整个电路形成电压串联负反馈。图 3-35 所示加框部分是由电阻 R 和电位器 RP 构成的分压电路，为同相比例运算电路提供输入信号 U_i。该电路具有输入电阻高、输出电阻低的特点，一方面能放大信号，另一方面还起到阻抗变换作用，通常用于隔离或缓冲级。

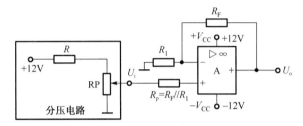

图 3-35　同相比例运算电路原理

当把集成运放看成是理想运放，且工作在线性区时，即有 $I_+ = I_- \approx 0$，$U_+ \approx U_- = U_i$，则可得

$$U_i = \frac{U_o R_1}{R_1 + R_F} \Rightarrow A_{\text{uf}} = \frac{U_o}{U_i} = 1 + \frac{R_F}{R_1} \text{ 或 } U_o = \left(1 + \frac{R_F}{R_1}\right) U_i$$

此式说明了输出电压与输入电压成比例，而且同相位，同时也说明同相比例运算电路的闭环电压增益仅与反馈电阻 R_F 及比例电阻 R_1 有关。当图 3-35 中的 $R_F = 0$ 或者 $R_1 = \infty$ 时，$A_{\text{uf}} = 1$，说明输出电压 U_o 与输入电压 U_i 大小相等、相位相同，称为同相电压跟随器，它常用于放大器中的阻抗变换。

3．反相求和运算电路

反相求和运算电路原理如图 3-36 所示，此电路是在反相比例运算电路的基础上增加了几条输入支路，便构成反相求和运算电路，也称反相加法运算电路。

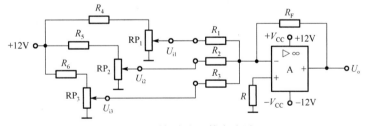

图 3-36　反相求和运算电路原理

在理想的条件下，集成运放的反相输入端为"虚地"，三路输入电压彼此隔离，各自独立地经比例电阻转换成电流，进行代数和运算，当任一路输入信号电压 $U_{ik} = 0$（$k=1,2,3$）时，则在其比例电阻 R_k 上没有电压降，故不影响其他信号的比例求和运算。其总输出电压为

$$U_o = -\left(\frac{R_F}{R_1} U_{i1} + \frac{R_F}{R_2} U_{i2} + \frac{R_F}{R_3} U_{i3}\right)$$

当 $U_{i1} = U_{i2} = U_{i3} = U_i$ 时，$U_o = -\left(\dfrac{R_F}{R_1} + \dfrac{R_F}{R_2} + \dfrac{R_F}{R_3}\right)U_i$。

当 $R_1 = R_2 = R_3 = R_F$ 时，$U_o = -(U_{i1} + U_{i2} + U_{i3})$。

电路中为了减少失调的影响，应取 $R = R_1 \mathbin{/\mkern-3mu/} R_2 \mathbin{/\mkern-3mu/} R_3 \mathbin{/\mkern-3mu/} R_F$。

4. 减法运算电路

减法运算电路原理如图 3-37 所示，当 $R_1 = R_2$，$R_3 = R_F$ 时，由叠加原理求得其输出电压为

$$U_o = (U_{i2} - U_{i1})\frac{R_F}{R_1}$$

此式说明该电路实现了减法比例运算。当图 3-37 中 $R_1 = R_2 = R_3 = R_F$ 时，则有

$$U_o = U_{i2} - U_{i1}$$

从而实现了减法运算。它常用于将差分输入转换成单端输出，广泛地用来放大具有强烈共模干扰的微弱信号。另外需要指出的是，要实现精确的减法运算，必须严格选取电阻 R_1、R_2、R_3、R_F，并进行调零。

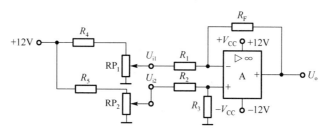

图 3-37　减法运算电路原理

*5. 单电源供电的交流放大器

在交流放大器中，为了简化供电电路，常采用单电源供电，原来为双电源供电的集成运放在使用单电源时，以电阻分压方法将同相端偏置设定在 $V_{CC}/2$（或接负电源时的 $-V_{CC}/2$），使集成运放反相端和输出的静态电位与同相端相同，交流信号经隔直电容实现传输。

（1）单电源供电的反相比例交流放大器。

单电源供电的反相比例交流放大器如图 3-38 所示，其静态时运放输出端的电压为 $V_{CC}/2$，从而可获得最大的不失真输出电压 $U_{op-p} \approx V_{CC}$，其电压放大倍数与双电源供电的反相放大器一样，即为：$A_{uf} = -R_F/R_1$。

（2）单电源供电的同相比例交流放大器。

单电源供电的同相比例交流放大器如图 3-39 所示，该放大器的静态工作点和最大不失真输出电压 U_{op-p} 与同反相比例交流放大器一样，其电压放大倍数 $A_{uf} = 1 + \dfrac{R_F}{R_1}$。

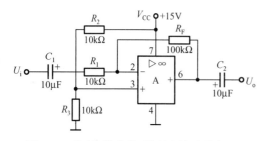

图 3-38　单电源供电的反相比例交流放大器

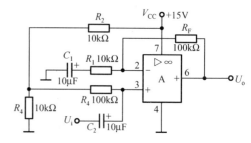

图 3-39　单电源供电的同相比例交流放大器

五、实验设计任务

分别用集成运放等器件组成一个反相比例运算电路、同相比例运算电路、反相求和运算电路、减法运算电路和积分运算电路，其输出电压 U_o 与输入电压 U_i 的关系分别对应满足

$$U_o = -10U_i$$

$$U_o = 11U_i$$

$$U_o = -(20U_{i1} + 10U_{i2} + 5U_{i3})$$

$$U_o = 10(U_{i2} - U_{i1})$$

集成运放的工作电源为±12V。要求选用集成运放的型号，设计各电阻的阻值，并根据实验箱现有的电阻选取确定，并完整、正确地画出以上 4 种实验电路（包括每种电路中的调零电位器，尤其是各种电路中集成运放的引脚号等）。

一般在性能指标和精度没有特别要求的情况下，可选 μA741 之类的通用型集成运放。μA741 的主要参数如表 3-24 所示，μA741 的引脚图如附录 C 中图 C-1 所示。在选定集成运放后，对于给定范围内的电压增益，若能合理地选择电路的元器件参数，就能使集成运放的开环放大倍数、输入电阻、输出电阻对闭环运算精度的影响降到最低。

表 3-24 μA741 的主要参数

参数名称	开环电压增益	输出电压	最大共模输入电压	最大差模输入电压	差模输入电阻	输出电阻	共模抑制比	输入失调电压	输入失调电流
参数值	106dB	±13V	±15V	±30V	2MΩ	75Ω	90dB	7.5mV（最大）	300nA（最大）

反相和同相比例运算电路中的最佳反馈电阻 R_F 应分别按以下公式计算。

1. 反相比例运算电路

反馈电阻： $$R_F = \sqrt{\frac{r_i\, r_o\, (1 - A_{uf})}{2}}$$

比例电阻： $$R_1 = -R_F / A_{uf}$$

平衡电阻： $$RP = R_1 /\!/ R_F$$

2. 同相比例运算电路

反馈电阻： $$R_F = \sqrt{\frac{r_i\, r_o\, A_{uf}}{2}}$$

比例电阻： $$R_1 = \frac{R_F}{A_{uf} - 1}$$

平衡电阻： $$RP = R_1 /\!/ R_F$$

其中 r_i 为集成运放的差模输入电阻，r_o 为输出电阻。本实验中的 r_i 和 r_o 可根据集成运放型号查有关手册（如表 3-24 中 μA741 的主要参数）得到。本实验为了估算方便，取 $r_i = 20\text{M}\Omega$，$r_o = 100\Omega$。

3. 反相求和电路

反相求和电路中反馈电阻 R_F 的求法与反相比例运算电路中的求法完全相同（其中 A_{uf} 的值可按中间值取，本实验 A_{uf} 可取-10）。比例电阻，根据要求可得

$$R_1 = R_F / 20, \quad R_2 = R_F / 10, \quad R_3 = R_F / 5$$

平衡电阻： $$R = R_F /\!/ R_1 /\!/ R_2 /\!/ R_3$$

4. 减法运算电路

减法运算电路中反馈电阻 R_F 的求法与反相比例电路中的求法完全相同，其比例电阻根据要求可得
$$R_1=R_2=R_F/10 \text{ 和 } R_3=R_F$$

六、实验内容

1. 反相比例运算电路

正确组装连接图 3-34 所示的实验电路，对电路进行调零，使 $U_i = 0$，即将 U_i 端接地，调节调零电位器，使 $U_o' =0$，或记下 U_o' 的值，并验证相位及比例关系：$A_{uf} = -U_o/U_i$（取 $U_i = 0.4\text{V}$）或 $A_{uf}=-(U_o-U_o')/U_i$，将测量数据记录于表 3-25 中。

2. 同相比例运算电路

正确组装连接图 3-35 所示的实验电路，对电路进行调零，使 $U_i=0$，即将 U_i 端接地，调节调零电位器，使 $U_o' =0$，或记下 U_o' 的值，并验证相位及比例关系：$A_{uf} = U_o/U_i$（取 $U_i = 0.4\text{V}$）或 $A_{uf}= (U_o - U_o')/U_i$，将测量数据记录于表 3-25 中。

3. 反相求和运算电路

正确组装连接图 3-36 所示的实验电路，对电路进行调零，使 $U_{i1}=U_{i2}=U_{i3}=0$，即分别将 U_{i1}、U_{i2} 和 U_{i3} 端接地，调节调零电位器，使 $U_o' =0$，或记下 U_o' 的值，并验证反相求和关系：$U_o=-(20U_{i1}+10U_{i2}+5U_{i3})$（取 $U_{i1}=0.2\text{V}$，$U_{i2}=0.3\text{V}$，$U_{i3}=0.4\text{V}$）或者 $U_o-U_o'=-(20U_{i1}+10U_{i2}+5U_{i3})$，将测量数据记录于表 3-25 中。

表 3-25　实验数据记录表

测量电路	输入电压		输出电压			输出电压相对误差
	理论值	实测值	调零电压 U_o'	实测值 U_o	修正值 U_o-U_o'	
反相比例运算电路	$U_i = 0.4\text{V}$					
同相比例运算电路	$U_i = 0.4\text{V}$					
反相求和运算电路	$U_{i1} = 0.2\text{V}$					
	$U_{i2} = 0.3\text{V}$					
	$U_{i3} = 0.4\text{V}$					
减法运算电路	$U_{i1} = 0.5\text{V}$					
	$U_{i2} = 1\text{V}$					

4. 减法运算电路

正确组装连接图 3-37 所示的实验电路，对电路进行调零，使 $U_{i1}=U_{i2}=0$，即分别将 U_{i1} 和 U_{i2} 端接地，调节调零电位器，使 $U_o' =0$，或记下 U_o' 的值，并验证减法运算关系：$U_o=10(U_{i2}-U_{i1})$（取 $U_{i2}=1.0\text{V}$，$U_{i1}=0.5\text{V}$）或者 $U_o-U_o'=10(U_{i2}-U_{i1})$，将测量数据记录于表 3-25 中。

*5. 单电源供电的交流放大器

（1）正确组装如图 3-38 和图 3-39 所示单电源供电的交流放大器实验电路，并排除实验故障，使电路正常放大正弦波。

（2）验证放大器电压增益，输入 $f =1\text{kHz}$，$U_i =100\text{mV}$ 的正弦波信号，测出放大器输出电压和输入电压，即可得 A_{uf}。

（3）验证放大器相位：用示波器的两个通道同时观察放大器的输入波形与输出波形的相位，并

在同一坐标上画出各自的波形。

（4）验证单电源供电时输出最大不失真电压 $U_{\text{op-p}}$ 的电压值：增大放大器输入信号幅值，使放大器输出波形幅值最大，且不失真，然后测量并记录 $U_{\text{op-p}}$ 的电压值。

七、实验注意事项

1．集成运放的电源电压值必须正确，在接线之前必须调节和验证其值正确，并在断开电源开关之后，才能进行接线。接线必须正确无误，特别要注意电源的正、负极性，切忌反接。

2．集成运放的输出端绝不允许对地短路，所以输出端千万不要引出一端悬空的测试线，以防短路而损坏集成运放。

3．集成运放用于直流比例运算时，需加入调零装置，必要时需测试和记录输入信号全为"0"时，输出端的失调电压 U_0'，然后进行修正，以提高测量验证精度。其中集成运放 μA741 的调零装置接入电路的方法如图 3-40 所示。

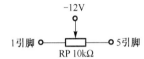

图 3-40 μA741 的调零装置接入
电路的方法

4．集成运放用于交流信号放大时，可能产生自激振荡现象，使集成运放无法正常工作，所以需在相应的集成运放引脚接上相位补偿网络进行消振。

5．验证反相、同相、加减等运算时，U_0 必须小于电源电压值。

八、思考题

1．理想运放具有哪些主要的特点？

2．集成运放用于直流信号放大时，为何要进行调零？

3．集成运放用于交流信号放大时需要进行调零吗？采用单、双电源供电各有什么优缺点？

九、实验报告要求

1．明确实验目的。

2．写出所用仪器名称、型号及功能作用等。

3．画出完整、正确、清晰的实验电路。

4．简述实验电路原理。

5．整理各项实验内容，计算出结果。

6．完成思考题。

7．根据测量及计算结果，分析产生实验误差的最主要原因，写出实验体会等。

3.8 积分微分电路

一、实验目的

1．学会集成运算放大器在积分微分电路中的工作特点。

2．了解积分、微分及积分微分电路的工作原理。

3．合理选择和使用集成运算放大器，掌握积分、微分电路的设计与调测方法。

二、实验仪器及元器件

根据本实验所用到的仪器及元器件，将实验仪器及元器件的名称、型号、主要功能填写在表 3-26 中。

表 3-26　实验仪器及元器件

序　号	仪器及元器件名称	型　号	主 要 功 能
1			
2			
3			
4			
5			
6			

三、预习要求

1．预习集成运算放大器的理论知识，理解实验原理。
2．完成电路参数设计，画出完整、正确的实验电路。
3．熟悉消振及调零的方法。
4．领会和明确实验内容，完成预习报告的写作。

四、实验原理

积分和微分互为运算，是自动控制和测量系统中的重要单元。以集成运算放大器作为放大电路，利用电阻和电容作为反馈网络，就可以实现这两种运算。

1．积分运算电路

将图 3-34 所示反相比例运算电路中的反馈电阻 R_F 改成电容 C_F，就组成了积分运算电路，如图 3-41 所示。假设电容 C_F 上的初始电压为零（即 $t=0$ 时电容 C_F 的电压值 $U_C(0) = 0V$），则

$$u_o(t) = -\frac{1}{R_1 C_F}\int u_i(t)\,\mathrm{d}t$$

积分运算电路可以将输入的方波变换为三角波输出，如图 3-42 所示。采用集成运算放大器组成的积分运算电路，由于充电电流基本上是恒定的，故 u_o 是时间 t 的一次函数，从而提高了它的线性度。

在图 3-41 所示的积分运算电路中，当工作在直流时，运算放大器工作在开环状态，输入信号中任何微小的直流分量都会使输出电压达到饱和。为了在直流时能够提供负反馈而获得有限增益，可以通过在积分电容两端并联一个电阻 R_F 来消除积分电路的直流问题，图 3-43 所示的电路也称作米勒积分器。

由于 R_F 的加入将对电容产生分流作用，从而导致积分误差。在考虑克服误差时，一般满足 $R_F C_F \gg R_1 C_F$。C_F 太小，会加剧积分漂移，C_F 太大，电容漏电也随着增大。工程应用中通常取 $R_F \geqslant R_1$，$C_F \leqslant 1\mu F$。

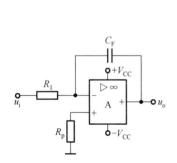
图 3-41　积分运算电路

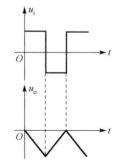
图 3-42　方波输入与三角波输出波形

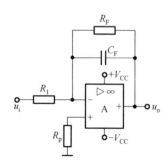
图 3-43　米勒积分器

2. 微分运算电路

将积分运算电路中的电容和电阻的位置互换，就组成了微分运算电路，如图 3-44 所示。为保持电路的平衡，通常取 $R_F = R_p$。输入信号 u_i 与输出信号 u_o 之间的关系为

$$u_o(t) = -R_F C \frac{\mathrm{d}u_i(t)}{\mathrm{d}t}$$

微分运算电路可用于波形变换，将矩形波变换成尖脉冲，且 u_o 与 u_i 相位相反，如图 3-45 所示。

在图 3-44 所示的微分运算电路中，当输入交流信号时，电路的高频增益极大，极易引起高频干扰和自激。为此，微分运算电路中常在输入回路微分电容的前端适当串入一个电阻 R_1，如图 3-46 所示。

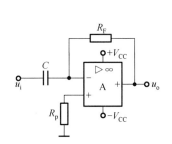

图 3-44 微分运算电路

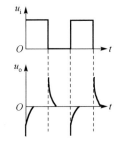

图 3-45 矩形波变换成尖脉冲

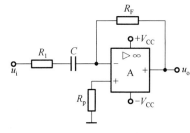

图 3-46 常用微分运算电路

五、实验设计任务

分别用集成运放等器件组成一个积分运算电路和微分运算电路，其输出电压 u_o 与输入电压 u_i 的关系分别对应满足

$$u_o(t) = -10 \int u_i(t) \, \mathrm{d}t$$

$$u_o(t) = -\frac{1}{10} \frac{\mathrm{d}u_i(t)}{\mathrm{d}t}$$

集成运放可选 μA741 之类的通用型，其工作电源为±12V。要求计算电路中各电阻的阻值及电容的容值，并根据实验箱现有的值进行选取确定。

六、实验内容

1. 积分运算电路

（1）根据实验设计任务，计算积分运算电路中各个元器件的理论值，并合理进行实验取值。

（2）正确组装连接如图 3-47 所示的实验电路，接通直流电源。

在进行积分运算之前，首先应对集成运放调零。为了便于调节，将 K_1 闭合，即通过电阻 R_F 的负反馈作用帮助实现调零。但在完成调零后，应将 K_1 断开，以免因 R_F 的接入造成积分误差。K_2 的设置一方面为积分电容放电提供通路，同时可实现积分电容初始电压 $U_C(0) = 0V$；另一方面，可控制积分起始点，即在加入信号 u_i 后，只要 K_2 一断开，电容就被交流充电，电路也就开始进行积分运算。

（3）输入信号频率为 100Hz，幅值为 2V 的方波，观察并测画出输入信号 u_i 与输出信号 u_o 的波形，标出其幅值及周期。

（4）输入正弦波，改变输入信号 u_i 的频率，观察输入信号 u_i 与输出信号 u_o 的相位、幅值变化情况，并记录于表 3-27 中。

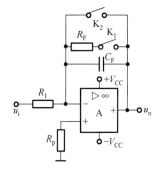

图 3-47 积分运算电路实验电路

表3-27　积分运算电路中频率变化情况下输入信号与输出信号之间的关系

频率/Hz	输入信号 U_i/V	输出信号 U_o/V	
		理 论 值	实 验 值
100			
200			
300			
400			
500			

（5）测量饱和输出电压及有效积分时间。改变图 3-47 所示电路的输入信号频率，当输出的波形出现饱和输出电压时，测量出它们的幅值，分析其波形、频率、幅值之间的关系，说明积分饱和电压与最大积分时间。同时，与理论值进行比较，并计算相对误差。

2. 微分运算电路

（1）根据实验设计任务，计算微分运算电路中各个元器件的理论值，并合理进行实验取值。

（2）正确组装连接如图 3-46 所示的电路，接通直流电源。

（3）输入信号频率为 150Hz，幅值为 2V 的正弦波，用示波器观察并测画出输入信号 u_i 与输出信号 u_o 的波形。

（4）改变输入正弦波信号的频率，观察输入信号 u_i 与输出信号 u_o 的相位、幅值变化情况并记录于表 3-28 中。

表3-28　微分运算电路中频率变化情况下输入信号与输出信号之间的关系

频率/Hz	输入信号 U_i/V	输出信号 U_o/V	
		理 论 值	实 验 值
100			
200			
300			
400			
500			

（5）输入信号频率为 150Hz，幅值为 5V 的方波，用示波器测量、观察并记录输入信号 u_i 与输出信号 u_o 的相位、幅值的变化情况。

七、实验注意事项

1. 在上述积分和微分实验电路中，在未接入信号时，应先用示波器观察有无振荡现象，如果出现振荡，则应先消振或调零，然后再进行正常的实验步骤。

2. 在实验电路中，应注意运算放大器的输入电压和输出电流不允许超过其额定工作电压和工作电流。

八、思考题

1. 若将图 3-47 所示的电路与图 3-46 所示的电路级联，组成积分微分电路，计算输入信号与输出信号之间的关系。

2. 在积分运算电路实验中，若信号源提供不出平均值为零的方波，那么能否通过耦合电容隔直流？若可以，则电容值怎样选取？

3．在图 3-46 所示的电路中，若输入方波，则输入信号 u_i 与输出信号 u_o 的相位差是多少？当输入频率为 200Hz，幅值为 1V 时，输出 u_o 为多少？

九、实验报告要求

1．明确实验目的。

2．写出所用仪器名称、型号及功能作用等。

3．画出完整、正确、清晰的实验电路。

4．简述实验电路原理。

5．整理实验中的数据及波形，总结积分与微分电路的特点。

6．完成思考题。

7．根据测量及计算结果，分析实验结果与理论计算的误差及其原因，写出实验体会等。

3.9　集成功率放大器的应用

一、实验目的

1．了解集成功率放大器的组成、基本性能和特点以及电路工作原理。

2．学会集成功率放大器主要性能指标的测试方法。

3．学习集成功率放大器的电路连接组装工艺和如何消除高频自激振荡。

二、实验仪器及元器件

根据本实验所用到的仪器及元器件，将实验仪器及元器件的名称、型号、主要功能填写在表 3-29 中。

表 3-29　实验仪器及元器件

序　号	仪器及元器件名称	型　号	主 要 功 能
1			
2			
3			
4			
5			
6			

三、预习要求

1．复习集成功率放大器内部电路组成及工作原理。

2．写出预习报告，完成原理电路中元器件参数的设计并画出完整、正确的实验电路。

3．理解、领会实验内容，并写出测试计算公式。

四、实验电路及原理

通常的集成功率放大器（本书简称集成功放）组件有 LA4100～LA4102、DG4100～DG4102、DG4110、DG4112、LM386 等。LM386 为 8 引脚双列直插式，其余为 14 引脚双列直插式。其中

LA4100（DG4102）和 LM386 集成功放内部电路分别如图 3-48、图 3-49 所示。LA4100、DG4100、DG4101、DG4102、DG4110、DG4112 集成功放的内部电路基本相同，主要由直接耦合的 4 级放大器即前置放大级（差动放大级）、中间放大级、功率推动级和互补对称功率输出级，以及偏置电路组成。

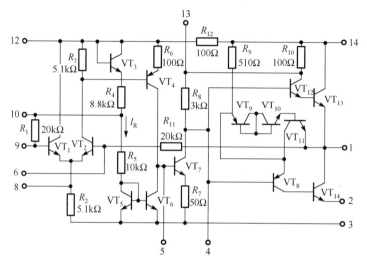

图 3-48　LA4100（DG4102）集成功放内部电路

4 级放大器具有如下特点。

1．噪声系数小、输入阻抗较高。

2．电压增益高。

3．有较大的推动电流并在集成功放的 1 引脚和 13 引脚（见图 3-50）外接自举电容 C_8 提高推动电压。

4．实现功率放大。

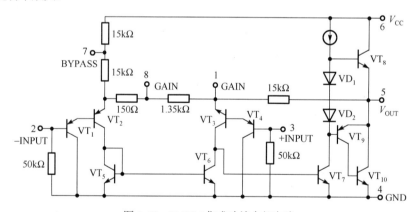

图 3-49　LM386 集成功放内部电路

LM386 也是采用单电源供电的音频集成功放。在图 3-49 所示的内部电路中，$VT_1 \sim VT_4$ 构成复合管差动输入级，由 VT_5、VT_6 构成的镜像电流源作为有源负载。输入级的单端输出信号传送到由 VT_7 等组成的共射中间级进行电压放大。中间级同样采用有源负载，以提高电压增益。$VT_8 \sim VT_{10}$、VD_1、VD_2 等组成甲乙类准互补对称功率输出级。为了改善电路的性能，由输出级通过电阻 R_F 至输入级引入负反馈。如在引脚 1 和引脚 8 之间并联一只电容，则可提高电压增益；如在引脚 1 和引脚 5 之间并联一只电阻，则可改变反馈深度，从而降低增益。

由 LA4100 型集成功放组成的实验原理电路如图 3-50 所示，主要由 LA4100 集成功放，耦合电

容 C_1、C_9，滤波电容 C_2、C_3、C_6，反馈电容 C_F 和反馈电阻 R_F、R_1，电位器 RP，消振电容 C_4、C_5、C_7，自举电容 C_8 以及负载电阻 R_L 组成。电容 C_4、C_5 利用相位补偿的方法进行消振。整个集成功放（见图 3-48）由输出端 1 引脚向输入级基极引入电阻 R_{11}，并通过外接（见图 3-50）电容 C_F 和电阻 R_F 形成深度电压串联负反馈，其电压总增益为：

$$A_{uf} = 1 + \frac{R_{11}}{R_F} \approx \frac{R_{11}}{R_F}$$

调整 R_F 即能灵活地改变整个放大器的电压增益，也可固定选取较小的 R_F 值（如 $R_F = 100\Omega$），然后在 1 引脚与 C_F 和 R_F 的连接点接入与 R_{11} 相并联的电阻或电位器，以便灵活地调节电压增益。

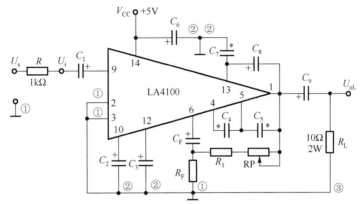

注：1. 图中 3 个电容打*号表示其容量可在实际调试过程中反复调整。

2. 图中的①、②、③是为了实验内容中电路连接说明方便而加的。

图 3-50　LA4100 型集成功放组成的实验原理电路

LM386 是一种音频集成功放，具有自身功耗低、电压增益可调整、电源电压范围大、外接元器件少和总谐波失真小等优点，广泛应用于录音机和收音机之中。由 LM386 型集成功放组成的实验电路如图 3-51 所示，电容 C_3 起滤波作用，C_6 与 R_2 起增益调节作用（当 C_6 断开时，该功放的增益为 20；当 R_2 为 0 时，该功放的增益为 200；当 C_6 与 R_2 同时作用时，该功放的增益为 20～200）。电容 C_2 是旁路电容，起滤除噪声的作用。工作稳定后，7 引脚电压值约等于电源电压的一半。R_1 与 C_4 构成输出滤波电路，C_5 为输出耦合电容，R_L 为负载电阻。

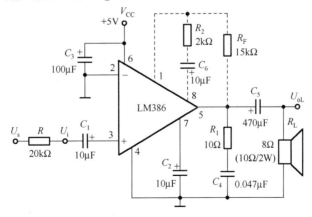

图 3-51　LM386 型集成功放组成的实验电路

五、实验设计任务

设计一种用单片集成功放组成的实验电路，设电源电压 V_{CC} 为 5V，$R_L=10\Omega$，且要求实现下述技术指标：额定功率 $P_N \geqslant 0.2W$，输入电压 $U_i \leqslant 15mV$（有效值），上、下限截止频率 $f_H \geqslant 10kHz$，$f_L \leqslant 50Hz$，先设计选用实验电路形式，然后设计估算出各元器件的参数，最后画出完整正确的实验电路。

因为集成功放输出级采用 OTL 准互补对称电路，且常常采用自举电路提高输出功率，在理想情况下，其输出功率 P_N、电源供给功率 P_E、最大效率 η 分别为：

$$P_N = \frac{V_{CC}^2}{8R_L}, \quad P_E = \frac{V_{CC}^2}{2\pi R_L}, \quad \eta = \frac{\pi}{4}$$

六、实验内容

1. 集成功放实验电路的连接与组装

根据图 3-50 所示的集成功放实验原理电路并结合自己设计的元器件参数进行连接和组装，组装时地线的连接位置非常重要，图 3-50 中所有的①都应接在功放的第 3 引脚，然后再接地；图中所有的②进行相互连接，然后再接地；图中的③直接接地。所有地线应尽可能短，特别是①的地线。

2. 经检查连线和组装无误后，通电调试或者进行故障排除

集成功放输入频率为 1kHz，幅值为几十毫伏的正弦波信号，经集成功放放大后，应输出不失真而且无高频自激振荡的正弦波，其电压有效值在 0.5～1.6V 之间，否则说明所装接的集成功放实验电路存在故障。详细具体的实验故障分析与排除方法参见 5.4 节中的集成功率放大器实验故障分析与排除技巧。如果集成功放输出端的正弦波上叠加了明显的高频自激振荡波，该故障的解决办法主要是通过反复调节图 3-50 中 3 个打*号的电容容量和严格按照要求连接地线的办法解决。实验电路正常工作之后，用示波器显示和观察集成功放输出端的波形，反复调节函数信号发生器的输出电压幅值细调旋钮和图 3-50 中的电位器 RP，使集成功放输出的波形幅值最大，而且不失真，则表明完成电路调试，然后继续完成下列项目的实验内容。

3. 测量最大不失真输出功率

按照上述要求完成电路调试后，再用交流电压表测量集成功放的最大不失真输出电压有效值 $U_{oLm} = $＿＿＿，则有

$$P_{om} = U_{oLm}^2 / R_L$$

4. 测量效率 η

用数字万用表测量电源电压值 $V_{CC}=$＿＿＿和其输入到集成功放电路的总电流平均值 $I_{AV} =$＿＿＿，则有

$$\eta = \frac{P_{om}}{P_E} = \frac{P_{om}}{V_{CC}I_{AV}}$$

5. 测量电压增益 A_u

用交流电压表分别测量集成功放实验电路的输入电压有效值 $U_i=$＿＿＿和输出电压有效值 $U_{oL}=$＿＿＿，则有

$$A_u = U_{oL}/U_i$$

6. 功率增益 A_p 的测量

用交流电压表分别测量集成功放实验电路中电阻 R 短路对应的不失真输出电压 $U_o =$＿＿＿，以及电阻 R 接入时对应的不失真输出电压有效值 $U_{oR} =$＿＿＿，但两次测量时，V_s 值的大小应保持不变，

而且必须满足 $U_{oR} < U_o \leqslant U_{oLm}$ 的测量条件，则有

$$r_i = \frac{U_{oR} R}{U_o - U_{oR}}$$

根据电路工作原理可知，只要根据上式算出输入电阻 r_i 即可求得

$$A_p = P_o / P_i = \frac{U_{oL}^2 / R_L}{U_i^2 / r_i} = A_u^2 \frac{r_i}{R_L}$$

7．通频带 BW 的测量

测量出上、下限截止频率 $f_H =$ _____ 和 $f_L =$ _____，即可求得通频带：$BW = f_H - f_L =$ _____。

8．信噪比 α 的测量

根据定义只要再测出集成功放的输出噪声电压，即可求出信噪比。在集成功放的输入端并联一个信号源等效内阻（如函数信号发生器的等效内阻为 50Ω），断开集成功放的输入信号，测量集成功放此时的输出电压，即为噪声电压 $U_{on} =$ _____，则有

$$\alpha = P_{om} / P_n = U_{oLm}^2 / U_{on}^2$$

式中，P_n 为输出噪声功率，$P_n = U_{on}^2 / R_L$。

*9．组装图 3-51 所示的实验电路并完成上述指标的测试

组装图 3-51 所示的由 LM386 型集成功放组成的实验电路，并排除实验故障，然后完成上述 6 项指标的测试。

七、实验注意事项

1．当选用图 3-50 所示的电路形式时，电阻 R_F、R_1 以及电位器 RP 的阻值可根据实验设计任务要求 $P_N \geqslant 0.2W = \dfrac{U_{oLm}^2}{R_L}$ 以及 $A_{uf} \approx R_1 / R_F = 20\text{k}\Omega / R_F$ 来确定，如 $U_i \leqslant 15\text{mV}$，故 $A_u \geqslant \dfrac{U_{oLm}}{15\text{mV}} = \dfrac{1.414\text{V}}{15\text{mV}} = 94.4$ 倍，取 $A_u = 100$ 倍，从而 $R_F \leqslant 20\text{k}\Omega / A_V = 20\text{k}\Omega / 100 = 200\Omega$，可取 $R_F = 100\Omega$，则 $R_1 + RP \geqslant 20\text{k}\Omega$，可取 $R_1 = 15\text{k}\Omega$，　RP = 47kΩ。

2．在图 3-50 中，为保证在 f_L 时的反馈电压增益不变，应取反馈电容 $C_F \geqslant \dfrac{1}{2\pi f_L R_F}$；考虑到功放的低频响应效果，应取耦合电容 $C_1 = \dfrac{3 \sim 5}{2\pi f_L r_i}$（$r_i = 12 \sim 20\text{k}\Omega$，为功放输入电阻）、$C_9 = \dfrac{2 \sim 3}{2\pi f_L R_L}$。$C_8$ 与功放内的电阻 R_{10} 构成自举电路，为保证低频时的自举作用，取值应满足 $C_8 = \dfrac{3 \sim 5}{2\pi f_L R_{10}}$（$R_{10} = 100\Omega$）。$C_4$ 一般取 $51 \sim 200\text{pF}$，具体在测试中调整；C_5 一般取 560pF，过大将影响功放的频率响应要求。C_2、C_3、C_6 都为电源滤波电容，通常取 $100 \sim 220\mu\text{F}$ 的电解电容，且耐压大于 V_{CC} 值。C_7 为高频滤波电容，通常在 $0.01 \sim 0.1\mu\text{F}$ 之间取值。

3．为了更顺利地完成实验，电阻、电容的取值应选取实验室中现有的电阻和电容，而不要采用串并联的方式得到。

八、思考题

1．测量集成功放的输入电阻 r_i，为什么一般要采用测量输出电压的方法？

2．集成功放内部电路由 4 级放大器组成，其各级放大器各有什么主要功能和特点？

3．实验测量和其结果均必须满足如下条件：$U_{oR} < U_o \leqslant U_{oLm}$，$U_i \leqslant U_{oL} \leqslant U_{oLm}$，说明其理由。

九、实验报告要求

1．明确实验目的。
2．写出所用仪器的名称、型号及功能等。
3．画出完整、正确、清晰的实验电路，并简述实验电路原理。
4．整理各项实验内容，并计算出结果，进行必要的分析。
5．完成思考题。
6．写出实验总结及体会。

3.10 负反馈放大器

一、实验目的

1．了解负反馈放大器的工作原理。
2．加深理解放大器中引入负反馈的方法和负反馈对放大器各项性能指标的影响。
3．掌握负反馈放大器性能指标的测试方法。

二、实验仪器及元器件

根据本实验所用到的仪器及元器件，将实验仪器及元器件的名称、型号、主要功能填写在表3-30中。

表3-30 实验仪器及元器件

序　号	仪器及元器件名称	型　号	主　要　功　能
1			
2			
3			
4			
5			
6			

三、预习要求

1．预习实验原理，理解负反馈放大器的4种组态。
2．根据所给的条件，完成实验电路参数的设计，画出完整、正确的实验电路。
3．明确和理解必做的实验内容，写出测量、记录的表格。

四、实验原理

在电子系统中，将输出回路的输出量（输出电压或电流）通过一定形式的电路网络，部分或全部馈送到输入回路中，并能够影响其输入量（输入电压或电流），这种电压或电流的回送过程称为反馈。反馈在电子技术上得到了广泛的应用，在电子系统中，常采用负反馈的方法来改善电路性能，以达到预定的指标。图3-52所示是负反馈放大器的方框图。其中 X 表示电压或电流，$\dot{X}_i$ 为输入量，$\dot{X}_{id}$ 为净输入量，$\dot{X}_f$ 为反馈量，$\dot{X}_o$ 为输出量，A 为基本放大电路的放大倍数，F 为反馈系数。

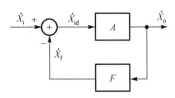

图3-52 负反馈放大器的方框图

放大电路引入交流负反馈后，其工作性能会得到改善，如稳定放大倍数，改变输入电阻、输出电阻，减小非线性失真和展宽通频带等。因此，几乎所有的放大电路都带有负反馈。

1．负反馈对放大电路性能的改善

（1）负反馈对放大倍数的影响。

引入负反馈后，放大电路的放大倍数 $\dot{A}_f = \dfrac{\dot{A}}{1+\dot{A}\dot{F}}$。此式说明引入负反馈后，放大电路的放大倍数减小了 $\dfrac{1}{1+\dot{A}\dot{F}}$。在深度负反馈条件下，即 $|\dot{A}\dot{F}| \gg 1$ 时，放大倍数只与反馈网络参数即 $\dot{A}_f = \dfrac{1}{\dot{F}}$ 有关，与开环放大倍数无关。由于反馈网络常由无源元件构成，受环境温度的影响很小，因此闭环放大倍数基本不受温度的影响，可以获得很高的稳定性。

通常用放大倍数的相对变化量来衡量其稳定性。设未引入负反馈时，放大倍数的相对变化量为 $\dfrac{\mathrm{d}A}{A}$；引入负反馈后，放大倍数的相对变化量为 $\dfrac{\mathrm{d}A_f}{A_f}$。在中频范围内，$\dot{A}_f = \dfrac{\dot{A}}{1+\dot{A}\dot{F}}$ 可写为 $A_f = \dfrac{A}{1+AF}$，对 A 求导可得 $\mathrm{d}A_f = \dfrac{\mathrm{d}A}{(1+AF)^2}$，进而可得 $\dfrac{\mathrm{d}A_f}{A_f} = \dfrac{1}{1+AF}\dfrac{\mathrm{d}A}{A}$。由此可知，引入负反馈后，放大倍数的稳定性增大了 $1+AF$ 倍。可见，放大电路的稳定性能提高是以牺牲放大倍数为代价的，即引入负反馈后，放大倍数减小。

（2）负反馈对输入电阻的影响。

负反馈对输入电阻的影响取决于基本放大电路与反馈网络在输入端的连接方式，即取决于电路引入的是串联反馈还是并联反馈，与反馈信号采样无关。

放大电路中引入串联负反馈后，使输入电阻增大了 $1+AF$ 倍，即 $r_{if} = (1+AF)r_i$。放大电路中引入并联负反馈后，使输入电阻为原来的 $\dfrac{1}{1+AF}$，即 $r_{if} = \dfrac{r_i}{1+AF}$，其中 r_i 为无负反馈时放大电路的输入电阻。

（3）负反馈对输出电阻的影响。

负反馈对输出电阻的影响取决于反馈网络与基本放大电路在输出端的连接方式，即取决于电路引入的是电压负反馈还是电流负反馈。

对于电压负反馈，输出电阻为原来的 $\dfrac{1}{1+AF}$，即 $r_{of} = \dfrac{r_o}{1+AF}$。对于电流负反馈，输出电阻增大了 $1+AF$ 倍，即 $r_{of} = (1+AF)r_o$。其中 r_o 为无负反馈时放大电路的输出电阻。

（4）负反馈对放大电路其他性能的影响。

① 扩展了通频带。

由放大电路的频率特性可知，在低频段和高频段，电压放大倍数都会下降。上限截止频率和下限截止频率之差 $\mathrm{BW} = f_H - f_L$ 即为通频带。

放大电路中加入负反馈后，对于同样大小的输入信号幅值：在中频区由于输出信号幅值大，因而反馈信号幅值也较大，于是输入信号幅值被削弱较多；而在高频区和低频区，由于输出信号幅值较小，反馈信号幅值也随之减小，输入信号幅值被削弱减小，从而使放大器输出信号幅值的下降幅度较小，放大倍数相应提高。高、中、低 3 个频段上的放大倍数就比较均匀，放大器通频带也就加宽了。可见，放大电路中引入负反馈后，能有效地展宽通频带，改善电路的频率特性。负反馈对通频带和放大倍数的影响（幅频特性）如图 3-53 所示。其中，$\dot{A}$ 是基本放大电路的电压放大倍数，$\dot{A}_f$ 是引入负反馈后的电压放大倍数。

引入负反馈后，放大电路的上限频率提高，下限频率降低，因而通频带展宽。负反馈放大器扩展通频带有一个重要的特性，即增益与通频带之积不变。加了负反馈后， $\mathrm{BW_f} = (1+AF)\mathrm{BW}$ 。此式说明，通频带的展宽是以减小放大倍数为代价的。

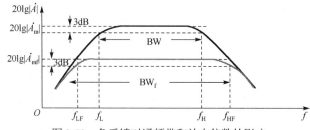

图 3-53　负反馈对通频带和放大倍数的影响

② 减少了放大电路的非线性失真。

由于放大电路中的有源器件（三极管、场效应管）的特性是非线性的，因此当静态工作点设置不合适或输入信号幅值较大时，很容易引起输出波形的非线性失真。引入负反馈，可以有效地减小放大电路的非线性失真，并且负反馈可抑制放大电路内部的噪声。引入负反馈后可以使非线性失真系数减小 $\dfrac{1}{1+AF}$ 。

需要指出的是，负反馈只能减小由电路内部原因引起的非线性失真。如果输入信号本身是失真的，则负反馈对其将不起作用。负反馈是利用失真波形来改善波形失真的，所以只能改善失真，而不能彻底消除失真。

负反馈放大器有 4 种组态或形式，即电压串联、电压并联、电流串联和电流并联。电压负反馈能起到稳定输出电压、减小放大电路输出电阻的作用；电流负反馈能起到稳定输出电流、增长放大电路输出电阻的作用；串联负反馈能增大放大电路的输入电阻；并联负反馈减小放大电路的输入电阻。本实验以电压串联负反馈和电压并联负反馈放大器为例，研究分析负反馈对放大电路各项性能指标的影响。

2. 电压串联负反馈放大器

由分立元器件组成的电压串联负反馈放大器如图 3-54 所示。它由两级单管放大器和反馈阻容 R_F 和 C_F 组成。在电路中，把放大器的输出电压 U_o 引回到输入端，加在晶体管 $\mathrm{VT_1}$ 的发射极上，在发射极电阻 R_{F1} 上形成反馈电压 U_F。

电压串联负反馈放大器的主要性能指标如下。

（1）闭环电压放大倍数。

$$A_{uf} = \frac{A_u}{1+A_u F_u}$$

式中， $A_u = U_o/U_i$ 为两级放大器（无负反馈时）的电压放大倍数，即开环增益； F_u 为闭环放大电路的反馈系数； $1+A_u F_u$ 为反馈深度，它的大小决定负反馈对放大电路性能改善的程度。

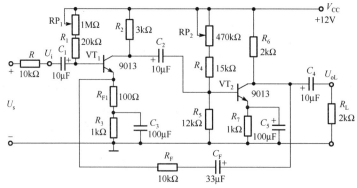

图 3-54　电压串联负反馈放大器

（2）反馈系数。

$$F_\text{u} = \frac{R_\text{F1}}{R_\text{F} + R_\text{F1}}$$

（3）输入电阻。

$$r_\text{if} = (1 + A_\text{u} F_\text{u}) r_\text{i}$$

式中，r_i 为无负反馈时两级放大器的输入电阻（不包括偏置电阻）。

（4）输出电阻。

$$r_\text{of} = \frac{r_\text{o}}{1 + A_\text{u} F_\text{u}}$$

式中，r_o 为两级放大器的输出电阻；A_u 为两级放大器的负载电阻 R_L 开路时的电压增益。

3. 电压并联负反馈放大器

由于两级单管放大器组成的电压串联负反馈放大器较复杂，所用元器件和连线多。下面介绍一种由集成运算放大器组成的电压并联负反馈放大器，如图 3-55 所示。该电路主要由集成运放 A、反馈电阻 R_F、比例电阻 R_1、平衡电阻 R_2 以及耦合电容 C 组成。根据集成运放的"虚断"和"虚短"原理或概念可得该电路的闭环电压增益：$A_\text{uf} = U_\text{oL}/U_\text{i} = -R_\text{F}/R_1$。该式说明加了负反馈之后的电压增益与其他参数无关，只与 R_F 与 R_1 的比值有关，这大大提高了电压增益的稳定性。电路中的负反馈信号是从放大电路的输出端通过反馈电阻 R_F 引入到集成运放的反相输入端的，构成电压并联负反馈，因此它具有稳定输出电压、降低输出电阻和输入电阻的功能。

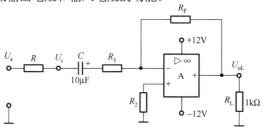

图 3-55　电压并联负反馈放大器

五、电路参数设计

设计一个由集成运放组成的电压并联负反馈放大器的实验电路。已知条件：$A_\text{uf}=-10$，集成运放的工作电源为±12V。并设集成运放的差模输入电阻 $r_\text{i} = 2 \times 10^7 \Omega$，集成运放的输出电阻 $r_\text{o} = 100\Omega$。设计、计算和确定其电路参数及集成运放型号，在电路中标注其引脚号，并画出完整、正确的实验电路图，其设计过程如下。

1. 电路形式及集成运放型号的确定

根据设计要求可选用图 3-55 所示的电路形式。集成运放可选用通用型集成运放 μA741 或双极型集成运放 LM358 等。

2. 反馈电阻 R_F 的设计与确定

最佳反馈电阻：$R_\text{F} = \sqrt{\dfrac{r_\text{i}\, r_\text{o}\, (1 - A_\text{uf})}{2}}$。

根据实验箱中现有的电阻，取 $R_\text{F} = $ _____。

3. 比例电阻 R_1 的设计确定

$$R_1 = \frac{R_\text{F}}{-A_\text{uf}}，\quad 取 R_1 = \text{_____}。$$

4．平衡电阻 R_2 的设计确定

为了减少电阻串联、并联带来的接线增多，在实验中可取 R_F、R_1、R_2 为整数值，但必须满足 $R_F/R_1 =10$ 的要求，平衡电阻 $R_2 = R_1//R_F$ 可近似取值。

六、实验内容

1．电压串联负反馈放大器

（1）正确连接组装图 3-54 所示两级单管放大器实验电路。断开反馈网络支路 C_F 和 R_F。

（2）输入频率 $f = 1\text{kHz}$、U_i 约为 5mV 的正弦波信号，调节电位器 RP_1 和 RP_2，使放大电路输出放大且不失真的正弦波，再用交流电压表等分别测量 U_i、U_s、U_o、U_{oL}、f_H、f_L 的值，记录于表 3-31 中，并计算开环放大电路的性能指标。

（3）关掉电源，接入反馈网络支路 C_F 和 R_F。然后开启电源，输入同步骤（2）中相同的正弦波信号，适当调节电路，使放大电路输出放大且不失真的正弦波，用交流电压表等分别测量 U_{if}、U_{sf}、U_{of}、U_{oLf}、f_{Hf}、f_{Lf} 的值，记录于表 3-31 中，并计算闭环放大电路的性能指标。

表 3-31 电压串联负反馈放大器实验数据记录表

工作状态	测 量 值						计 算 值			
开环放大电路	U_s/mV	U_i/mV	U_{oL}/V	U_o/V	f_H/kHz	f_L/kHz	$A_u = \dfrac{U_{oL}}{U_i}$	$r_i = \dfrac{U_i}{U_s - U_i}R$	$r_o = \dfrac{U_o - U_{oL}}{U_{oL}}R_L$	$BW = f_H - f_L$
闭环放大电路	U_{sf}/mV	U_{if}/mV	U_{oLf}/V	U_{of}/V	f_{Hf}/kHz	f_{Lf}/kHz	$A_{uf} = \dfrac{U_{oLf}}{U_{if}}$	$r_{if} = \dfrac{U_{if}}{U_{sf} - U_{if}}R$	$r_{of} = \dfrac{U_{of} - U_{oLf}}{U_{oLf}}R_L$	$BW = f_{Hf} - f_{Lf}$

（4）改变负载电阻 R_L 值，测量负反馈放大器的输出电压以验证负反馈对输出电压稳定性的影响，记录测量数据于表 3-32 中。

表 3-32 负载变化时实验数据记录表

输出电压	开环放大电路 R_L			闭环放大电路 R_L		
	2kΩ	3kΩ	5.1kΩ	2kΩ	3kΩ	5.1kΩ
U_{oL}						

2．电压并联负反馈放大器

（1）根据要求正确组装图 3-55 所示的实验电路，调节函数信号发生器有关旋钮，使输入信号有效值 U_i 为 100mV，频率 $f=1\text{kHz}$ 的正弦波信号，使放大电路能正常地按要求放大信号。

（2）用交流电压表等仪器分别测量 U_i、U_s、U_o、U_{oL}、f_H、f_L 的值，记录于表 3-33 中。

表 3-33 电压并联负反馈放大器实验数据记录表

电压放大倍数	测 量 值						计 算 值			
	U_i/V	U_s/V	U_o/V	U_{oL}/V	f_H/kHz	f_L/kHz	$A_{uf} = -U_o/U_i$	$r_{if} = U_iR/(U_s - U_i)$	$r_{of} = (U_o/U_{oL} - 1)R_L$	$BW = f_H - f_L$
$A_{uf} = -10$										
$A_{uf} = -30$										

（3）将图 3-55 所示电路中的电阻 R_F 改为 $3R_F$ 后接入电路中，其余参数不变，再用交流电压表等

仪器分别测量 U_i、U_s、U_o、U_{oL}、f_H、f_L 的值，记录于表 3-33 中，并计算出电压放大倍数、输入电阻、输出电阻以及通频带的值。

3．观察负反馈对非线性失真的改善情况

1．断开图 3-54 所示电路中的反馈网络支路 C_F 和 R_F，在输入端加入 f=1kHz 的正弦波信号，输出端接示波器，逐渐增大输入信号的幅值，使输出波形刚出现失真（但失真不严重），记下此时的波形和输出电压的幅值。

2．接入图 3-54 所示电路中的反馈网络支路 C_F 和 R_F，构成电压串联负反馈放大器，增大输入信号幅值，使其输出电压幅值的大小与无反馈网络时的相同，比较有负反馈时，输出波形的变化，并记录其波形。

3．比较分析其有无负反馈前后放大电路的非线性失真的改善情况。

七、思考题

1．负反馈放大器有哪 4 种组成形式？各种组成形式的作用是什么？

2．如果把失真的信号加到放大电路的输入端，能否用负反馈的方式来改善放大电路的输出失真波形？

3．若本实验的电压串联负反馈器是深度负反馈，试估计其电压放大倍数。

八、实验报告要求

1．明确实验目的。

2．指明所用的仪器名称、型号、功能作用及特点等。

3．画出完整、正确、清晰的实验电路。

4．结合所做的实验电路，简述实验原理。

5．完成电路参数设计（包括设计公式、计算过程、取值结果）。

6．整理实验内容，完成记录表中的计算结果。

7．将实验值与理论值进行比较，计算相对误差。

8．根据实验测量和计算结果，定性分析、比较放大电路加入电压串联负反馈时的动态性能指标的变化情况（变大还是变小）和变化原因（何种反馈引起何种性能指标的增减）。

9．回答思考题。

10．写出实验总结。

3.11　电平检测器的设计与调测

一、实验目的

1．了解具有滞回特性的电平检测器的电路组成以及工作原理。

2．熟悉用电平检测器设计满足一定要求的实用电路。

3．掌握电平检测器控制电压精度的调测方法。

二、实验仪器及元器件

根据本实验所用到的仪器及元器件，将实验仪器及元器件的名称、型号、主要功能填写在表 3-34 中。

表 3-34　实验仪器及元器件

序　号	仪器及元器件名称	型　号	主 要 功 能
1			
2			
3			
4			
5			
6			

三、预习要求

1. 熟悉具有滞回特性的电平检测器电路结构、工作原理，以及电压传输特性。
2. 按要求完成实验电路的设计，选择元器件参数，以及调测步骤。
3. 按照 $U_{LT}=4V$，$U_{HT}=6V$ 的设计要求重新设计电路参数，完成预习报告的写作。

四、实验原理

具有滞回特性的电平检测器是一种具有实用意义的实验电路，一般用于对模拟信号电压进行幅值检测、鉴别。按其电路结构和传输特性的不同，可分为滞回特性反相电平检测器和滞回特性同相电平检测器两类，下面分别进行讨论。

1. 滞回特性反相电平检测器

滞回特性反相电平检测器的原理电路和电压传输特性如图 3-56 所示。

根据原理电路和叠加定理不难得出：

上门限电压：
$$U_{HT} = U_R \frac{n}{n+1} + \frac{U_{om}}{n+1}$$

下门限电压：
$$U_{LT} = U_R \frac{n}{n+1} - \frac{U_{om}}{n+1}$$

回差电压：
$$U_H = U_{HT} - U_{LT} = \frac{2U_{om}}{n+1}$$

中心电压：
$$U_{CTR} = \frac{U_{HT} + U_{LT}}{2} = U_R \frac{n}{n+1}$$

由此可见，这一电路的特点是：反馈电阻比 n 及参考电压 U_R 决定 U_{HT}、U_{LT}、U_H 及 U_{CTR}；中心电压 U_{CTR} 及回差电压 U_H 不能独立调节，只要 n 改变，两者就同时变化，这给电路调试带来了不便。

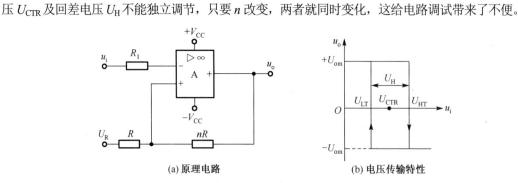

(a) 原理电路　　　　　　　　　　(b) 电压传输特性

图 3-56　滞回特性反相电平检测器

2. 滞回特性同相电平检测器

滞回特性同相电平检测器的原理电路和电压传输特性如图 3-57 所示。根据原理电路同理可得：

上门限电压：
$$U_{HT} = \frac{U_{om}}{n} - \frac{U_R}{m}$$

下门限电压：
$$U_{LT} = -\frac{U_{om}}{n} - \frac{U_R}{m}$$

回差电压：
$$U_H = U_{HT} - U_{LT} = \frac{2U_{om}}{n}$$

中心电压：
$$U_{CTR} = \frac{U_{HT} + U_{LT}}{2} = -\frac{U_R}{m}$$

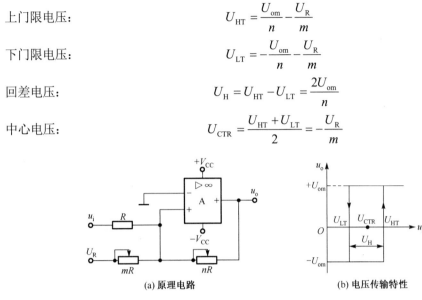

(a) 原理电路　　　　　　　　　　(b) 电压传输特性

图 3-57　滞回特性同相电平检测器

由此可见，这一电路的特点是：中心电压 U_{CTR} 取决于 U_R 及 m；回差电压 U_H 取决于 U_{om} 和 n，两者可以分别独立调节。

3. 具有滞回特性电平检测器的应用

如图 3-58 所示，该电路由滞回特性同相电平检测器外加驱动电路以及指示电路等组成，该电路可以模拟充电器的工作过程。其中驱动电路由电阻 R_b、二极管 VD_1 和三极管 VT 组成，指示电路由发光二极管 VD_2 和 VD_3 以及限流电阻 R_3、R_4 等组成。由集成运放和电阻 R、R_1、R_2 以及 RP_1、RP_2 组成的同相电平检测器是整个电路的核心。

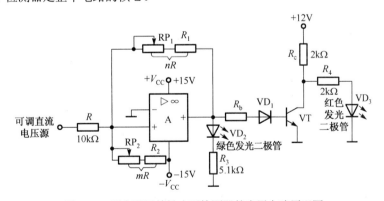

图 3-58　具有滞回特性电平检测器的应用电路原理图

电源电压值和电阻 R、R_1 以及电位器阻值决定回差电压 U_H 的大小，在其他条件不变的情况下，U_H 随着电位器 RP_1 值的增加而变小。电阻 R、R_2 和电位器 RP_2 值等决定上下门限电压和中心电压 U_{CTR} 的大小，在其他条件不变的情况下，中心电压 U_{CTR} 随着电位器 RP_2 值的增加而变小，上门限电压 U_{HT} 随着电位器 RP_1 或 RP_2 值的增加而变小，下门限电压 U_{LT} 随着电位器 RP_1 值的增加而变大或者随着 RP_2 值的增加而变小。

五、实验任务及参数设计

1．实验任务

如图 3-58 所示的电路，已知集成运放的工作电源为±15V，三极管的工作电源为+12V，设计并模拟一个充电器电路，当电压 U_i 上升至 13.5V 时，集成运放输出高电平，绿色发光二极管工作在发光指示状态，三极管 VT 工作在饱和状态，红色发光二极管不亮；当电压 U_i 下降至 10.5V 时，集成运放输出低电平，绿色发光二极管不亮，三极管 VT 工作在截止状态，红色发光二极管工作在发光指示状态。计算和确定其电路参数及集成运放型号，在电路中标注其引脚号，并画出完整、正确的实验电路图。

2．电路参数设计

根据图 3-58 所示电路，集成运放可选用通用型集成运放 μA741 或双极型集成运放 LM358 等，三极管可选用 9013 或 8050 等。

（1）核心元器件的选用。

若选用通用型集成运放 μA741，其工作在非线性区时输出的高低电平 U_{om} 为±14V。

三极管若选用 9013，则其电流放大倍数 $\beta=100$，由图 3-58 可知，若三极管集电极的静态工作电流满足 $I_{cQ}\geq12V/2k\Omega=6mA$，则能保证三极管可靠地工作在饱和区。

若二极管 VD_1 选用硅管，则其导通压降 $U_{D1}=0.7V$。

值得注意的是，在图 3-58 中，集成运放工作的电压是±15V，三极管的工作电压是+12V。

（2）电路中电阻值的估算。

集成运放、三极管和二极管选定以后，还有三个电阻 nR、mR 和 R_b 的值计算和选择。

根据同相电平检测器上下门限电压和图 3-58 所示的电路原理图可知，$U_R=-15V$。再根据实验任务可知，上门限电压 $U_{HT}=13.5V$，下门限电压 $U_{LT}=10.5V$。由此可以计算出 n 和 m 的值。为了便于实验调节，建议阻值 nR 和 mR 采用固定电阻和可调电阻串联的形式。

当电压 U_i 上升至 13.5V 时，集成运放输出高电平，此时三极管 VT 工作在饱和导通状态，故可得到三极管基极的电流：

$$I_{bQ} = \frac{U_{om} - U_{D1} - U_{beQ}}{R_b}$$

再根据当 $I_{cQ}\geq6mA$ 时三极管工作在饱和区，利用临界放大状态 $I_{cQ}=\beta I_{bQ}$，就可以估算出 R_b 的值。

六、实验内容及步骤

1．根据所设计的参数，正确组装和连接图 3-58 所示的实验电路，注意发光二极管的极性、三组电源的极性和电压极性不能接错。

2．根据设计要求调节电路中的两个电位器，以及反复调节可调直流稳压电源，以达到设计要求的 1%误差之内，然后记录实验结果，即红灯开始点亮时的下门限电压 $U_{LT}=$ _____，绿灯开始点亮时的上门限电压 $U_{HT}=$ _____。

3．按照 $U_{LT}=4V$，$U_{HT}=6V$ 的要求重新设计 nR 和 mR 的值，并调节电位器 RP_1 和 RP_2 的阻值，使实验结果的误差不超过设计要求的 5%，并记录 $U_{LT}=$ _____和 $U_{HT}=$ _____。

4．断开可调的直流电压源，接入频率为 200Hz～1kHz，幅值大小合适的三角波输入电压，测量并画出其输入和输出电压波形，并标出 U_{LT} 和 U_{HT}。

七、实验注意事项

1．电阻 nR 和 mR 的取值尽可能精确，否则，所测的实验结果误差较大。

2. 电路中 3 个电源的地线必须等电位。

3. 电位器 RP_1 和 RP_2 的阻值调节固定后再接入电路。

4. 接入三角波时，应注意输入电压的幅值。

5. 示波器两通道同时输入信号时，要先将显示的两条水平线调重合，然后再观察并记录输入波形与输出波形的交点。

八、思考题

1. 图 3-58 所示的电路中的二极管 VD_1 起什么作用？

2. 实验电路中，驱动三极管 VT 的基极电阻 R_b 的阻值应如何确定？取值过大或过小会产生什么问题？

3. 如果将本实验设计中要求的电压值 10.5V 改为 11.5V，将 13.5V 改为 12.5V，那么此时应如何改动电路参数？

九、实验报告要求

1. 明确实验目的。

2. 指明所用的仪器名称、型号及功能作用等。

3. 画出完整、正确、清晰的实验电路。

4. 结合所做的实验电路，简述实验原理。

5. 电路参数设计（包括设计公式、计算过程、取值结果）。

6. 整理实验内容，完成实验数据记录。

7. 将实验值与理论值比较，计算相对误差。

8. 回答思考题。

9. 进行实验总结，写出心得体会等。

3.12　波形产生电路

一、实验目的

1. 了解集成运算放大器在信号产生方面的广泛应用。

2. 掌握由集成运算放大器构成的正弦波发生器、方波发生器、三角波发生器、锯齿波发生器的电路组成以及工作原理。

3. 掌握上述波形产生电路的设计和调试方法以及振荡频率和输出幅值的测量方法。

二、实验仪器及元器件

根据本实验所用到的仪器及元器件，将实验仪器及元器件的名称、型号、主要功能填写在表 3-35 中。

表 3-35　实验仪器及元器件

序　　号	仪器及元器件名称	型　　号	主　要　功　能
1			
2			
3			
4			

三、预习要求

1．预习正弦波、方波和三角波以及锯齿波发生器电路的工作原理。
2．根据设计要求，完成正弦波、方波和三角波实验电路的参数设计。
3．理解领会实验内容和任务。

四、实验原理

集成运算放大器是高增益的直流放大器，在它的输入端和输出端之间施加线性和非线性正反馈或正负反馈结合的组合反馈，不需要外加输入信号而自行产生各种不同的信号输出，如正弦波、方波、矩形波、三角波、锯齿波、阶梯波等，广泛用于科研和教学、电子测量、自动控制等技术领域。下面分别对部分波形产生电路的结构、组成和工作原理进行分析和讨论。

1．正弦波发生器

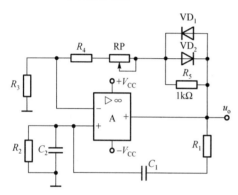

图 3-59　文氏电桥正弦波发生器原理电路

文氏电桥正弦波发生器原理电路如图 3-59 所示，该电路是在集成运放输出端与输入端之间施加了正负两种反馈结合而构成的。图中 R_1、C_1、R_2、C_2 串并联网络构成正反馈支路，R_3、R_4、RP、R_5 等构成负反馈支路，反馈电阻 $R_F = R_4 + \text{RP} + R_5 /\!/ r_D$，$R_W$ 用于调节反馈深度以满足起振条件和改善波形，二极管 VD_1 和 VD_2 利用其自身正向导通电阻的非线性来自动调节电路的闭环放大倍数以稳定波形的幅值。

在实际应用中，二极管 VD_1 和 VD_2 可选用相同的型号。如图 3-59 所示电路的稳幅过程是：刚起振时，u_o 小，$u_o \uparrow \Rightarrow i_D \uparrow \Rightarrow r_D \uparrow \Rightarrow R_F \uparrow \Rightarrow A_{uf} \uparrow \Rightarrow u_o \uparrow$。其中，$i_D$ 是二极管流过的电流，r_D 是二极管的正向导通电阻。当某种因素使 u_o 过大时，$u_o \uparrow \Rightarrow i_D \uparrow \Rightarrow r_D \downarrow \Rightarrow R_F \downarrow \Rightarrow A_{uf} \downarrow \Rightarrow u_o \downarrow$，实现了自动稳幅。但是由于二极管的非线性又会引起波形失真，为了限制和削弱其非线性引起的波形失真，在二极管两端并联电阻 R_5。

根据图 3-59 所示的电路和自激振荡的基本条件，电路参数取值应满足 $A_{uf} = 1 + \dfrac{R_F}{R_3} \geq 3$，即 $R_F \geq 2R_3$ 时电路才能维持振荡输出。当电路中取 $R_1 = R_2 = R$，$C_1 = C_2 = C$ 时，电路振荡频率为 $f = \dfrac{1}{2\pi RC}$。

2．占空比可调的矩形波发生器

占空比可调的矩形波发生器的原理电路如图 3-60 所示。这是一个由集成运放结合正负反馈网络构成的占空比可调的矩形波发生器，电阻 R_1、R_2 组成正反馈网络，反馈电阻 R_3、RP 和电容 C 等构成负反馈网络。由于该电路正反馈占绝对主导地位，所以集成运放输出端的 u'_o 取决于集成运放最大输出电压 U_{om} 或最小输出电压 $-U_{om}$，而电路输出 u_o 取决于稳压管 VD_Z 的稳定电压 $+U_Z$ 或 $-U_Z$，u_o 极性的正负取决于电容是充电还是放电。即 $u_- < u_+$ 时，$u_o = U_Z$，电容经 R_3、$\text{RP}_下$（RP 的下半部分）、VD_2 充电；当 $u_- > u_+$ 时，$u_o = -U_Z$，电容经 R_3、$\text{RP}_上$（RP 的上半部分）、VD_1 等放电。这样周而复始，便在输出端产生矩形波。

由过渡过程知识分析可知，该矩形波的周期：$T = [2(R_3 + r_D) + \text{RP}]C \ln\left(1 + \dfrac{2R_1}{R_2}\right)$，式中，$r_D$ 为二极管正向导通电阻。

占空比：$D = \dfrac{t}{T} = \dfrac{R_3 + r_D + \text{RP}_{\text{下}}}{2R_3 + 2r_D + \text{RP}}$；　频率：$f = \dfrac{1}{T}$。

由此可见，矩形波频率不仅与负反馈回路中的 R_3、RP、C 有关，还与正反馈 R_1、R_2 的比值有关，改变 R_3 就能调整矩形波的频率。其输出波形和电容两端的波形如图 3-61 所示。

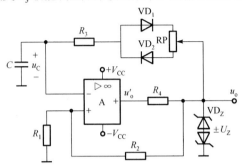

图 3-60　占空比可调的矩形波发生器原理电路

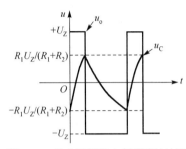

图 3-61　输出波形和电容两端的波形

电路输出端接上双向稳压管 VD_Z，一方面限制了矩形波输出幅值，另一方面保证了输出方波的对称性。R_4 为稳压管的限流电阻。由于集成运放共模输入电压最大值 U_{icmax} 的限制，在确定正反馈支路中 R_1、R_2 的取值时，应保证 $u_+ \leqslant U_{\text{icmax}}$。

3. 方波发生器和三角波发生器

方波发生器和三角波发生器原理电路如图 3-62 所示，该电路主要由集成运放 A_1 构成的滞回比较器和集成运放 A_2 构成的积分器组成。由集成运放 A_1 输出方波，集成运放 A_2 输出三角波。比较器由三角波触发产生方波输出，积分器又对比较器输出的方波电压进行积分而输出三角波，两者相辅相成，形成统一体。

积分运算电路中集成运放 A_2 工作在线性区，由于 $u_+ = u_- \approx 0$，$i_+ = i_- \approx 0$，所以 $i_R = i_C$，则有

$$u_o = -u_C = -\frac{1}{C}\int i_C \mathrm{d}t = -\frac{1}{C}\int \frac{u_{o1}}{R + \text{RP}}\mathrm{d}t$$

当 u_{o1} 为正电压时，A_2 负向积分，则有 $u_o = -\dfrac{U_z t}{(R + \text{RP})C}$；当 u_{o1} 为负电压时，A_2 正向积分，则有

$$u_o = \frac{U_z t}{(R + \text{RP})C}$$

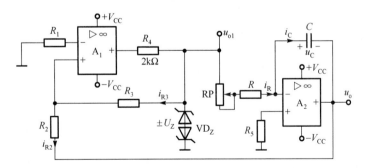

图 3-62　方波发生器和三角波发生器原理电路

由于集成运放 A_1 工作在非线性区，由 $i_+ = i_- \approx 0$，可得 $i_{R3} = -i_{R2} = \pm\dfrac{U_z}{R_3}$。如图 3-63 所示，当

$t = t_1$ 时，三角波的峰值：$U_{\text{om}} = -i_{R2}R_2 = -\dfrac{R_2 U_z}{R_3}$，即 $U_{\text{om}} = \dfrac{-U_z}{(\text{RP} + R)C}t_1 = -\dfrac{R_2 U_z}{R_3}$。

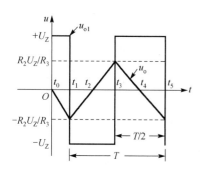

图 3-63　方波发生器和三角波
发生器输出波形

所以
$$t_1 = \frac{CR_2(R+RP)}{R_3}$$

如图 3-63 所示，可知方波和三角波的周期为
$$T = 4t_1 = \frac{4CR_2(R+RP)}{R_3}$$

故两种波形的频率为
$$f = \frac{1}{T} = \frac{R_3}{4CR_2(R+RP)}$$

由上述分析可知，方波的电压幅值由稳压管的稳压值决定，三角波的电压幅值由稳压值和电阻 R_2、R_3 共同决定，而振荡频率 f 与电阻 R_2、R_3、R 和 C 以及 RP 均有关。

4．锯齿波发生器

锯齿波发生器原理电路和输出波形分别如图 3-64 和图 3-65 所示，该电路是在图 3-62 所示方波发生器和三角波发生器原理电路基础上，在积分器输入端增加了一条由二极管 VD 串联电阻 R_6 组成的支路。这条输入支路利用二极管正向导通、反向截止的原理使积分器的充、放电时间常数不相等。

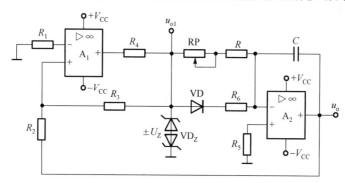

图 3-64　锯齿波发生器原理电路

如图 3-64 所示，当积分器输入正电压时，VD 正向导通电阻为 r_D，积分时间常数：
$$\tau_1 = [(R_6 + r_D)//(R+RP)]C$$

当积分器输入为负电压时，VD 反向截止，积分时间：
$$\tau_2 = (R+RP)C$$

即 $\tau_1 < \tau_2$，所以输出电压 u_o 为锯齿波。改变 R_6 的大小可以改变脉冲波的占空比和脉冲宽度。在图 3-64 所示电路中产生的锯齿波具有很高的线性度，所以在工程设计中得到了广泛应用。

五、实验任务及参数设计

1．实验任务

（1）设计一种用集成运放等器件组成的文氏电桥正弦波发生器实验电路。已知电源电压为 $\pm 12\text{V}$，振荡频率 $f = 1591.5\text{Hz}$，设计、计算、选择器件型号和参数，画出完整、正确的实验电路。

（2）设计一种用集成运放等器件组成的方波和三角波发生器实验电路。已知集成运放电源为

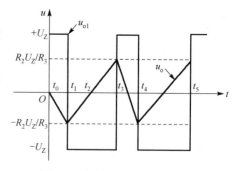

图 3-65　锯齿波发生器输出波形

±12V ， 振荡频率为 100～500Hz 可调，方波和三角波输出幅值分别为 ±6V 、 ±3V ，误差均为 ±10% 。设计、计算、选择器件型号和参数，画出完整、正确的实验电路。

*（3）根据图 3-60 所示的电路，设计一个占空比可调的矩形波发生器电路。

2．电路参数设计

（1）正弦波发生器电路参考设计方法。

如图 3-59 所示的电路，根据实验任务，具体电路参数选取如下。

① 集成运放型号的确定：本实验要求工作电源电压为 ±12V ，振荡频率要求不高，所以可选用 μA741 或 LM358 等。

② R 和 C 的确定：根据实验原理和设计要求可知

$$f = \frac{1}{2\pi RC} = 1591.5\text{Hz} \Rightarrow C = \frac{1}{2\pi Rf}$$

R 的阻值与集成运放的输入电阻 r_i 和输出电阻 r_o 应满足 $r_i \gg R \gg r_o$ ，然后再计算 C 的值。

③ 二极管型号的确定：为提高电路的温度稳定性，VD_1、VD_2 应选用硅管，其特性参数应尽可能一致，以保证输出波正、负半波对称的要求。本实验电路对二极管的耐压和工作电流要求不高，可选用 4148 型或 1N4001 型二极管。

④ 负反馈网络电阻值的确定：为减小偏置电流的影响，应尽量满足或接近 $R = R_F // R_3$ ，可选取 $R_3 \geq R$ 。考虑到振荡条件，则 $R_F = R_4 + \text{RP}/2 + R_5 // R_D \approx R_4 + \text{RP}/2 + R_5/2 \geq 2R_3$ ，其中电阻 R_4 是为便于调测而接入的，可先选定 RP 和 R_5 的值，然后再估算出 R_4 的值。R_5 越小，对二极管非线性削弱越大，波形失真越小，但稳幅作用也同时被削弱，R_5 的值应注意两者兼顾。

（2）方波和三角波发生器电路参考设计方法。

① 集成运放型号的确定：本实验要求振荡频率不高，所以可选用 LM358 或 μA741 等。

② 稳压管型号和限流电阻 R_4 的确定：根据设计要求，方波幅值为 ±6V ，误差为 ±10% ，所以可查手册选用满足稳压值为 ±6V ，误差为 ±10% ，稳压电流 ≥10mA ，且温度稳定性好的稳压管型号，如 2DW231 或 2DW7B 等。

$$R_4 \geq \frac{U_{\text{om}} - U_{\text{Zmin}}}{I_{\text{Zm}}} = \frac{12\text{V} - 5.4\text{V}}{30\text{mA}} = 220\Omega ，\ 取 R_4 = 2\text{k}\Omega$$

式中，U_{Zmin} 是稳压管工作的最小稳定电压；I_{Zm} 是稳压管工作的最大稳定电流。

③ 分压电阻 R_2、R_3 和平衡电阻 R_1 的确定：R_2、R_3 的作用是提供一个随输出方波电压而变化的基准电压，并决定三角波的幅值。一般根据三角波幅值来确定 R_2、R_3 的值。根据电路原理和设计要求可得：$U_{\text{om}} = \dfrac{-U_Z R_2}{R_3} = \dfrac{\pm 6\text{V} \times R_2}{R_3} = \pm 3\text{V} \Rightarrow R_3 = 2R_2$

先选取 R_2 的值（一般情况下 $R_2 \geq 5.1\text{k}\Omega$ ，取值太小会使波形失真严重），然后也就确定了 R_3 的值。平衡电阻 $R_1 = R_2 // R_3$ 。

④ RP 、 R 和 C 以及平衡电阻 R_5 的确定：根据实验原理和设计要求，应有

$$f_{\text{max}} = 500\text{Hz} = \frac{R_3}{4CR_2 R} ，\ 即 R = \frac{R_3}{4CR_2 f_{\text{max}}}$$

选取 C 的值，并代入已确定的 R_2 和 R_3 的值，即可求出 R 。为了减小积分漂移，C 应取大些，但太大则漏电流大。一般 C 不超过 1μF 。

$$f_{\text{min}} = 100\text{Hz} = \frac{R_3}{4CR_2(R + \text{RP})}$$

即 $\text{RP} = \dfrac{R_3}{4CR_2 f_{\text{min}}} - R$ ，平衡电阻 R_5 可取 10kΩ 或者取 $R_5 = R$ 。

六、实验内容及步骤

1. 正弦波发生器实验电路的调测

（1）正确组装所设计的正弦波发生器实验电路。

（2）电路的输出端接入示波器，调节 RP 直到示波器显示电路振荡输出失真最小的正弦波。

（3）测画其输出波形，标注正负幅值、周期 T、单位和坐标等。

（4）计算频率实测值以及与理论值的误差，分析其产生误差的主要原因（要求指明元器件名称及代号）。

2. 方波和三角波发生器实验电路的调测

（1）正确组装所设计的方波和三角波发生器实验电路，使电路振荡输出方波和三角波。

（2）调节 RP 使波形周期为 5ms。

（3）测画出方波和三角波，画上坐标，并标注周期和各自的正负幅值。

（4）调节 RP，测出 T_{max} 和 T_{min} 的值，并计算 $f_{max} = \dfrac{1}{T_{min}}$ 和 $f_{min} = \dfrac{1}{T_{max}}$ 的值，然后与理论值进行比较，分析产生误差的主要原因（要求指明元器件的名称及代号）。

3. 脉冲波和锯齿波发生器实验电路的调测

（1）将方波和三角波实验电路改接为脉冲波和锯齿波发生器实验电路。

（2）测画出一组脉冲占空比为 1/4 时对应的脉冲波和锯齿波的波形。

七、实验注意事项

1. 组装实验电路时，关闭电源，待电路组装完毕确认无误后再打开电源。

2. 注意集成运放引脚的摆放，并正确接入正负电源。

3. 仔细观察二极管的极性，并正确接入电路。

4. 调节 RP 时，先粗调至示波器显示出波形，然后再微调直到显示出目标波形。

5. 当示波器两通道同时输入信号时，要先将显示的两条水平线调重合，然后再观察并测画波形。

八、思考题

1. 在图 3-59 所示的电路中，若将 R_3 的值错用为正常值的 10 倍或 1/10，那么电路输出端将分别出现什么现象？

2. 如果把图 3-64 所示的电路中的二极管 VD 反接，其输出波形将如何变化（画出波形示意图）？

3. 在方波和三角波发生器实验中，要求保持原来所设计的频率不变，现需将三角波的输出幅值由原来的 3V 改为 2.5V，最简单的方法是什么？

九、实验报告要求

1. 明确实验目的。

2. 指明所用的仪器名称、型号、功能作用及特点等。

3. 画出完整、正确、清晰的实验电路。

4. 结合所做的实验电路，简述实验原理。

5. 完成电路参数设计（包括设计公式、计算过程、取值结果）。

6. 整理实验内容，完成各电路所产生波形的测画与记录。

7. 将实验值与理论值比较，计算相对误差。

8．回答思考题。

9．对实验测量和计算结果进行总结，写出心得体会等

3.13　有源滤波器

一、实验目的

1．熟悉有源滤波器的构成及其特点。

2．掌握有源滤波器的设计和调试方法。

3．学会测量有源滤波器的幅频特性。

二、实验仪器及元器件

根据本实验所用到的仪器及元器件，将实验仪器及元器件的名称、型号、主要功能填写在表 3-36 中。

表 3-36　实验仪器及元器件

序　　号	仪器及元器件名称	型　　号	主 要 功 能
1			
2			
3			
4			

三、预习要求

1．复习滤波电路和放大电路的频率响应。

2．明确实验内容，分析实验电路，写出各实验电路的增益特性表达式。

3．计算各低通滤波器和高通滤波器中的截止频率，以及带阻滤波器的中心频率，画出 3 个实验电路的幅频特性曲线。

四、实验原理

1．有源滤波器的分类及主要技术指标

（1）有源滤波器的分类。

有源滤波器是在集成运算放大器的基础上增加一些电阻、电容等无源元件而构成的一种具有特定频率响应的放大器。有源滤波器通常分为低通滤波器、高通滤波器、带通滤波器和带阻滤波器 4 种，幅频特性曲线如图 3-66 所示。

（2）有源滤波器的主要技术指标。

① 通带增益 A_{up}。

通带增益是指滤波器在通带内的电压放大倍数，如图 3-66 所示，性能良好的有源滤波器在通带内的幅频特性曲线是平坦的，阻带内的电压放大倍数基本为零。

② 通带截止频率 f_p。

其定义与放大电路的上限截止频率相同，如图 3-66 所示，通带与阻带之间称为过渡带，过渡带越窄，说明滤波器的选择性越好。

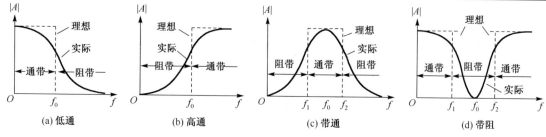

图 3-66　有源滤波器的幅频特性曲线

2. 低通滤波器

低通滤波器用来通过低频信号，衰减或抑制高频信号，图 3-67 所示为由两级电阻电容滤波环节与同相比例运算电路组成的典型二阶低通滤波器。其中第一级电容 C_1 接至输出端，引入适量的正反馈，以改善幅频特性，如图 3-66(a)所示。为了减小输入偏置电流及其漂移对电路的影响，应使 $R_1 + R_2 = R_F // R_3$。

二阶低通滤波器的通带内增益为

$$A_{up} = 1 + \frac{R_F}{R_3}$$

如图 3-66(a)所示，通带与阻带的界限频率 f_0 即为二阶低通滤波器的截止频率 f_p，即

$$f_p = f_0 = \frac{1}{2\pi \sqrt{R_1 R_2 C_1 C_2}}$$

3. 高通滤波器

与低通滤波器相反，高通滤波器用来通过高频信号，衰减或抑制低频信号，只要将图 3-67 所示的低通滤波器中起滤波作用的电阻、电容互换，即可变成二阶高通滤波器，如图 3-68 所示。高通滤波器性能与低通滤波器相反，其频率响应和低通滤波器是"镜像"关系，其幅频特性曲线如图 3-66(b)所示。

二阶高通滤波器的通带增益与截止频率的定义及表达式同二阶低通滤波器。

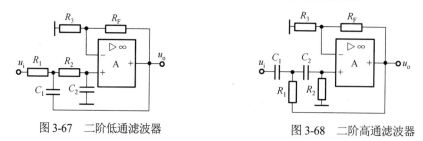

图 3-67　二阶低通滤波器　　　　　　　　图 3-68　二阶高通滤波器

4. 带通滤波器

带通滤波器只允许在某一个通带范围内的信号通过，而比通带下限截止频率低和比上限截止频率高的信号均加以衰减或抑制，反之则为带阻滤波器。典型的带通滤波器可以通过从二阶低通滤波器中将其中一级改成高通而制成，图 3-69 所示为带通滤波器的原理图。但要注意将高通的下限截止频率 f_1 设置为小于低通的上限截止频率 f_2，即 $f_1 < f_2$，如图 3-66(c)所示。

如图 3-70 所示，当 $C_1 = C_2 = C$ 时，二阶带通滤波器的通带增益为

$$A_{up} = \frac{R_4 + R_F}{R_4 R_1 \left(\dfrac{1}{R_1} + \dfrac{2}{R_2} - \dfrac{R_F}{R_3 R_4} \right)}$$

中心频率：
$$f_0 = \frac{1}{2\pi}\sqrt{\frac{1}{R_2 C^2}\left(\frac{1}{R_1} + \frac{1}{R_3}\right)}$$

通带宽度：
$$BW = f_2 - f_1 = \frac{1}{C}\left(\frac{1}{R_1} + \frac{2}{R_2} - \frac{R_F}{R_3 R_4}\right)$$

它的优点是改变 R_F 和 R_4 的比例就可改变频带宽度而不影响中心频率。

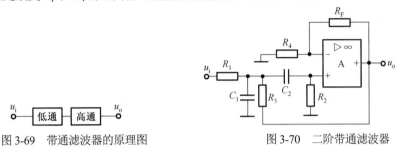

图 3-69　带通滤波器的原理图　　　　图 3-70　二阶带通滤波器

5．带阻滤波器

带阻滤波器的性能和带通滤波器相反，即在规定的通带内，信号不能通过或受到很大衰减或抑制，而在其余通带范围内信号则能顺利通过。由图 3-66(d)可知，要求低通滤波器的上限截止频率 f_1 必须小于高通滤波器的下限截止频率 f_2。与低通、高通滤波器的幅频响应曲线进行比较，可以看出，若将低通滤波器与高通滤波器的输出电压经求和电路后输出，则构成带阻滤波器，如图 3-71 所示。

图 3-71 中，电阻 R_1、R_2 与 R_3 之间的关系如下：

$\dfrac{1}{R_3} = \dfrac{1}{R_1} + \dfrac{1}{R_2}$，若取 $R_1 = R_2 = R$，则 $R_3 = \dfrac{1}{2}R$。

通带内电压放大倍数为 $A_{up} = 1$，阻带中心频率为

$$f_0 = \frac{1}{2\pi}\sqrt{\frac{1}{R_1 R_2 C^2}}\ \text{。}$$

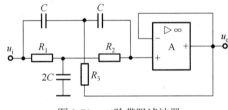

图 3-71　二阶带阻滤波器

该电路可阻止 $f_1 < f < f_2$（见图 3-66(d)）范围内的信号，使其他频率信号均能通过。带阻滤波器也称为陷波器，常在电子系统中用于抗干扰。

五、实验设计任务

选择合适的集成运算放大器，分别设计一个有源低通滤波器、有源高通滤波器、有源带通滤波器和有源带阻滤波器，并满足以下要求。

（1）根据图 3-67，设计一个有源低通滤波器，要求截止频率 $f_0 = 1\text{kHz}$，通带内电压增益 $A_{up} = 2$，在频率 $10f_0$ 处，要求幅值衰减大于 30dB。设计、计算、选择器件型号和参数，画出完整、正确的实验电路。

（2）根据图 3-68，设计一个有源高通滤波器，要求截止频率 $f_0 = 1\text{kHz}$，通带内电压增益 $A_{up} = 1$，在频率 $0.1f_0$ 处，要求幅值衰减大于 40dB。设计、计算、选择器件型号和参数，画出完整、正确的实验电路。

（3）根据图 3-70，设计一个有源带通滤波器，要求通带中心频率 $f_0 = 500\text{Hz}$，通带中心处电压增益 $A_{up} = 5$，通带宽度 $\Delta f = 100\text{Hz}$。设计、计算、选择器件型号和参数，画出完整、正确的实验电路。

（4）根据图 3-71，设计一个有源带阻滤波器，要求阻带中心频率 $f_0 = 500\text{Hz}$，阻带中心处电压增益 $A_{up} = 1$，阻带宽度 $\Delta f = 100\text{Hz}$。设计、计算、选择器件型号和参数，画出完整、正确的实验电路。

六、实验内容及步骤

有源滤波器中的集成运放的选取可参照实验注意事项，尽量在实验箱现有的集成运放中进行选择，然后进行以下实验。

1. 根据有源低通滤波器的设计要求，计算图 3-67 所示电路中的电阻值和电容值。取实验室现有的电阻和电容，正确搭建电路，按表 3-37 中的内容测量并记录。

表 3-37　有源低通滤波器幅频响应

U_i/ V	1	1	1	1	1	1	1	1	1	1	1	1	1	1	1
f/ Hz	10	30	80	100	300	500	700	800	900	950	980	1000	1100	1200	1300
U_o/ V															

2. 根据有源高通滤波器的设计要求，计算图 3-68 所示电路中的电阻值和电容值。取实验箱现有的电阻和电容，正确搭建电路，按表 3-38 中的内容测量并记录。

表 3-38　有源高通滤波器幅频响应

U_i/ V	1	1	1	1	1	1	1	1	1	1	1	1	1	1	1
f/ Hz	10	30	80	100	300	500	700	800	900	950	980	1000	1100	1200	1300
U_o/ V															

3. 根据有源带通滤波器的设计要求，计算图 3-70 所示电路中的电阻值和电容值。取实验室现有的电阻和电容，正确搭建电路，按表 3-39 中的内容测量并记录。

表 3-39　有源带通滤波器幅频响应

U_i/ V	1	1	1	1	1	1	1	1	1	1	1	1	1
f/ Hz	360	380	400	420	440	460	480	500	520	540	560	580	600
U_o/ V													

4. 根据有源带阻滤波器的设计要求，计算图 3-71 所示电路中的电阻值和电容值。取实验室现有的电阻和电容，正确搭建电路，按表 3-40 中的内容测量并记录。

表 3-40　有源带阻滤波器幅频响应

U_i/ V	1	1	1	1	1	1	1	1	1	1	1	1	1
f/ Hz	360	380	400	420	440	460	480	500	520	540	560	580	600
U_o/ V													

5. 根据表 3-37、表 3-38、表 3-39 和表 3-40 中的测量内容和数据，分别测画出 4 种滤波电路的幅频特性曲线。

七、实验注意事项

滤波器设计中选择集成运放主要考虑带宽、增益范围、噪声、动态范围这 4 个参数。

1. 带宽：当为滤波器选择集成运放时，一个通用的规则就是确保它具有所希望滤波器频率 10 倍以上的带宽，最好是 20 倍的带宽。如果设计一个高通滤波器，则要确保集成运放的带宽满足所有信号通过。

2. 增益范围：有源滤波器设计需要有一定的增益。如果所选择的集成运放是一个电压反馈型的放大器，则使用较大的增益将会导致其带宽低于预期的最大带宽，并会在最差的情况下振荡。对一个电流反馈型集成运放来说，增益取值不合适将被迫使用对实际应用来说太小或太大的电阻。

3. 噪声：集成运放的输入电压和输入电流的噪声将影响滤波器输出端的噪声。在以噪声为主要考虑因素的应用里，需要计算这些影响（以及电路中的电阻所产生热噪声的影响）以确定所有这些噪声的叠加是否处在有源滤波器可接受的范围内。

4. 动态范围：在具有高 Q 值的滤波器里，中间信号有可能大于输入信号或者大于输出信号。对操作恰当的滤波器来说，所有这些信号都必须能够通过而没有出现削波或过度失真的情况。

八、思考题

1. 常用有源滤波器有哪几种？它们各有什么特点？
2. 能否用低通滤波器和高通滤波器组成带阻滤波器？组成的条件是什么？
3. 在某电路中，若希望抑制 50Hz 交流电源的干扰，该采用哪种类型的有源滤波器？说明设计思路。

九、实验报告要求

1. 明确实验目的，指明所用的仪器名称、型号及作用。
2. 画出完整、正确、清晰的实验电路。
3. 结合所做的实验电路，简述实验原理。
4. 完成电路参数设计（包括设计公式、计算过程、取值结果）。
5. 整理实验数据，画出各电路的幅频特性曲线，并与计算值对比分析相对误差。
6. 回答思考题。
7. 对实验测量和计算结果进行总结，写出心得体会等。

3.14　电压/电流及电压/频率转换电路

一、实验目的

1. 熟悉集成运放在电压/电流转换电路中的作用和意义。
2. 掌握电压/电流转换电路的设计和调试方法。
3. 掌握电压/频率转换电路的组成及调测方法。

二、实验仪器及元器件

根据本实验所用到的仪器及元器件，将实验仪器及元器件的名称、型号、主要功能填写在表 3-41 中。

表 3-41　实验仪器及元器件

序　号	仪器及元器件名称	型　号	主 要 功 能
1			
2			
3			
4			
5			
6			

三、预习要求

1. 了解电压/电流、电流/电压及电压/频率转换电路的组成及工作原理。
2. 根据实验任务，设计由集成运放实现电压/电流、电流/电压及电压/频率转换电路的参数。
3. 了解电压/频率转换电路的组成。

四、实验原理

在日常的电信电路中，当需要长距离传送模拟电压信号时，由于通常存在信号源内阻、传送电缆电阻以及接收信号端的输入阻抗变化等，它们对于信号源电压的分压效应会使接收信号端的电压误差增大。为了高精度地传送电压信号，通常将电压信号先转换为电流信号，即转换为恒流源进行传送，由于此时电路中传送的电流相等，故不会在线路阻抗上产生误差电压。这种转换电路有反相型和同相型两种。

1. 反相型电压/电流转换电路

反相型电压/电流转换电路如图 3-72 所示，其工作原理：待转换的信号电压 u_i 经过电阻 R_1 接到集成运放的反相输入端，RP_L（包括传输电缆电阻）接在集成运放的输出端与反相端之间，由于集成运放的反相输入端存在"虚地"以及净输入端存在"虚断"，所以 $i_L = i_1 = u_i/R_1$，由此可见，负载 RP_L 上的电流 i_L 正比于输入电压 u_i，实现了电压/电流的转换。

反相型电压/电流转换电路的转换特性如图 3-73 所示，这种转换电路要实现线性电压/电流转换，必须满足：$i_L \leqslant I_{om}$ 和 $u_o = i_L RP_L \leqslant U_{om}$ 以及 $u_i \leqslant \dfrac{U_{om}R_1}{RP_L}$ 这 3 个条件，其中 U_{om} 为集成运放输出的饱和电压。

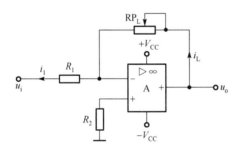
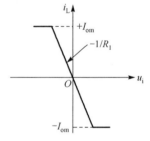

图 3-72　反相型电压/电流转换电路　　　　图 3-73　反相型电压/电流转换电路的转换特性

2. 同相型电压/电流转换电路

同相型电压/电流转换电路如图 3-74 所示。由"虚断"和"虚短"原理可得 $i_L = u_i/R$，负载电流的大小由信号电压 u_i 和 R 的值决定，与负载电阻（一定范围内）的变化无关，i_L 正比于 u_i，实现了电压/电流的转换。

同相型电压/电流转换电路的转换特性如图 3-75 所示，实现电压/电流的线性转换，必须满足：$i_L \leqslant I_{om}$ 和 $u_o = i_L(RP_L+R) \leqslant U_{om}$ 以及 $u_i \leqslant \dfrac{U_{om}R}{RP_L + R}$ 这 3 个条件，其中 U_{om} 为集成运放输出的饱和电压。

3. 电流/电压转换电路

前面介绍的是由电压信号转换为电流信号的电路，在实际的应用电路中，还需要将电流信号转换成电压信号的电路，有时也称作电流/电压转换电路。在使用电流转换型传感器（如硅光电池）的场合，将传感器输出的电流信号转换成电压信号来处理更为方便可靠。电流/电压转换电路如图 3-76 所示。在该电路中，根据集成运放"虚断"和"虚短"原理可知：$u_o = R_F i_F = i_i R_F$，u_o 正比于信号输出电流 i_i，当需要将微小的电流（如 μA 级）转换为电压时，必须选用具有较小输入偏置电流、极小输入失调电流及极高输入阻抗的集成运放（如 MOSFET 输入型的集成运放），同时，在实际电路装配中，必须采取措施，尽量减小集成运放输入端的漏电流，必要时采用防干扰措施。

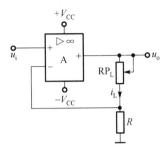 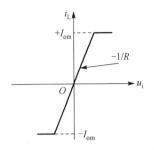

图 3-74 同相型电压/电流转换电路　　　　图 3-75 同相型电压/电流转换电路的转换特性

4．电压/频率转换电路

电压/频率转换电路如图 3-77 所示，这是由比较器和积分器组成的振荡电路。不难看出，此电路实际上是在方波、三角波发生器电路上改动而来的，改动之处是将原来的积分电阻用二极管反接代替，并在积分器输入端增加一条串联电阻的信号输入端，通过该输入信号电压值的大小来改变输出信号的频率，从而将电压参量转换成频率参量。

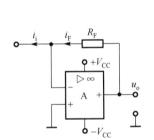 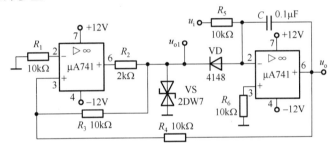

图 3-76 电流/电压转换电路　　　　图 3-77 电压/频率转换电路

五、实验任务

1．设计一个由 μA741 等组成的反相型电压/电流转换实验电路，要求电源电压为±12V，转换电流 $i_L \leq 3mA$。设计、计算、选择器件型号和参数，画出完整、正确的实验电路。

2．设计一个由 μA741 等组成的同相型电压/电流转换实验电路，要求电源电压为±12V，转换电流 $i_L \leq 3mA$。设计、计算、选择器件型号和参数，画出完整、正确的实验电路。

3．设计一个由 μA741 等组成的电流/电压转换实验电路，要求电源电压为±12V，转换电压 $u_o \leq 5V$。设计、计算、选择器件型号和参数，画出完整、正确的实验电路。

4．设计一个由 μA741 等组成的电压/频率转换实验电路，要求电源电压为±12V，输出频率 $f \geq 200Hz$。设计、计算、选择器件型号和参数，画出完整、正确的实验电路。

六、实验内容及步骤

1．根据图 3-72 所示的电路，结合实验任务完成反相型电压/电流转换电路的设计，选取合适的电路参数，进行电路的组装和故障排除，完成表 3-42 实验数据测试、记录与计算。

2．正确组装图 3-78 所示的同相型电压/电流转换实验电路，并排除实验故障，完成表 3-42 实验数据测试、记录与计算。

表 3-42　电压/电流转换电路实验数据记录表

序号	输入电压/V	负载电阻 R_L/Ω	反相型电压/电流转换电路		同相型电压/电流转换电路	
			i_L 测量值/mA	i_L 计算值/mA	i_L 测量值/mA	i_L 计算值/mA
1		510				
2	0.5	2k				
3		10k				
4		20k				
5		510				
6	1.0	2k				
7		10k				
8		510				
9	2.0	2k				
10		5.1k				

3. 根据图 3-76 所示的电路，结合实验任务完成电流/电压转换电路的设计，选取合适的电路参数，使用 Multisim 仿真软件进行电路的组装和故障排除。输入正弦电流信号，改变其频率与幅值，观察输出电压的变化。

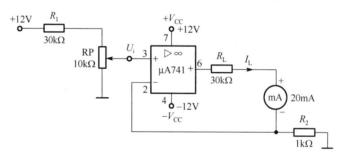

图 3-78　同相型电压/电流转换实验电路

试将图 3-76 所示电路中的反馈电路 R_F 用 T 形网络代替，在同等条件下，观察输出电压的变化，对比分析两种电路的优缺点。

*4. 按照图 3-77 所示的电路，正确组装连接电压/频率转换电路，排除实验故障，并按表 3-43 的内容，测量并记录该电路的电压/频率转换关系。

表 3-43　电压/频率转换电路实验数据记录表

输入电压	u_i/V	1	2	3	4	5	6
输出信号 u_o	T/ms						
	f/Hz						

七、实验注意事项

1. 使用集成运放时，注意其引脚的排放，切勿将正负直流电源的极性接反。
2. 在电流/电压转换电路的调试过程中，切勿将集成运放的输出端短路。
3. 在电压/电流转换电路的调试过程中，输入电流幅值的级别在毫安级及以下。

4．在电压/频率转换电路的搭建过程中，注意二极管的极性，切勿接反。

5．在电压/频率转换电路的调试过程中，切勿将集成运放的输出端短路。

八、思考题

1．在设计用集成运放组成的电压/电流转换电路时要特别注意哪些问题？

2．在图 3-78 所示的同相型电压/电流转换实验电路中，若 $U_{om} = 12V$，$R_1 = 1k\Omega$，U_i 分别为 1V 和 2V 时，负载电阻 R_L 的最大值 R_{Lm} 等于多少？

3．在图 3-78 所示的同相型电压/电流转换实验电路中，$U_i = 2V$，$R_L = 5.1k\Omega$，实测 I_L 误差较大，为什么？

九、实验报告要求

1．明确实验目的。

2．指明所用仪器的名称、型号及功能和特点等。

3．画出完整、正确的实验电路。

4．简述实验原理。

5．完成实验数据的整理和处理。

6．解答思考题。

7．写出实验总结及其他。

3.15 集成多功能信号发生器

一、实验目的

1．熟悉集成多功能信号发生器的功能和特点。

2．熟练应用集成多功能信号发生器设计电路。

3．掌握集成多功能信号发生器的应用和波形参数的测试方法。

二、实验仪器及元器件

根据本实验所用到的仪器及元器件，将实验仪器及元器件的名称、型号、主要功能填写在表 3-44 中。

表 3-44 实验仪器及元器件

序 号	仪器及元器件名称	型 号	主 要 功 能
1			
2			
3			
4			

三、预习要求

1．了解集成多功能信号发生器 ICL8038 的内部电路组成及引脚功能。

2．了解集成多功能信号发生器 ICL8038 的应用及外部电路。

3．了解集成多功能信号发生器的波形调试原理和方法，完成预习报告的写作。

四、实验原理

ICL8038 型和 5G8038 型集成多功能信号发生器都是可同时产生方波、三角波和正弦波信号的专用集成电路，通过外部电路的控制，还能获得占空比可调的矩形波和锯齿波，因此广泛应用于仪器仪表和科研教学等领域。它是一种数字与模拟兼容的集成多功能信号发生器，具有如下优良性能：工作频率可在几赫兹至几百千赫兹之间调节；输出三角波线性度小于 0.1%；正弦波输出的失真小于 1%；矩形波占空比可在 1%～99%范围内调节，输出电压可从 5.2V 到 28V；外接元器件少，引出比较灵活，适应性强；既可采用双电源供电，又可采用单电源供电，因而使用十分方便。下面简要介绍其电路结构和原理以及应用电路。

1. ICL8038 的电路组成及基本工作原理

ICL8038 的原理结构框图如图 3-79 所示，由图可见，它由恒流源 I_1 和 I_2、电压比较器 A_1 和 A_2、触发器、缓冲器、电压跟随器和正弦波变换器等组成。电压比较器 A_1、A_2 的阈值电压分别为 $2/3V_{CC}$ 和 $1/3V_{CC}$。外接电容由两个恒流源充电和放电。恒流源 I_1 和 I_2 的大小可通过外接电阻调节，但必须满足 $I_2>I_1$。当触发器 Q 端输出为低电平时，控制电子开关 K 使得恒流源 I_2 断开，恒流源 I_1 给电容充电，其两端的电压 V_C 随时间线性上升，当 V_C 达到电源电压的 2/3 时，电压比较器 A_1 的输出电压发生跳变，使触发器输出由低电平变为高电平，恒流源 I_2 接通 S 端，由于 $I_2>I_1$，若 $I_2 = 2I_1$，恒流源 I_2 将电流 $2I_1$ 加到电容上反充电，相当于由一个静电流源 I_1 放电，放电电流 $= I_2−I_1 = 2I_1−I_1 = I_1$，电容两端的电压 V_C 又成线性下降，当它下降到电源电压的 1/3 时，电压比较器 A_2 的输出电压发生跳变，使触发器的输出端由高电平跳变为原来的低电平，从而使恒流源 I_2 断开，I_1 再给电容充电，如此周而复

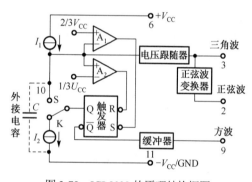

图 3-79　ICL8038 的原理结构框图

始，产生振荡。此时因为 $I_2 = 2I_1$，使得电容的充、放电电流相等，从而形成充、放电时间相等，触发器输出方波经反相缓冲器整形缓冲后在 9 引脚输出方波。电容的充、放电电流都是恒流源，且充、放电时间相等，所以电容两端形成的三角波经电压跟随器整形后在 3 引脚输出三角波，而线性三角波通过一个由电阻和晶体管等组成的正弦波变换器即可在 2 引脚输出正弦波。若通过外接电阻改变恒流源 I_2 和 I_1 的比值，使得 $I_2/I_1 \neq 2$（但必须小于 2 或者大于 2），则在相应端可得到占空比不同的矩形波和锯齿波，但此时不能获得正弦波。

2. ICL8038 引脚号及功能图

ICL8038 引脚号及功能图如图 3-80 所示，该功能信号发生器的 1 引脚和 12 引脚为外接正弦波失真度调整器件；2、3、9 引脚分别为正弦波和三角波及方波输出端；4 引脚和 5 引脚为占空比调整端；6 引脚和 11 引脚为电源端，单电源 10～30V 或双电源±5V～±15V；7 引脚为调频偏置电压端；8 引脚为调频电压端；10 引脚为外接电容端。

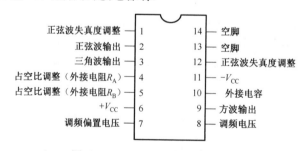

图 3-80　ICL8038 引脚号及功能图

3. 由 ICL8038 组成的多功能常用波形发生器

如图 3-81 所示为由 ICL8038 组成的多功能常用波形发生器实验电路，4 引脚和 5 引脚外接电阻 R_A 和 R_B，并用一个 1kΩ 电位器 RP$_1$ 做微调，可使方波占空比为 50%，并能改变振荡频率。若把 RP$_1$ 改为 10kΩ，则其最高频率与最低频率之比可达 100∶1。电位器 RP$_2$、RP$_3$ 和电阻 R_1、R_2 用以调节正弦波的失真度。电阻 R_L 作为负载。此时，ICL8038 的 9 引脚、3 引脚和 2 引脚上分别输出方波、三角波和正弦波，波形的振荡频率：$f = \dfrac{1}{3R_A C}$。

若要产生不对称的矩形波和锯齿波，可将电位器 RP$_1$ 的阻值增大，R_A 和 R_B 的值减小，调节 RP$_1$ 即可改变占空比，获得所需的波形。

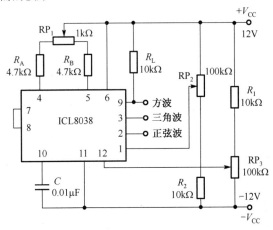

图 3-81 由 ICL8038 组成的多功能常用波形发生器实验电路

4. 由 ICL8038 构成的压控多功能信号发生器

图 3-82 所示为由 ICL8038 组成的压控多功能信号发生器实验电路，它能产生频率受 8 引脚外加电压控制的方波、三角波和正弦波。调节电位器 RP$_2$，可使振荡频率在 90Hz～5.37kHz 范围内变化。调节电位器 RP$_1$ 能使 ICL8038 的 9 引脚和 3 引脚分别输出方波和三角波。二极管的作用是：即使 8 引脚的电位达到最高值，仍保证 R_A 和 R_B 上有几百毫伏的压降，以保证电路正常工作。电位器 RP$_3$ 的作用是调节改善正弦波的非线性失真，使失真达到最小。若在 ICL8038 的 8 引脚改接直流缓变信号（如锯齿波），则该电路将成为调频信号发生器。若在 ICL8038 的 5 引脚与负电源之间加接一个 15MΩ 的电位器，则能调节和改善低频对称性。

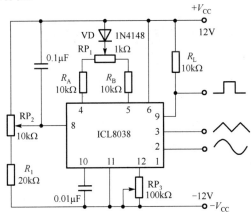

图 3-82 由 ICL8038 组成的压控多功能信号发生器实验电路

五、实验内容

1．按图 3-81 所示的电路正确进行组装和连接。

2．排除实验故障后调节 RP$_1$，使 ICL8038 的 9 引脚输出方波，然后反复调节 RP$_2$、RP$_3$，使 2 引脚输出的正弦波失真最小。

3．测画出 ICL8038 输出的方波、三角波和正弦波，需画上坐标，并标注正负幅值及周期（坐标起点为 0，位置必须对齐）。

4．将 RP$_1$ 改为 10kΩ 电位器，并进行调节，用示波器观察 9 引脚和 3 引脚的输出波形并画出，然后分别测出脉冲波的最大占空比 $D_m = \dfrac{T_{dm}}{T}$ 和最小占空比 $D_{min} = \dfrac{T_{dmin}}{T}$ （脉冲波占空比 $D =$ 脉冲宽度/脉冲周期）。

*5．将图 3-81 所示的由 ICL8038 组成的多功能常用波形发生器实验电路改接成图 3-82 所示的由 ICL8038 组成的压控多功能信号发生器实验电路。

*6．调节电位器 RP$_1$，使 ICL8038 同时输出方波、三角波和正弦波。

*7．调节 RP$_2$，测出上述任何一种波形的最小周期和最大周期，并计算出最大频率、最小频率。

六、思考题

1．如果改变了方波的占空比，使之成为脉冲波，此时，三角波和正弦波输出端将会变成怎样的波形？

2．如果要将图 3-82 所示的由 ICL8038 组成的压控多功能信号发生器的上限、下限振荡频率各扩大至原来的 10 倍，那么最简单有效的方法是什么？

3．查找资料，给出由另一款多功能函数信号发生器芯片构成的多功能函数信号发生器的实验电路。

七、实验报告要求

1．自述实验目的。
2．阐述所用仪器的型号及功能作用等。
3．画出完整、正确、清晰的实验电路，并简述实验原理。
4．整理画出实验内容中要求测画的各种波形。
5．整理实验内容中要求测试的数据项目，并计算出相应的结果。
6．完成思考题的解答，对频率的理论值与实测值进行误差分析，写出实验总结体会。

3.16　集成锁相环的应用

一、实验目的

1．了解集成锁相环的功能特点。
2．理解集成锁相环应用电路的工作原理。
3．掌握集成锁相环实现各种功能电路的测试方法。

二、实验仪器及元器件

根据本实验所用到的仪器及元器件，将实验仪器及元器件的名称、型号、主要功能填写在表 3-45 中。

表 3-45　实验仪器及元器件

序　　号	仪 器 名 称	型　　号	主 要 功 能
1			
2			
3			
4			
5			
6			

三、预习要求

1．预习集成锁相环的作用功能和实验原理。

2．了解实验内容的含义和测试方法。

四、实验原理

LM567 集成电路属于 TTL 锁相环音频解码电路，它主要用于电话拨号和频率解码以及红外线电子防盗报警器等。其主要特点是频率范围宽（0.1Hz～500kHz），中心频率稳定性高，工作电压范围宽（5.75～9V），静态电流为 8mA。该器件为 8 引脚双列直插式塑料封装，LM567 内部框图和外引脚功能如图 3-83 所示。图中的 1 引脚为输出滤波端，该端对地接一只电容，形成输出滤波网络。2 引脚为低通滤波端，该端对地接一滤波电容形成单极低通滤波网络，其所接电容决定锁相环路的捕捉带宽，电容值越大，环路带宽越窄。但值得注意的是，1 引脚所接电容至少是 2 引脚所接电容的两倍，以保证得到稳定的逻辑电平输出。3 引脚是信号的输入端，要求输入信号电压大于 25mV。4 引脚为正电源端。5 引脚、6 引脚称为定时端，分别外接定时电阻和定时电容，以决定集成锁相环内部压控振荡器的中心频率 $f_0 \approx 1/(1.1RC)$，该频率也是集成锁相环捕捉带的中心频率。7 引脚是接地端。8 引脚是逻辑输出端，该端设计成集电极开路输出，实际使用时要接一上拉电阻，最大允许灌电流为 100mA。LM567 的同类型号有 NE567、KA567 等，都可以直接替换使用。利用 LM567 集成锁相环能够构成低频脉冲信号发生电路和低频信号选频电路，下面分别对其电路的工作原理进行分析。

1. 由 LM567 组成的低频脉冲信号发生电路

利用 LM567 集成锁相环的内部可控电流振荡电路，外加少量的电阻、电容和二极管等元器件，就可以构成一个频率可调的方波信号发生电路或占空比可调的脉冲信号发生电路。其频率可调的方波信号发生器如图 3-84 所示，占空比可调的脉冲信号发生电路如图 3-85 所示。

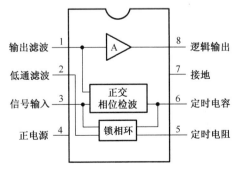

图 3-83　LM567 内部框图和外引脚功能

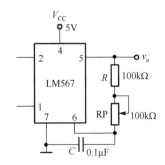

图 3-84　频率可调的方波信号发生电路

当图 3-84 中 LM567 的 5 引脚为高电平时，高电平通过电阻和电位器对电容充电，使集成锁相环的 6 引脚电压上升到 V_H，从而推动集成锁相环内部触发器翻转，使 5 引脚变成低电平，此时，电容通过电阻和电位器放电，使集成锁相环的 6 引脚电压下降到 V_L，内部触发器翻转，使集成锁相环的 5 引脚重新变为高电平，周而复始，在 5 引脚形成方波信号输出，6 引脚形成三角波信号输出。改变电位器的值，就改变了充放电时间，从而实现了频率调节。

在图 3-85 所示的电路中，当集成锁相环的 5 引脚为高电平时，该高电平通过电阻、二极管 VD_2 和电位器右边部分对电容充电（此时 VD_1 反向不通）；当集成锁相环的 6 引脚电压上升到 V_H 时，推动集成锁相环内部触发器翻转，使 5 引脚变成低电平，在这期间，电容通过电位器的左边部分，二极管 VD_1（VD_2 反向不通）和电阻进行放电，使 6 引脚的电压下降到 V_L，这时内部触发器翻转，使 5 引脚重新变为高电平，这样周而复始，形成振荡，由于调节电位器的位置能改变电容的充、放电时间，从而使集成锁相环 5 引脚输出脉宽可调的脉冲波，6 引脚却产生了锯齿波。

2．低频信号选频电路

由于集成锁相环具有一定的捕捉带宽的能力，所以可构成一个在一定频率范围内选择低频信号的电路，简称低频信号选频电路，如图 3-86 所示。该电路的中心振荡频率 f_0 由定时电容 C 和定时电阻（$R+RP$）决定，即 $f_0 \approx 1/[1.1(R+RP)C]$。当被测信号（在 500kHz 以下）经耦合电容 C_1 输入到集成锁相环的 3 引脚时，如果被测信号频率恰好在 LM567 集成锁相环的捕捉带宽内，则集成锁相环的 8 引脚将由原来的高电平变为低电平，发光二极管 LED 点亮，说明输入信号已被集成锁相环选频。如果输入信号不在集成锁相环的捕捉带宽内，则其 8 引脚输出高电平，发光二极管 LED 熄灭，说明输入信号没有被选频，调节电位器 RP 或改变电容 C 后再调节 RP 可改变集成锁相环的中心频率，实现其低频信号选频的功能。

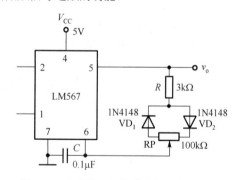

图 3-85　占空比可调的脉冲信号发生电路

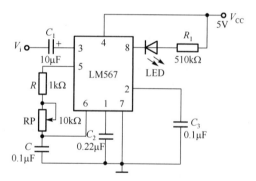

图 3-86　低频信号选频电路

五、实验内容及步骤

1．搭建图 3-84 所示的实验电路进行正确的电路连接与组装。

2．排除实验电路故障，使其产生振荡输出方波。

3．调节电位器 RP，使输出方波周期 $T = 10\text{ms}$，并测画其波形。

4．测出该电路的工作电流 I_e。

5．改变电位器 RP 的值分别测出方波的最大周期 T_m 和最小周期 $T_{\min}$，并计算出相应的频率。

6．搭建图 3-85 所示的实验电路，正确组装并排除故障，使电路振荡工作。

7．调节电位器 RP，用示波器观察输出波形的变化情况，并测画出占空比为 1/4 时的输出波形。

8．分别测出脉冲占空比 $D = T_o / T$ 的最大值 $D_m = T_m / T$ 和最小值 $D_{\min} = T_{\min} / T$。

9．搭建图 3-86 所示的由集成锁相环构成的低频信号选频电路，并进行正确的组装。

10. 排除实验故障，输入幅值为 200mV、频率为 10kHz 的方波信号，调节电位器 RP，使发光二极管 LED 发光且稳定，用双踪示波器观察显示两路信号，可以看到被锁定信号与输入信号的频率相同，并测画出两种信号的波形（指 LM567 的 5 引脚与输入信号波形）。

*11. 集成锁相环捕捉带宽 BW 的测定，捕捉带宽 BW = f_H - f_L，将测试数据记录于表 3-46 中。

测试方法：先将输入信号频率 f 调定在集成锁相环中心振荡频率 f_0 = 1/[1.1(R+RP/2)C]附近，使发光二极管 LED 发光，即称频率锁定或频率入锁，然后，缓慢地向高频和低频调节输入信号频率 f 使之偏离 f_0。当 f 向高偏离 f_0 直到发光二极管熄灭，即称频率失锁，再将 f 缓慢地向低调节，使发光二极管重新发光，此时信号源的频率就是上限频率 f_H；当 f 向低偏离 f_0 直到发光二极管熄灭，再将 f 缓慢地向高调节，使发光二极管重新发光，此时信号源的频率即为下限频率 f_L。

表 3-46　集成锁相环捕捉带宽 BW 的测定　　　　　　　　　单位：kHz

测试内容	输入信号频率												
	8	9	10	12	14	18	20	30	40	50	60	70	80
上限频率 f_H													
下限频率 f_L													
捕捉带宽 BW													

六、思考题

1. 分别估算 3 种实验电路的振荡频率范围、占空比范围、中心振荡频率范围。

2. 若把图 3-85 所示电路中的两只二极管 VD_1 和 VD_2 的极性全部与图中反向连接，则对电路功能有没有影响？脉冲占空比调节范围是否有变化？如果该图中 VD_1 的极性不变，而把 VD_2 的极性与图中反向连接，那么电路能否正常工作？为什么？

3. 在图 3-86 所示的电路中，若把电阻 R_1 的阻值取得很大或很小，则对电路的正常工作产生什么影响？如果该图中 R_1 的阻值不变，而把发光二极管的极性与图中反向连接，其余不变，那么反接后电路能否正常工作？为什么？

七、实验报告要求

1. 明确实验目的。
2. 简述所用仪器的名称、型号及功能特点等。
3. 画出完整、正确的实验电路。
4. 简述实验原理。
5. 整理实验内容和数据，计算其结果。
6. 分别计算图 3-84 所示电路的振荡频率范围和图 3-85 所示电路的脉冲占空比范围，并与实验值比较，分析产生误差的主要原因。
7. 简答思考题。
8. 实验总结及其他。

本 章 小 结

1. 科学合理的实验设计可以使实验达到事半功倍的效果，而严密准确的数据处理则可以帮助研究者从纷乱的数据中找出事物的内在规律。本章采取任务驱动形式，即通过实验任务设置，选定电路的工作组态，然后利用已知条件，分析计算电路中的各个参数，最后通过实验测量验证参数设计的合理性，从而达到理解和掌握基本电子电路分析和设计方法的目的。

2．在模拟电子电路实验中，常用的电子仪器有万用表、直流稳压电源、函数信号发生器、示波器、交流毫伏表等。实验前要先熟悉和掌握各仪器使用说明书中的相关内容，了解实验仪器的主要技术指标和工作原理，理解其面板上各开关、旋钮的作用和使用方法等。

3．学会使用指针式万用表判断二极管和三极管的极性。掌握直流稳压电源的组成及工作原理，学会使用稳压芯片，理解直流稳压电路的性能指标及其测量方法。掌握三极管工作组态（共射极、共基极和共集电极）及其构成放大电路的主要特点和设计方法，理解多级放大电路和差分放大电路的工作特点、性能指标及测量方法。通过实验测量，掌握三极管放大电路和场效应管放大电路之间的异同点。

4．集成运放作为通用性很强的有源器件，它不仅可以用于信号的运算、处理、变换和测量，还可以用来产生正弦或非正弦波信号，它的应用电路品种繁多。在实际应用时，应先了解集成运放的基本特性，然后按照各个工作区域的特点结合实际需求，选取合适的电路结构，分析计算出电路中各个元器件的参数，并通过实验验证，以期达到设计目标。

5．在电子电路设计中要掌握反馈的原理，学会反馈网络的引入方法。在放大电路中，若某项性能指标达不到设计要求，则可以通过引入负反馈改善其性能。在波形产生电路中，引入正反馈使电路满足自激振荡条件，引入负反馈达到稳幅的目的。

6．集成功放的主要任务是进行功率放大，在电路搭建和调试过程中容易产生自激现象，为了减少或消除自激，在电容的选用和电路的布线布局方面要遵从实验要求。在多功能信号产生电路和锁相环电路中，要根据集成芯片手册和相关资料，理解电路的工作原理和性能，从而可设计出符合任务要求的电路。

7．本章的实验内容大部分是模拟电子电路的基本单元电路，掌握该部分的内容为第 4 章综合应用实验打下基础。

思 考 题

1．通过第 2 章的 Multisim 仿真软件的学习和应用分析，结合本章实验电路的调试测量，简要叙述仿真分析和实际搭建电路的区别与联系。

2．如果直流电源的纹波过大，则容易在用电器上产生谐波，而谐波会产生很多危害：降低电源的效率；造成浪涌电压或电流，导致烧毁用电器；干扰数字电路的逻辑关系，影响其正常工作；等等。请结合表 3-9 所示直流电源电路参数测试结果查阅相关资料，谈谈减弱纹波电压的方法。

3．如图 3-20 所示，若要提高该电路的输入电阻，稳定输出电压，应该怎样改进该电路？试通过对电路改进前后的测试，对比分析改进后的效果并说明改进的原因。

4．根据放大电路的性能指标的测试结果，比较三极管放大电路、差分放大电路和场效管放大电路三者的异同之处。

5．集成运放工作在线性区和非线性区的应用电路结构有何区别，请结合 3.7 节、3.8 节和 3.11 节中的实验电路进行总结分析。

6．在集成功放中，如何减弱或消除自激，请结合图 3-50 或图 3-51 所示的电路进行说明。

7．根据集成锁相环的工作原理和主要作用，查找资料，给出由另一款（不同于 LM567）集成锁相环芯片及其应用的实验电路。

8．结合第 2 章的 Multisim 仿真软件的仿真分析，谈谈实验的收获和体会。

第4章 线性电子电路的综合应用

本章在基础性实验的基础上，设置了 12 个提高性的综合应用实验。目的是通过相关实验，提高学习者独立分析与解决实际电路中复杂问题的能力，充分发挥学习者的主体作用，培养学习者的创新能力和科研意识。本章主要探讨的内容如下。

- 集成开关稳压电源的应用与研究、数控直流稳压电路的设计与实现
- 基于开关电源芯片的应用——手机充电器
- 音响放大器的设计与调测
- 基于集成运放的模拟混沌信号发生器的设计与实现
- 基于数模结合的多功能彩灯及多功能波形产生电路
- 基于传感器的报警与测距电路
- 忆阻器模型的等效电路及其常用电路的设计

4.1　集成开关稳压电源的应用与研究

一、实验目的

1. 了解集成开关稳压电源的主要性能和特点。
2. 学习和领会集成开关稳压电源的具体应用。
3. 掌握集成开关稳压电源的设计方法。

二、实验仪器及元器件

根据本实验所用到的仪器及元器件，将实验仪器及主要元器件的名称、型号、主要功能填写在表 4-1 中。

表 4-1　实验仪器及元器件

序　号	仪器及元器件名称	型　号	主 要 功 能
1			
2			
3			
4			
5			
6			

三、预习要求

1. 预习开关电源的实验原理。
2. 领会实验内容的各项含义和测试方法。
3. 根据开关电源输出的电压值和图中标记的额定电流值，计算确定两负载电阻的阻值和功率。

四、实验原理

普通线性直流稳压电源存在体积大、质量重、效率低、稳压范围不大等缺点，在不少场合不能满足电子系统的需要。集成开关稳压电源的主要特点是功耗小、效率高、稳压范围宽、工作可靠，在无工频变压器的开关电源中实现了体积小、质量轻。其主要缺点是纹波和噪声电压较大。

开关稳压电源的种类有很多，分类方法和工作方式也有多种。下面主要结合几种实用电路分析、讨论其原理。

1. L4960 集成开关电源

（1）L4960 的结构与原理。

L4960 属于单片开关式集成稳压器，它的引脚排列如图 4-1 所示，图中的短脚为前排，长脚为后排。1 引脚为直流电压输入端；2 引脚为反馈端，通过取样电阻，可将输出电压的一部分反馈到误差放大器；3 引脚为补偿端，也是误差放大器的输出端，其作用是利用外部阻容元件对误差放大器进行频率补偿；4 引脚为接地端；5 引脚外接定时电容和定时电阻，以决定开关频率；6 引脚为软启动端，外接软启动电容，对芯片起到保护作用；7 引脚为稳压器的输出端，需外接储能电感和滤波电容等。

L4960 的原理框图如图 4-2 所示，主要包括 6 部分：5.1V 基准电压源和误差放大器；锯齿波发生器；PWM 比较器和功率输出器；软启动电路（6 引脚）；限流比较器；芯片过热保护电路。

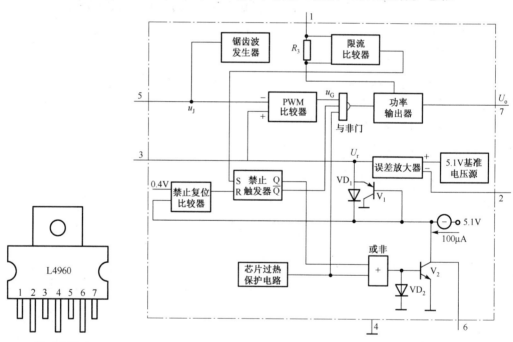

图 4-1 L4960 的引脚排列　　　　　　　图 4-2 L4960 的原理框图

L4960 的基本工作过程是：7 引脚输出电压 U_o 经外接取样电阻取样后，送至误差放大器的反相输入端，与加在同相输入端的 5.1V 基准电压进行比较，得到误差电压 U_r，再用 U_r 的幅值去控制 PWM 比较器输出的脉冲宽度，最后经过功率放大和降压式输出电路（即功率输出器），使 U_o 保持不变。

设脉冲周期为 T，高电平持续时间为 T_m，则占空比为 $D=(T_m/T)\times100\%$。再设电源效率为 η，输入电源电压为 U_i，则开关功率管输出的脉冲幅值 $U_m=\eta U_i$。最后的输出电压 $U_o=\eta D U_i$，此式表明，当 ηU_i 一定时，只要改变占空比 D，就能调节输出电压 U_o 的值。

自动稳压过程的波形如图 4-3 所示，图中，u_J 表示锯齿波发生器的输出波形，U_r 是误差电压，u_G 代表 PWM 比较器输出的波形。在正常工作情况下（如没有出现过流或过热保护），经 3 引脚与非门后功率输出器的电压 U_o 为 u_G 的平均值。从图 4-2 所示的 L4960 原理框图中不难看出，当 U_o 下降时，$U_r\uparrow \rightarrow D\uparrow \rightarrow U_o\uparrow$；反之，若 U_o 由于某种原因而升高，则 $U_r\downarrow \rightarrow D\downarrow \rightarrow U_o\downarrow$，从而实现了自动稳压。

（2）L4960 的应用电路。

L4960 的典型应用电路如图 4-4 所示，工频电源 220V 电压经过变压器降压，再通过桥式整流和滤波，得到直流电压 V_i，作为 L4960

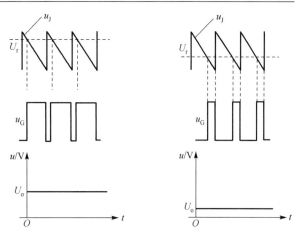

图 4-3　自动稳压过程的波形

的输入电压。当输出电压直接与 2 引脚接通形成闭环时，稳压值 $V_o\approx 5V$。当输出电压经过取样电阻接 2 引脚而形成闭环时，$V_o = 5.1\left(1+\dfrac{RP}{R_3}\right)$。$C_3$ 为高频补偿电容，和 R_1、C_2 共同组成频率补偿电路；R_2、C_4 组成定时电路，决定开关频率；C_5 为软启动电容；VD_5 为续流二极管，可选用超速恢复二极管或肖特基二极管；L 为储能电感，其电感量的大小会影响效率 η 和纹波等，电感量大，效率高，但输出额定电流小，纹波也高；C_6、C_7 为输出滤波电容，因为电容的等效电感会与储能电感串联，从而影响储能电感的正常工作，故选用两只电容并联，能使等效电感显著降低。该电路自动稳压过程的波形如图 4-3 所示。

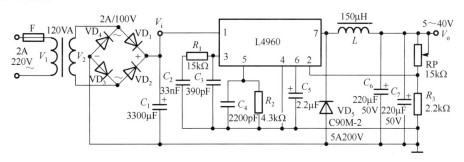

图 4-4　L4960 的典型应用电路

2. MAX639 集成开关电源

（1）MAX639 集成开关电源的功能特点。

MAX639 是低耗电流、高效率的 CMOS 降压型集成开关稳压器，特别适用于电池工作电路的电源。其输出最大电流为 225mA，但输出电流为 10～100mA 时，其特性最佳。输出电压有 5V 固定型和可调型两种，输出电压可调时可由外接电阻进行设定，可调范围为 1.3～11V。工作输入电压范围对于 5V 输出时为 $5.5V\leqslant V_i\leqslant 11.5V$，可调输出时 $V_i\geqslant 4V$。其最适合把 6～9V 的供电电池变成 5V 电源的稳压器，本身消耗电流最大只有 20μA。

（2）MAX639 的引脚及功能。

MAX639 采用 8 引脚 DIP/SO 封装，其 MAX639 的引脚图如图 4-5 所示，1 引脚为稳压输出端；2 引脚为低电压监视比较器输出端；3 引脚为低电压监视比较器输入端，用于检测电池电压下降后的低电压；4 引脚为接地端；5 引脚为外接储能电感和续流二极管的端口；6 引脚为电源输入端；7 引脚为取样输入端，用于调节输出电压值；8 引脚为短路保护输入端，当该引脚为低电位时，稳压器被关闭，当不使用关闭功能时，8 引脚接 V_i。

（3）MAX639 的内部等效电路。

MAX639 的内部等效电路框图如图 4-6 所示。

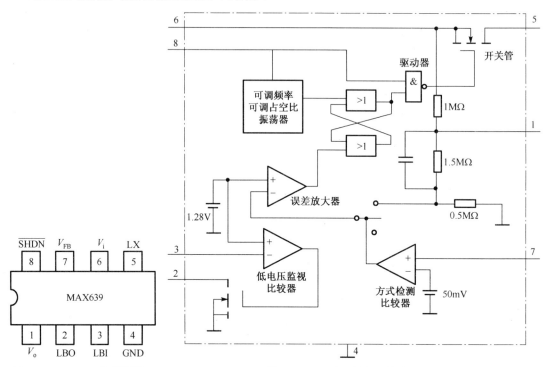

图 4-5　MAX639 的引脚图　　　　　　　图 4-6　MAX639 的内部等效电路框图

（4）MAX639 集成开关电源实验电路及其工作原理。

MAX639 集成开关电源实验电路如图 4-7 所示，下面着重分析其电路工作原理。由 MAX639 的内部等效电路框图可知，它主要由开关管、误差放大器、可调频率可调占空比振荡器、驱动器、方式检测比较器、低电压监视比较器等部分组成。应用时，需要外接线圈电感、二极管和输入及输出电容。本电路采用脉冲调制方式控制开关的占空比，从而实现开关稳压的目的。

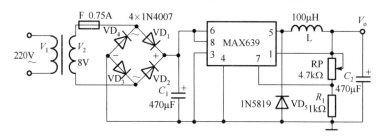

图 4-7　MAX639 集成开关电源实验电路

误差放大器监视稳压器输出电压 V_o，当输出电压 V_o 高于设定电压时，开关管（FET）和内部振荡器保持截止状态。当输出电压 V_o 低于设定电压时，振荡器起振，FET 导通。MAX639 的输出电压由片内电阻设定，即 $V_o = 5V \times (1 \pm 4\%)$，此时，7 引脚接地。当用外接电阻 R_1 和电位器 RP 设定和调节输出电压时，R_1 和 RP 对 V_o 进行分压，其分得的电压加到 V_{FB}（7 引脚），则输出电压 $V_o = 1.28 \left(1 + \dfrac{RP}{R_1}\right)$。

MAX639 的外接线圈的电感值应满足 $L(\mathrm{H}) \leqslant 50 \times 10^{-6}/I_{\mathrm{peak}}$，$I_{\mathrm{peak}}$ 为电感线圈的峰值电流，等于 4 倍最大输出电流，电感线圈的饱和电流必须大于 5 倍以上的输出设定工作电流。

3．用 555 集成定时器制作开关稳压电源

555 集成定时器（又称时基集成电路）是一个模拟与数字混合集成电路，按其工艺可分为双极型和 CMOS 型两类，分别对应的型号有 NE555 和 CC7555 等，两类定时器的引脚功能和电路框图均相同。CC7555 的引脚图如图 4-8 所示。1 引脚为接地端；6 引脚、2 引脚分别为正负触发端；3 引脚为输出端；4 引脚为复位端；5 引脚为外接电容滤波或者外接电压控制端；7 引脚为放电控制输出端；8 引脚为正电源端。555 的内部电路框图如图 4-9 所示，该定时器主要由电压比较器、分压器、基本 RS 触发器、放电开关管 VT 和输出缓冲级等五部分电路组成。

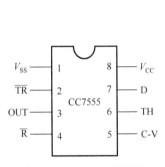

图 4-8　CC7555 引脚图

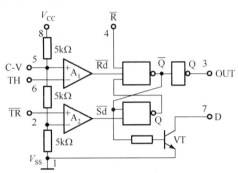

图 4-9　555 的内部电路框图

根据 555 的电路框图和工作原理，可知其基本功能，如表 4-2 所示。

表 4-2　555 功能表

$\overline{R}$	TH	$\overline{TR}$	Q^{n+1}	VT	功能
0	×	×	0	导通	直接复位
1	$> 2/3\,V_{\mathrm{CC}}$	$> 1/3\,V_{\mathrm{CC}}$	0	导通	置0
1	$< 2/3\,V_{\mathrm{CC}}$	$< 1/3\,V_{\mathrm{CC}}$	1	导通	置1
1	$< 2/3\,V_{\mathrm{CC}}$	$> 1/3\,V_{\mathrm{CC}}$	Q^n	不变	保持

用 555 制作开关电源具有低成本、实用和高效等优点。下面介绍两种实验电路。

（1）用 555 制作的直流降压式开关电源。

用 555 制作的直流降压式开关电源的实验电路如图 4-10 所示，由于 555 的工作电源为 4.5～18V，所以电压值应该满足 4.5～18V 的要求。本开关电源的输出电压 V_{o} 为 ±3～±18V。具体工作原理为：由 555 组成振荡器，R_1 和 C_2 组成定时电路，振荡条件 $f = 1/1.4R_1C_2$；7 引脚输出方波驱动三极管 VT_1 工作，一路经储能电感 L 和滤波电容 C_5 输出稳定的直流电压 $+V_{\mathrm{o}}$，另一路经由 C_3、C_4、VD_6、VD_7 组成的极性转换电路输出对应的负电压 $-V_{\mathrm{o}}$。当输出电压的绝对值 $|\pm V_{\mathrm{o}}|$ 增加时，稳压管 VS 导通，三极管 VT_2 集电极输出低电平加至 555 的复位端 4 引脚，555 停振，使三极管 VT_1 截止，输出电压的绝对值 $|\pm V_{\mathrm{o}}|$ 下降，反之，则 $|\pm V_{\mathrm{o}}|$ 上升，这样就形成了电压调整稳压过程。此双极性稳压开关电源的工作效率可达 85% 以上。

（2）用 555 制作的直流升压式开关电源。

用 555 制作的直流升压式开关电源的实验电路如图 4-11 所示。其工作原理与图 4-10 所示的电路基本相同。输入电压 V_{i} 在振荡器的调制下在电感线圈 L 上产生一个振荡电压，一路经 VT_1、VD_5 以及 C_5 整流滤波后输出 $+V_{\mathrm{o}}$；另一路经由 C_3、C_4、VD_6、VD_7 组成的极性转换电路输出对应的负电压 $-V_{\mathrm{o}}$，两路输出电压稳定且可调，既可高于 V_i，又可低于 V_i。如 V_i =4～18V，而 V_o 为±3～±30V。其稳压范围很宽。

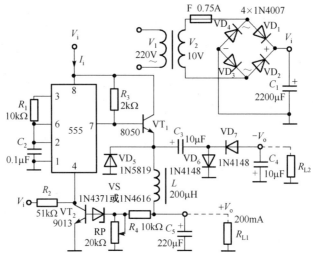

图 4-10　用 555 制作的直流降压式开关电源的实验电路

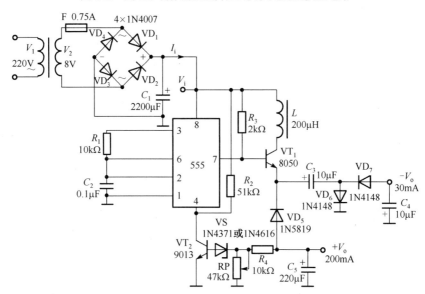

图 4-11　用 555 制作的直流升压式开关电源的实验电路

五、实验内容

1．按图 4-10 所示的电路正确组装与连接。

2．经检查组装连接无误后，通电调试并进行故障排除（若存在故障），无故障后调节 RP 使两组输出电压为±6V。

3．自选相应的负载电阻，电阻阻值不能太小，以防超出额定电流，电阻的功率也应满足要求，加到相应的输出端，并记录负载电阻：R_{L1}=____Ω；R_{L2}=____Ω，然后将测试数据记录于表 4-3 中，并计算出相应的稳压系数和输出电阻 r_o 以及效率 η。即

$$S_r = \frac{\Delta V_o / V_o}{\Delta V_i / V_i}\bigg|_{R_L=C} \times 100\%；\qquad r_o = \frac{\Delta V_o}{\Delta I_o}\bigg|_{V_i=C} \times 100\%；$$

$V_2 = 9V$ 时，　$\eta = \dfrac{P_o}{P_i} \times 100\% = \dfrac{|+V_{oL}| \times |+I_L| + |-V_{oL}| \times |-I_L|}{V_i \times I_L} \times 100\%$

表 4-3　直流降压式开关电源实验记录表

测试内容	V_i /V	$+V_o$ /V	$+V_{oL}$ /V	V_i 纹波 /mV	$+V_{oL}$ 纹波/mV	$-V_{oL}$ 纹波/mV	$-V_{oL}$ /V	$+I_L$ /mA	$-I_L$ /mA	I_i /mA
V_2=10V										
V_2=9V										
V_2=8V										
*其他情况										

*4. 将图 4-10 所示的电路改接成图 4-11 所示的电路，选取相应的负载电阻，并记录负载电阻：R_{L1}=＿＿＿Ω；R_{L2}=＿＿＿Ω，然后完成表 4-4 中的测量内容，并计算出 r_o、S_r 和 η。即

$$r_o = \dfrac{\Delta V_o}{\Delta I_o}\bigg|_{V_i=C} \;;\quad S_r = \dfrac{\Delta V_o/V_{oL}}{\Delta V_i/V_i}\bigg|_{R_L=C} \times 100\% \;;\quad \eta = \dfrac{P_o}{P_i}$$

表 4-4　直流升压式开关电源实验记录表

测试内容	V_i /V	$+V_o$ /V	$+V_{oL}$ /V	$-V_o$ /V	$-V_{oL}$ /V	$+I_L$ /mA	$-I_L$ /mA	V_i 纹波/mV	$+V_{oL}$ 纹波/mV	$-V_{oL}$ 纹波/mV	I_i /mA
V_2=9V											
V_2=8V											
V_2=10V											
V_2=6V											

5. 分析所做实验的开关电源性能指标和特点（课后）。

*6. 选做其他集成开关电源实验。

六、思考题

1. 开关电源为什么会有效率高和稳压范围大的优点？

2. 开关电源对电路中的元器件有何特殊要求？应如何选用？

3. 比较如图 4-4、图 4-7、图 4-10 与图 4-11 所示的电路，说明各电路的特点。

七、实验报告要求

1. 明确实验目的。

2. 简述所用仪器名称和型号以及功能。

3. 画出完整、正确的实验电路。

4. 简述实验原理。

5. 完成实验数据的整理和处理。

6. 解答思考题。

7. 实验总结及其他。

4.2　数控直流稳压电路的设计与实现

电源技术尤其是数控电源技术是一门实践性很强的工程技术，它服务于各行各业。当今电源技

术融合了电气、电子、系统集成、控制理论、材料等诸多学科领域。随着计算机和通信技术发展而带来的现代技术革命，给电子技术提供了广阔的发展前景，同时也给电源提出了更高的要求。传统的直流稳压电源通常采用电位器和波段开关来实现电压的调节，并由电压表指示电压值的大小。因此，电压的调整精度不高，读数欠直观，电位器也易磨损。数控直流稳压电路能较好地解决传统稳压电源的不足。

一、实验目的

1. 掌握数控直流稳压电路的组成与功能特点。
2. 学习数控直流稳压电路的设计方法。
3. 掌握数控直流稳压电路的功能和技术指标的调测。

二、实验任务

设计并制作有一定输出电压调节范围和功能的数控直流稳压电路，实现输出电压在电源量程范围内步进可调，精度要求高。同时要具备输出、过压过流保护及数组存储与预置等功能，具体要求如下。

1. 输出直流电压调节范围为 0～10V，纹波小于 20mV，输出稳定。
2. 输出电流为 0～500mA。
3. 输出直流电压能步进调节，步进值为 0.1V，电压分辨率为 0.02V。
4. 由 "+" "–" 两个按键控制输出电压步进值的增或减。
5. 用数码管或液晶显示输出电压值。

扩展要求如下。

1. 自动扫描输出电压。
2. 输出三角波等电压种类。
3. 输出电压可预置在 0～10V 之间的任意值。

三、实验要求

1. 电路与参数设计要求

（1）参考有关资料，根据要求提出实验方案和完成实验电路设计并画出完整的电路图。

（2）完成电路原理图中电子元器件及参数的设计与选择。

2. 制作要求

印制或搭建焊接硬件电路，解决所出现的问题，排除实验故障，完成电路功能与技术指标的调测。

3. 报告写作要求

（1）画出实验电路原理框图和完整、正确的实验电路原理图，并阐述其电路工作原理。

（2）阐述电路搭建、焊接、组装和调测要点及解决的主要问题等。

（3）完成实验结果的整理分析与总结。

四、设计原理及电路组成

直流稳压电源的框图如图 4-12 所示。数控电源与传统的直流稳压电源的区别是稳压电路部分。

数控直流稳压电路系统由硬件和软件两大部分组成。硬件部分主要完成数字显示、输出信号采集、数控电源的调节，其由 A/D 和 D/A 转换等电路组成，数控电源的系统图如图 4-13 所示。软件主要完成信号的扫描和处理、芯片的驱动和输出控制、调节等功能，通过调节 "+" "–" 两个按键可控制输出电压的升降。该系统可以采用电压、电流反馈控制双闭环控制电路，一方面在可实现反馈稳定电压、电流的同时，进行过流保护；另一方面将输出电压、电流通过数码管或液晶显示。

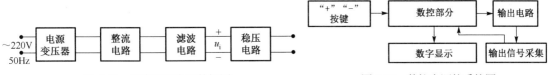

图 4-12　直流稳压电源的框图　　　　　　　　　　图 4-13　数控电源的系统图

由以上分析可知，与普通的直流稳压电源相比，数控电源采用数字控制，具有以下明显的优点。

（1）易于采用先进的控制方法和智能控制策略，使电源模块的智能化程度更高，性能更完美。

（2）控制灵活，系统升级方便，甚至可以在线修改控制算法，而不必改动硬件线路。

（3）控制系统的可靠性高，易于标准化，可以针对不同的系统（或不同型号的产品），采用统一的控制板，并且只是对控制软件做一些调整即可实现。

4.3　采用 TNY264P 集成电路设计的手机充电器

任何电子设备都离不开可靠的电源。随着电子技术的高速发展，对电源的要求也越来越高。电子设备的小型化和低成本化使电源以轻、薄、小和高效率为发展方向。集成开关稳压电源采用功率半导体器件作为开关，通过控制开关的占空比调整输出电压。这样可以降低功耗，大大提高电源效率。由于其功耗小，散热器也小。集成开关稳压电源直接对电网电压进行整流、滤波和调整，然后由调整管进行稳压，不需要电源变压器，开关频率为几十到几百千赫，电容和电感的数值较小，这样该电源具有质量轻、体积小的优点。此外，该电源对电网电压有很强的适应能力。采用 TNY264P 开关电源集成电路设计的手机充电器具有很强的实用性。

一、实验目的

1. 掌握 TNY264P 集成电路的组成与功能特点。

2. 学习采用 TNY264P 集成电路设计一个手机充电器。

3. 掌握采用 TNY264P 集成电路设计的手机充电器的功能和技术指标调测。

二、实验任务

设计制作一台采用 TNY264P 集成电路设计的手机充电器，其功能和技术指标要求如下。

1. 电源输入电压为 98～250V AC。

2. 电源效率≥70%。

3. 最大充电电流为 650mA。

4. 充电电压为 5.2V。

5. 输出总功率为 3.4W。

三、实验要求

1. 电路与参数设计要求

（1）参考有关资料，根据要求提出实验方案和完成实验电路设计并画出完整的电路图。

（2）完成电路原理图中电子元器件及参数的设计与选择。

（3）对所设计的电路进行软件仿真分析。

2．制作要求

（1）画出硬件电路的 PCB 版图，并制作电路的 PCB。

（2）焊接元器件，完成硬件电路制作。

（3）解决所出现的问题，排除电路故障，完成电路功能与技术指标的调测。

3．报告写作要求

（1）画出实验电路原理框图和完整、正确的实验电路原理图，并阐述其电路工作原理。

（2）阐述电路搭建、焊接、组装和调测要点及解决的主要问题等。

（3）对比仿真分析与硬件电路的调试结果，分析电路中误差产生的原因及改进措施。

（4）完成实验结果的整理分析与总结。

四、电路组成与功能及框图

1．TNY264P 的内部电路组成与功能

TNY264P 是美国 PI（Power Integration）公司的 TinySwitch-Ⅱ系列产品之一，称为增强型隔离式微型单片开关电源集成电路，其内部电路结构如图 4-14 所示，电路组成与功能阐述如下。

（1）振荡器：产生决定每个周期起始时间的时钟信号和最大占空比信号。

（2）极限电流状态机：大幅度降低高频变压器产生的音频噪声。

（3）开/关控制器和输出级：维持输出电压稳定。

（4）5.8V 稳压器和 6.3V 并联式电压钳位器：降低芯片功耗。

（5）极限电流检测电路：检测功率 MOS 场效应管的漏极电流是否达到极限值。

（6）自动重启动电路：当输出端发生过载、短路或开路故障时，芯片自动重启动。

（7）欠电压检测电路：输入电压欠压时，强迫 MOS 场效应管关断。

（8）过热保护电路：当温度达到最大值 135℃时，关闭整个电路，温度保护电路具有 70℃的滞后温度保护，在芯片温度下降到 70℃以下时，才能重新开启电路。

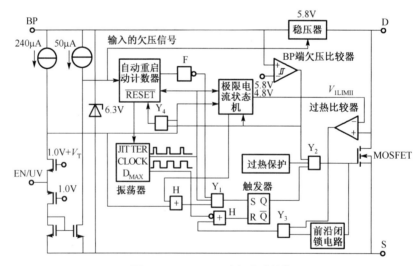

图 4-14　TNY264P 内部电路结构

2．电路框图

采用 TNY264P 集成电路设计的手机充电器电路框图如图 4-15 所示，该电路由整流滤波电路、高压钳位电路、开关调制电路、高频变压电路等组成。

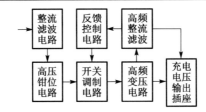

图 4-15 采用 TNY264P 集成电路设计的手机充电器电路框图

4.4 音响放大器的设计与调测

一、实验目的

1. 了解音响放大器的电路组成。
2. 学会综合运用所学知识，分析和解决实际问题。
3. 掌握音响放大器的设计方法和调测技术。

二、实验仪器及元器件

根据本实验所用到的仪器及元器件，将实验仪器及主要元器件的名称、型号、主要功能填写在表 4-5 中。

表 4-5 实验仪器及元器件

序　号	仪器及元器件名称	型　　号	主　要　功　能
1			
2			
3			
4			
5			
6			

三、预习要求

1. 预习实验原理的相关内容。
2. 按照要求完成音响放大器的电路及参数设计，画出完整、正确的实验电路图。
3. 预习电路安装和调试技能。
4. 预习音响放大器主要技术指标及测试方法。

四、实验原理

1. 音响放大器的基本组成

音响放大器的基本组成框图如图 4-16 所示，由该框图可知，音响放大器主要由话音放大器、混合前置放大器、电子混响器、音调控制器和功率放大器等组成。音调控制器与功率放大器决定音响放大器的性能指标，是音响放大器的核心电路，所以单独予以详细介绍，下面分别介绍前三部分。

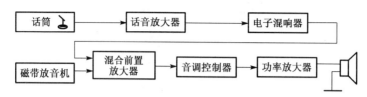

图4-16 音响放大器的基本组成框图

（1）话音放大器。

话音放大器如图 4-17 所示，因为话筒的输出信号一般只有 5mV 左右，而输出阻抗达到 20kΩ（也有低输出阻抗的话筒如 20Ω、200Ω 等），所以要求话音放大器的输入阻抗应远大于话筒的输出阻抗，而且能不失真地放大声音信号，频率也应满足整个放大器的要求。话音放大器可用由集成运放组成的同相放大器构成，同相放大器的输入阻抗高，完全能够满足话音放大器的阻抗要求。图 4-17 中 R_f 和 R_1 的值决定放大器的增益 $A_{uf}=R_f/R_1+1$，R_2 和 R_3 是为集成运放采用单电源供电而设置的。

（2）混合前置放大器。

混合前置放大器如图 4-18 所示，它的主要作用是将磁带放音机的音乐信号与电子混响器的输出声音信号混合放大。该电路是一个反相加法器，输出电压与输入电压的关系为

$$V_o = -\left(\frac{R_f}{R_1}V_1 + \frac{R_f}{R_2}V_2 \right) \tag{4-1}$$

式中，输入电压 V_1 和 V_2 分别为话音放大器和放音机的输出电压。

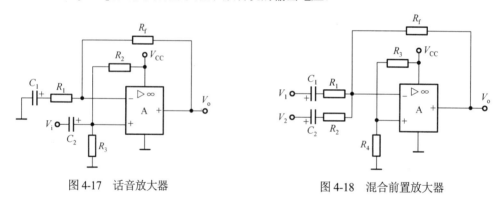

图4-17 话音放大器   图4-18 混合前置放大器

（3）电子混响器。

电子混响器是利用电路模拟声音的多次反射，产生混响效果，使声音听起来具有一定的深度感和空间立体感。"卡拉 OK"（不需要乐队，利用磁带伴奏歌唱）伴唱机中都带有电子混响器，其组成框图如图 4-19 所示。其中，集成电路 BBD 称为模拟延时器，其内部由场效应管构成的多级电子开关和高精度存储器，在外加时钟脉冲作用下，这些电子开关不断地接通和断开，对输入信号进行取样，保持并向后级传递，从而使 BBD 的输出信号相对于输入信号延迟了一段时间。BBD 的级数越多，延迟时间越长。BBD 配有专用时钟电路，如 MN3102 时钟电路与 MN3200 系列的 BBD 配套。

电子混响器的实验电路如图 4-20 所示，图中二阶低通滤波器（MFB）A_1、A_2 滤去 4kHz（话音）以上的高频成分，反相器 A_3 用于隔离混响器的输出与输入级间的相互影响，RP_1 调节混响器的输入电压，RP_2 调节 MN3207 的平衡输出以减小失真，RP_3 调节时钟频率，RP_4 控制混响器的输出电压。

图 4-20 中 MN3207 与 MN3102 各引脚的电压值如表 4-6 所示。

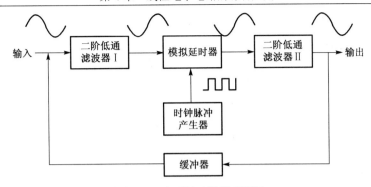

图 4-19 电子混响器组成框图

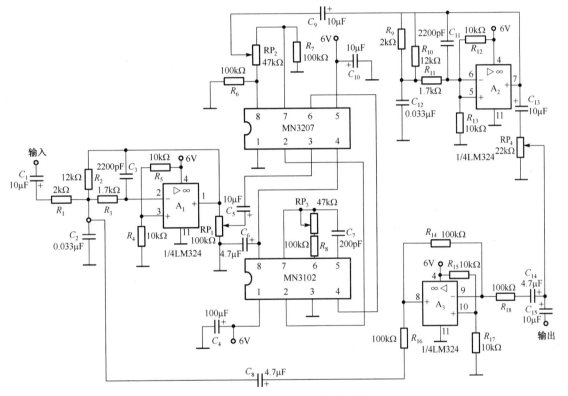

图 4-20 电子混响器的实验电路

表 4-6 MN3207 与 MN3102 各引脚的电压值

引 脚	1	2	3	4	5	6	7	8
MN3207 的电压/V	0.0	3.2	0.0	5.6	6.0	3.2	2.6	2.6
MN3102 的电压/V	6.0	3.2	0.0	3.2	3.2	3.2	2.8	5.6

2. 音调控制器

音调控制器如图 4-21 所示，该控制器主要由集成运放和 RC 网络构成的低通滤波器和高通滤波器组成。这种电路调节方便，使用元器件较少，在一般收录机和音响放大器中应用较多。音调控制器主要通过控制和调节音响放大器的幅频特性来实现对信号中的高、低音频率成分的调节，以满足听者爱好，或者补偿某些不足的频率成分。

音调控制器的幅频特性如图 4-22 所示。图中的折线（虚线）为理想的幅频特性曲线，图中曲线（实线）为实际电路能实现的幅频特性曲线，其中 f_0 等于 1kHz 表示中音频率，要求增益 $A_{uo}=0$dB；f_{L1} 表示低音频转折频率，一般为几十赫兹；$f_{L2}=10f_{L1}$ 表示高音频转折频率，一般为几十千赫兹。在图 4-21 所示的电路中，C_1 和 C_5 为耦合电容，C_2 和 C_3 为低音控制电容，C_4 为高音控制电容。电路中 $C_2=C_3\gg C_4$，在中、低音频区，C_4 可视为开路，在中、高音频区，C_2 和 C_3 可视为短路。下面按中音频区、低音频区和高音频区三种频区进行分析讨论。

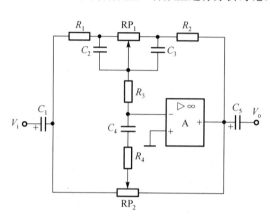

图 4-21　音调控制器

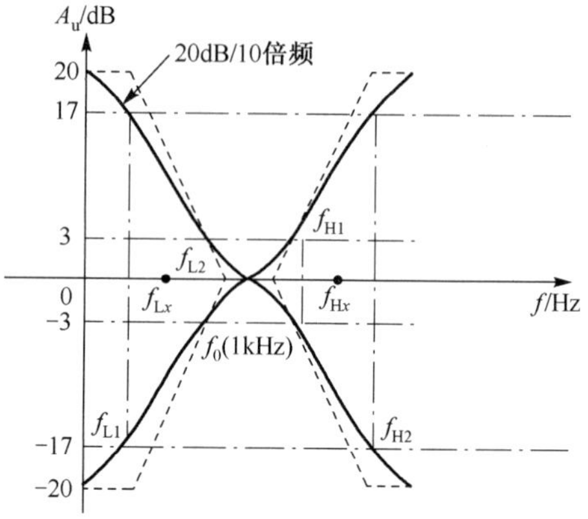

图 4-22　音调控制器的幅频特性

（1）中音频区。

中音频区，f 在 f_0 附近，C_2 和 C_3 相当于短路，即 RP_1 的阻值可视为 0，C_4 相当于开路，又因为集成运放的反相输入端的"虚地"作用，R_3 的影响可以忽略，当取 $R_1=R_2$ 时，音调控制器的电压增益为

$$A_{uo} = -\frac{R_2}{R_1} = -1 \tag{4-2}$$

式（4-2）说明中音频区电压增益为 1，相当于 0dB，不放大也不衰减。满足幅频特性中频要求。

（2）低音频区。

音调控制器的低频提升等效电路如图 4-23 所示。低音频区，$f<f_0$，此时 C_4 相当于开路，R_3 的影响可忽略，其中当 RP_1 的滑动臂在最左端时对应于低频提升最大的情况；音调控制器的低频衰减等效电路如图 4-24 所示，其中当 RP_1 的滑动臂在最右端时对应于低频衰减最大的情况。

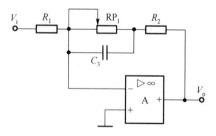

图 4-23　音调控制器的低频提升等效电路

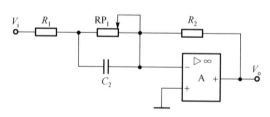

图 4-24　音调控制器的低频衰减等效电路

分析可知，图 4-23 所示电路是一个一阶有源低通滤波器，其增益函数的表达式为

$$\dot{A}(j\omega) = \frac{\dot{V}_o}{\dot{V}_i} = -\frac{RP_1 + R_2}{R_1} \cdot \frac{1+(j\omega)/\omega_2}{1+(j\omega)/\omega_1} \tag{4-3}$$

其中

$$\omega_1=1/(RP_1C_3)\text{或}f_{L1}=1/(2\pi RP_1C_3) \tag{4-4}$$

$$\omega_2=(RP_1+R_2)/(R_2C_3RP_1)\text{或}f_{L2}=(RP_1+R_2)/(2\pi R_2C_3RP_1) \tag{4-5}$$

当 $f<f_{L1}$ 时，C_3 可视为开路，此时电压增益（模）最大，即

$$A_{uL}=(RP_1+R_2)/R_1 \tag{4-6}$$

当 $f=f_{L1}$ 时，因为 $f_{L2}=10f_{L1}$，即 $\omega=\omega_1$，$\omega_2=10\omega_1=10\omega$，代入式（4-3）得

$$\dot{A}_{u1}=-\frac{RP_1+R_2}{R_1}\cdot\frac{1+0.1j}{1+j} \tag{4-7}$$

电压增益为

$$A_{u1}=(RP_1+R_2)/(\sqrt{2}R_1) \tag{4-8}$$

此时电压增益 A_{u1} 相对于 A_{uL} 下降了 3dB。

当 $f=f_{L2}$ 时，$\omega=\omega_2$，$\omega_1=\dfrac{1}{10}\omega_2=\dfrac{\omega}{10}$，代入式（4-3）得

$$\dot{A}_{u2}=-\frac{RP_1+R_2}{R_1}\cdot\frac{1+j}{1+10j} \tag{4-9}$$

电压增益为

$$A_{u2}=\frac{RP_1+R_2}{R_1}\cdot\frac{\sqrt{2}}{10}\approx0.14A_{uL} \tag{4-10}$$

此时电压增益 A_{u2} 相对于 A_{uL} 下降了 17dB。

同理由图 4-24 所示电路可得

$$\dot{A}_{uL}=-\frac{R_2}{R_1+RP_1//\dfrac{1}{j\omega C_2}} \tag{4-11}$$

式（4-11）说明频率越低 $|A_{uL}|$ 越小（<1），其增益相对于中频增益为衰减，最大衰减量为

$$A_{uL}=-\frac{R_2}{R_1+RP_1} \tag{4-12}$$

（3）高音频区。

高音频区，$f>f_0$，C_2 和 C_3 视为短路，其高音频控制器高频提升等效电路和高音频控制器高频衰减等效电路分别如图 4-25 和图 4-26 所示。图 4-25 为图 4-21 中的电位器 RP_2 滑动臂在最左端时，对应于高音提升最大的情况。

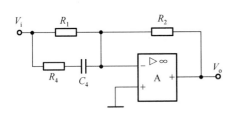

图 4-25　高音频控制器高频提升等效电路

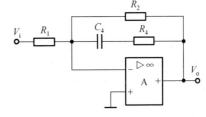

图 4-26　高音频控制器高频衰减等效电路

分析表明图 4-25 为一阶有源高通滤波器，当 $R_1=R_2=R_4$ 时，其增益函数表达式为

$$\dot{A}(j\omega)=-\frac{\dot{V}_o}{\dot{V}_i}=-\frac{1+(j\omega)/\omega_3}{1+(j\omega)/\omega_4} \tag{4-13}$$

其中

$$\omega_3=1/[(3R_1+R_4)C_4]\text{或}f_{H1}=1/[2\pi(3R_1+R_4)C_4] \tag{4-14}$$

$$\omega_4 = 1 / (R_4 C_4) \text{ 或 } f_{H2} = 1 / (2\pi R_4 C_4) \tag{4-15}$$

与分析低频等效电路的方法相同，可得到以下关系式。当 $f < f_{H1}$ 时，电压增益为

$$A_{u3} = \sqrt{2} A_{u0} \tag{4-16}$$

此时电压增益 A_{u3} 相对于 A_{u0} 提升了 3dB。

当 $f = f_{H2}$ 时，电压增益为

$$A_{u4} = \frac{10}{2} A_{u0} \tag{4-17}$$

此时电压增益 A_{u4} 相对于 A_{u0} 提升了 17dB。

当 $f > f_{H2}$ 时，C_4 视为短路，此时电压增益为

$$A_{uH} = \frac{(3R_2 + R_4)}{R_4} \tag{4-18}$$

同理，由图 4-26 所示的电路可得

$$\dot{A}_{uH} = -\frac{R_2 // \left(R_4 + \dfrac{1}{j\omega C_4} \right)}{R_1} \tag{4-19}$$

式（4-19）说明，信号频率越高，$|A_{uH}|$ 越小（<1），即称高音衰减，最大衰减量为

$$A_{uH} = -\frac{R_2 // R_4}{R_1} \tag{4-20}$$

在实际应用中，通常先提出低频区 f_{Lx} 和高频区 f_{Hx} 处的提升量或者衰减量 x（dB），再根据下式求转折频率 f_{L2}（或 f_{L1}）和 f_{H1}（或 f_{H2}），即

$$f_{L2} = f_{Lx} \times 2^{\frac{x}{6}} \tag{4-21}$$

$$f_{H1} = f_{Hx} / 2^{\frac{x}{6}} \tag{4-22}$$

综合以上的分析，只要选择合适的元器件参数，就可以画出图 4-22 所示的音调控制器的幅频特性曲线。图中曲线（实线）的上半部分为低音和高音的提升幅频特性，图中曲线的下半部分为低音和高音的衰减幅频特性曲线。

3. 功率放大器

功率放大器（通常简称功放）是音响放大器的核心电路，它的作用是给负载 R_L（扬声器）提供一定的输出功率，当负载一定时，希望输出的功率尽可能大，输出信号的非线性失真尽可能小，效率尽可能高。功放有专用的集成功率放大器，也有由集成运放和晶体管组成的功率放大器，其电路形式常见的有 OCL 电路和 OTL 电路。集成功率放大器输出功率一般不大，由集成运放和晶体管组成的功率放大器的输出功率大，可根据需要进行选择。集成功率放大器在 2.6 节和 3.9 节中已进行了详细介绍。这里重点分析、讨论由集成运放和晶体管组成的功率放大器。

由集成运放和晶体管组成的 OCL 功率放大器如图 4-27 所示，集成运放组成驱动电路，晶体管 $VT_1 \sim VT_4$ 组成复合式晶体管互补对称电路。下面按电路工作原理、静态工作点的设置与调整两个方面进行分析。

（1）电路工作原理。

功率放大器的驱动级电路由集成运放同相比例放大器构成，可提高功放电路的输入阻抗，减少对前级电路的影响。为了稳定工作点及放大倍数，减少失真，电路引入了电压串联负反馈（反馈电阻为 $R_f = RP_1 + R_1$），闭环电压放大倍数为

$$A_{uf} = 1 + \frac{RP_1 + R_1}{R_2} \qquad\qquad (4-23)$$

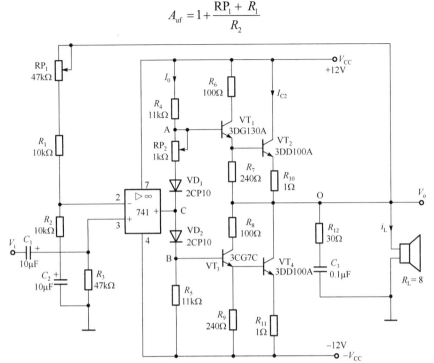

图 4-27　由集成运放和晶体管组成的 OCL 功率放大器

晶体管 VT_1、VT_2 为同类型的 NPN 管，所组成的复合管仍为 NPN 型。VT_3、VT_4 为不同类型的晶体管，所组成的复合管的导电极性由晶体管 VT_1 决定，即为 NPN 型。R_4、R_5、RP_2 及二极管 VD_1、VD_2 所组成的支路是两对复合管的基极偏置电路，静态时支路电流 I_0 可由下式计算

$$I_0 = \frac{2V_{CC} - 2V_D}{R_4 + RP_2 + R_5} \qquad\qquad (4-24)$$

式中，V_D 为二极管的正向压降，一般硅管可取 0.6～0.7V。

为了减小静态功耗和克服交越失真，静态时 VT_1、VT_3 应工作在微导通状态，即满足关系：$V_{AB} \approx V_{D1} + V_{D2} \approx V_{be1} + V_{be3}$，称此状态为甲乙类状态。二极管 VD_1、VD_2 为硅二极管 2CP10，则 VT_1、VT_3 也应为硅晶体管。RP_2 用于调整复合管的微导通状态，调节范围不能太大，一般采用几百欧姆或 $1k\Omega$ 的电位器（最好采用精密可调电位器）。安装电路时，在通电之前首先应使 RP_2 的阻值调为零，在调整输出级静态工作点或输出波形出现交越失真时，再逐渐增加阻值，否则会因 RP_2 的阻值太大而使复合管损坏。电阻 $R_6 \sim R_9$ 用于减少复合管的穿透电流，提高电路的稳定性，一般为几十欧姆至几百欧姆，而且设置取值时要考虑其工作的对称性和能给后级晶体管 VT_2、VT_4 提供一定的推动电流。其中 R_6 和 R_8 又称为平衡电阻，使 VT_1、VT_3 输出对称。R_{10} 和 R_{11} 为负反馈电阻，用于改善功率放大器的性能，一般为几欧姆。电阻 R_{12} 和电容 C_3 构成消振网络，可以改善负载为扬声器时的高频特性。因为扬声器呈感性，容易引起高频自激振荡，所以此容性网络并入可使等效负载呈阻性。另外，感性负载容易产生瞬时过压，有可能损坏晶体管 VT_2 和 VT_4。R_{12}、C_3 的取值应视扬声器的频率响应而定，以效果最佳为好。一般 R_{12} 取几十欧姆，C_3 为几千皮法至 0.1μF。

功率放大器在交流信号输入时的工作过程如下：当音频信号 V_i 为正半周时，集成运放的输出电压 V_C 上升，V_B 也上升，使 VT_3、VT_4 截止，VT_1、VT_2 导通，负载电流主要由 V_{CC} 经 VT_2、R_{10} 到 R_L，R_L 中只有正向电流 i_L，而且随 V_i 增加而加大。反之，当 V_i 为负半周时，VT_1、VT_2 截止，VT_3 和 VT_4 导通，负载电流由地端经 R_L、VT_4 和 R_{11} 到 $-V_{CC}$，负载中只有负向电流 i_L，而且随 V_i 的负向增加

而加大。只有 V_i 变化一周时，负载 R_L 才可获得一个完整的交流信号。

（2）静态工作点的设置与调整。

在 OCL 功率放大器中，静态工作点的设置与调整十分重要，静态工作点设置、调整得好，能使功率放大器降低功耗，提高效率，克服交越失真，提高电路的工作可靠性。在设置静态工作点时，选用的电路参数和元器件尽可能完全对称，使集成功放输出端 O 点对地的电位为零，即 $V_o=0\text{V}$。电阻 R_3 接地，一方面决定了同相放大器的输入电阻，另一方面保证了静态时，同相端电位为零，即 $V_+=0$。由于集成运放的反相端经过 R_1 和 RP_1 接在 O 点，该点电位为零，所以 $V_-=0$，从而保证了静态时集成运放的输出 $V_C=0$。调节 RP_1 可改变功放的负反馈深度。电路的静态工作点主要由 I_o 决定，I_o 过小会使晶体管 VT_2、VT_4 工作在乙类状态，输出信号出现交越失真，I_o 过大会增加静态功耗而降低效率，特别会使功率管发热而损坏。综合考虑，对于数瓦的集成功放，一般取 I_o 为 1～3mA，使 VT_2、VT_4 工作在甲乙类状态，既能降低静态功耗，又能克服交越失真。

4. 音响放大器主要技术指标及测试方法

（1）额定功率 P_N 的测试。

$P_N=V^2_{oLm}/R_L$，其定义参见前面章节的有关内容，这里着重介绍其测试方法。音响放大器的输入信号（话筒处）$f_i=1\text{kHz}$，$V_{i1}=5\text{mV}$，参见后面的图 4-30，两个音调控制电位器 RP_{31} 和 RP_{32} 置于中间位置，音量控制电位器 RP_{33} 置于最大值。用双踪示波器观测 V_{i1} 和 V_{oL} 的波形，失真度测量仪监测 V_{oL} 的波形失真。功率输出端接额定负载电阻 R_L（代替扬声器），逐渐增大 V_i 的值，直到 V_{oL} 的波形刚好不出现削波失真为止，即失真仪监测的 $\gamma<5\%$ 或规定值，此时输出的电压为最大不失真输出电压 V_{oLm}，根据定义可得 P_N 的值，为额定功率 P_N。

（2）音调控制特性曲线的测试。

输入信号 $V_i=100\text{mV}$ 从音调控制器的输入端经耦合电容 C_{34} 加入，输出信号 V_o 从输出端的耦合电容 C_{35} 引出。先测 1kHz 处的电压增益 A_{uo}（$A_{uo}\approx 0\text{dB}$），再分别测低频特性和高频特性。测量方法：将 RP_{31} 的滑动臂置于最左端（低频提升），RP_{32} 的滑动臂置于最右端（高频衰减），当频率从 20Hz 至 50kHz 变化时，记下对应的电压增益；然后，再将 RP_{31} 的滑动臂置于最右端（低频衰减），RP_{32} 的滑动臂置于最左端（高频提升），当频率从 20Hz 至 50kHz 变化时，记下对应的电压增益。最后绘制音调控制特性曲线，并标注与 f_{L1}、f_{Lx}、f_{L2}、f_0（1kHz）、f_{H1}、f_{Hx}、f_{H2} 等频率对应的电压增益。

（3）频率响应测试。

音响放大器的电压增益相对于中音频 $f_0=1\text{kHz}$ 的电压增益下降 3dB 时对应低音频截止频率 f_L 和高音频截止频率 f_H，称 $f_L\sim f_H$ 为放大器的频率响应。测量条件同上，调节 RP_{33} 使输出电压约为最大输出电压的 50%。测量步骤：音响放大器的输入端（话筒处）接 $V_{i1}=5\text{mV}$ 不变，RP_{31} 和 RP_{32} 的滑动臂都置于最左端，使函数信号发生器的输出频率从 20Hz 至 50kHz 变化（保持 $V_{i1}=5\text{mV}$ 不变），测出负载电阻 R_L 上对应的输出电压 V_{oL}，用半对数坐标纸绘出频率响应曲线，并在曲线上标注 f_L 和 f_H 的值。

（4）输入灵敏度的测试。

输入灵敏度 V_S 是指音响放大器输出额定功率时所需的输入电压有效值，测量条件和测量方法与测量额定功率相同，只需在测量额定功率的同时测出其输入电压的有效值即可。

（5）其他技术指标测试。

输入阻抗、噪声电压、整机效率的定义和测试方法参考 3.9 节中的相关内容。

五、实验设计任务及电路参数设计

1. 设计任务

（1）设计课题：音响放大器。

（2）功能要求：具有话筒扩音、音调和音量控制、电子混响、卡拉 OK 伴唱等功能。

（3）已知条件：电子混响延时模块 1 个，电阻、电容、电位器、晶体管等电子元器件若干只，高阻话筒 20kΩ 1 只，其话筒的输出信号为 5mV，集成运放 LM324 1 只，8Ω/4W 负载电阻 1 只，8Ω/4W 扬声器 1 只，磁带放音机 1 台，电源电压±12V。

（4）主要技术指标：额定功率 $P_N \geq 2W$（$\gamma < 3\%$）；负载阻抗 $R_L = 8\Omega$；频率响应 $f_L = 50Hz$，$f_H = 20kHz$；输入阻抗 $R_i > 20k\Omega$；音调控制特性 1kHz 处增益为 0dB，125Hz 和 8kHz 处有±12dB 的调节范围，$A_{uL} = A_{uH} \geq 20dB$。

（5）设计步骤与要求，参阅以下的设计举例。按照以上要求，完成音响放大器及参数设计，并画出完整、正确的整机实验电路图。

2. 设计举例

例 1：设计一组功率放大器，已知条件：$R_L = 8\Omega$，$V_i = 200mV$，电源电压=±12V。性能指标要求：$P_N \geq 2W$，$\gamma < 3\%$（1kHz 正弦波）。

解：因输出功率较大，故采用如图 4-27 所示的由集成运放和晶体管等组成的 OCL 功率放大器，根据式（4-23）得

$$A_{uf} = \frac{V_{oL}}{V_i} = \frac{\sqrt{P_N \cdot R_L}}{V_i} = \frac{\sqrt{2 \times 8}}{0.2} = 20 = 1 + \frac{RP_1 + R_1}{R_2}$$

若取 $R_2 = 1k\Omega$，则 $RP_1 + R_1 = 19k\Omega$，为调整方便和留有裕量，所以取 $R_1 = 10k\Omega$，$RP_1 = 47k\Omega$。如果功率放大器前级是音量控制电位器（若取 4.7kΩ），则取 $R_3 = 47k\Omega$，以保证功放级的输入阻抗远大于前级的输出阻抗。

因为 $P_N \geq 2W$，所以可取 $I_0 = 1mA$，根据对称性原理和式（4-24）可得

$$R_4 = R_5 = \frac{V_{CC} - V_D}{I_0} = \frac{(12 - 0.7)V}{1mA} = 11.3 \ k\Omega$$

故取标称值 $R_4 = R_5 = 11k\Omega$。

同理可得

$$I_{cm2} = I_{cm4} \approx \frac{V_{CC}}{R_{10} + R_L} \overset{\text{取} R_{10} = 1\Omega}{=\!=\!=\!=\!=} \frac{12}{1 + 8} A \approx 1.34A$$

晶体管的最大耐压 $BV_{(br)ceo} = 24V$，查阅林宗瑶等主编的《现代电子电工手册》可知 3DD100A 的 $I_{cm} = 1.5A$，$BV_{ceo} \geq 100V$，满足要求。所以 VT$_2$ 和 VT$_4$ 选用 3DD100A 型晶体管。

设 3DD100A 的 $\beta \geq 30$ 倍，考虑到 R_7 和 R_9 的分流作用，则

$$I_{cm1} = I_{cm3} = \frac{I_{cm1}}{\beta} \times 2 = \frac{1.34}{30} \times 2A \approx 0.09A$$

两只晶体管的最大耐压为 24V，查手册可知：3DG130A 的 $I_{cm} = 300mA$，$BV_{(br)ceo} \geq 30V$；3CG7C 的 $I_{cm} = 150mA$，$BV_{(br)ceo} \geq 35V$，能满足设计要求，所以 VT$_1$ 选用 3DG130A，VT$_3$ 选用 3CG7C，其他元器件参数的取值如图 4-27 所示。

例 2：设计一台音响放大器，要求具有电子混响延时、音调控制输出、卡拉 OK 伴唱、对话筒与录音机的输出信号进行扩音。

已知条件：$+V_{CC} = +9V$，话筒（低阻 20Ω）的输出电压为 5mV，录音机输出信号电压为 100mV，电子混响延时模块 1 个，LA4102 集成功放 1 只，8Ω/2W 负载电阻 1 只，8Ω/4W 扬声器 1 只，LM324 集成运放 1 只。

主要技术指标：额定功率 $P_N \geq 1W$（$\gamma < 3\%$）；负载电阻 $R_L = 8\Omega$；截止频率 $f_L = 40Hz$，$f_H = 10kHz$；音调控制特性 1kHz 处增益为 0dB，100Hz 和 10kHz 处有±12dB 的调节范围，$A_{uL} = A_{uH} \geq 20dB$；话放

级输入灵敏度 5mV，输入阻抗>>20Ω。

设计思路： 首先确定整机电路的级数，再根据各级的功能及技术指标要求分配电压增益，然后分别计算各级电路参数，通常从功放级开始向前级逐级计算。本题已经给定了电子混响器电路模块，需要设计话音放大器、混合前置放大器、音调控制器以及功率放大器。根据技术指标要求，如果音响放大器的输入电压为 5mV，输出功率大于 1W，则输出电压 $V_{oL} = \sqrt{P_o \cdot R_L} = \sqrt{1 \times 8}$V ≥2.8V，系统的电压总增益 $A_{u\Sigma} = \dfrac{2.8\text{V}}{5\text{mV}}$ >560 倍（55dB）。实际电路中常会有损耗，因此要留有充分余地。设各级电压增益分配如图 4-28 所示。

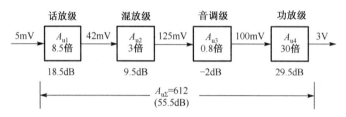

图 4-28　各级电压增益分配

A_{u4} 由功放级决定，此级增益不宜太大，一般为几十倍；音调级在 f_0=1kHz 时增益为 1 倍（0dB），实际上会产生衰减，故取 A_{u3} =0.8 倍（-2dB）；混放级和话放级的电压增益分别取 3 倍（9.5dB）和 8.5 倍（18.5dB）。下面分别对各级电路进行设计。

（1）功率放大器的设计。

根据技术指标要求采用集成功放 LA4102 组成的功率放大器，如图 4-29 所示。具体设计步骤和方法参考 3.9 节中的相关内容。

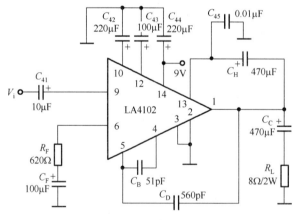

图 4-29　功率放大器

（2）音调控制器（含音量控制）的设计。

音调控制器如图 4-30 所示，其中 RP$_{33}$ 为音量控制电位器。集成运放 10 引脚所接的 2 只 10kΩ 电阻是因为集成运放采用单电源供电而设置的。其他器件参数设计选择过程如下。

若已知 f_{Lx}=100Hz，f_{Hx}=10kHz，x=12dB，由式（4-21）和式（4-22）得到转折频率 f_{L2} 及 f_{H1}，f_{L2}=$f_{Lx} \times 2^{x/6}$=100×2$^{12/6}$=400Hz，则 f_{L1} =f_{L2}/10 = 40Hz；f_{H1}=f_{Hx} /2$^{x/6}$=10kHz/2$^{12/6}$=2.5kHz，则 f_{H2}=10f_{H1} = 25kHz。

由式（4-6）得 $A_{uL} = \dfrac{\text{RP}_{31} + R_{32}}{R_{31}}$ ≥20dB，其中 R_{31}、R_{32}、RP$_{31}$ 不能取得太大，否则集成运放漂移

电流的影响不可忽略，但也不能太小，否则流过它们的电流将超出集成运放的输出能力。一般取几千欧姆至几百千欧姆，现取 RP$_{31}$ 为 470kΩ，$R_{31}=R_{32}=R_{34}=47$kΩ，则 $A_{uL}=(RP_{31}+R_{32})/R_{31}=11(20.8dB)$倍，满足 $A_{uL}=A_{uH}\geq 20$dB 的要求。

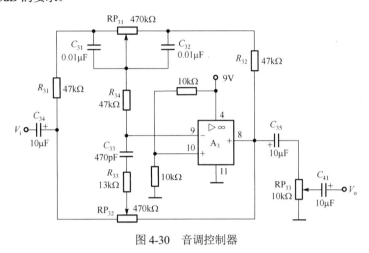

图 4-30　音调控制器

由式（4-4）得：$C_{31}=C_{32}=\dfrac{1}{2\pi RP_{31}f_{L1}}=\dfrac{1}{2\pi\times 470\times 10^3\times 40}F\approx 0.0085\mu$F

取标称值 0.01μF，即 $C_{31}=C_{32}=0.01\mu$F。

由式（4-18）得：$R_{33}=\dfrac{3R_{32}}{A_{uH}-1}=\dfrac{3\times 47}{11-1}$kΩ$=14.1$kΩ

取标称值 13kΩ，即 $R_{33}=13$kΩ。

由式（4-15）得：$C_{33}=\dfrac{1}{2\pi R_{33}f_{H2}}=\dfrac{1}{2\pi\times 13\times 10^3\times 25\times 10^3}F\approx 490$pF

取标称值 470pF，即 $C_{33}=470$pF。取 RP$_{32}$ 和 RP$_{31}$ 为 470kΩ，RP$_{33}$ 为 10kΩ；取级间耦合电容 $C_{34}=C_{35}=10\mu$F。所有参数设计结果标在图 4-30 所示的电路中。

（3）话音放大器与混合前置放大器的设计。

话音放大器与混合前置放大器的设计电路如图 4-31 所示，图中集成运放 3 引脚和 5 引脚所接的 4 个 10kΩ 电阻是为集成运放单电源供电而设置的。

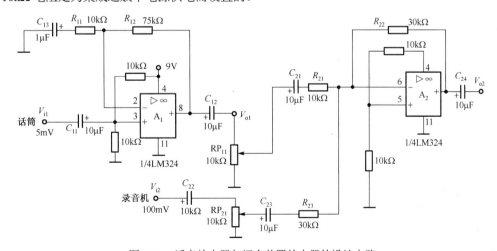

图 4-31　话音放大器与混合前置放大器的设计电路

话音放大器由集成运放组成同相放大器，相对于 20Ω 的话筒具有很高的输入阻抗，其电压增益 $A_{u1}=1+\dfrac{R_{12}}{R_{11}}=1+\dfrac{75}{10}=8.5$ 倍（18.5dB）。LM324 的频带不宽（增益为 1 时，带宽为 1MHz），现在电压增益为 8.5 倍，能满足 $f_H=10\text{kHz}$ 的频响要求。混合前置放大器是集成运放 A_2 组成的反相加法器电路，其最大输出电压：$V_{o2}=-\left(\dfrac{R_{22}}{R_{21}}V_{o1}+\dfrac{R_{22}}{R_{23}}V_{i2}\right)$。根据图 4-28 的增益分配，$V_{o2}\geqslant125\text{mV}$，而 $V_{o1}=42\text{mV}$，所以取 $R_{22}=30\text{k}\Omega$，$R_{21}=10\text{k}\Omega$，满足放大 3 倍的要求。录音机输出信号 $V_{i2}=100\text{mV}$；已基本达到 125mV 的要求，所以取 $R_{23}=R_{22}=30\text{k}\Omega$，这样可使话筒与录音机的输出经混响级后的输出基本相等。若要进行卡拉 OK 歌唱，可在话放级和录音机输出端分别接两个音量控制电位器 RP_{11} 和 RP_{21}（见图 4-31），分别控制声音和音乐的音量。

以上各单元电路的设计值还需要通过实验调整和修改，特别是在进行整机调试时，由于各级之间的相互影响，有些参数可能要进行较大变动，待整机调试完成后，再根据调试的结果画出最后的电路图，本题例的音响放大器整机实验电路如图 4-32 所示。

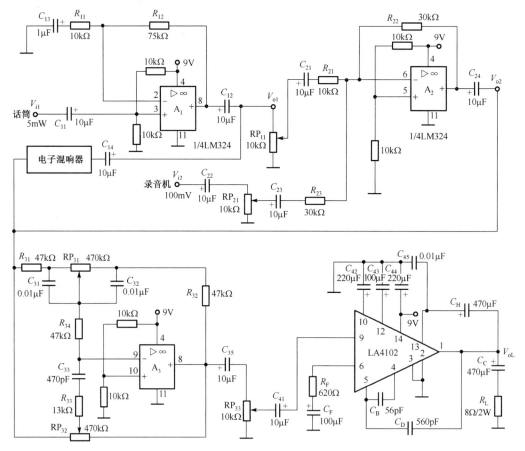

图 4-32　音响放大器整机实验电路

六、电路安装与调试技能

1. 装前准备

准备好实验板、所有电子元器件、材料、电烙铁等工具，关键器件如晶体管等要在装前测试，其主要技术指标是否达到要求，是否平衡对称等。

2．合理布局和分级装调

音响放大器是一个小型电路系统，安装前要对整机线路进行合理布局，一般按照电路的顺序逐级布线，功放级要远离输入级，每一级的地线尽量接在一起，连线尽可能短，否则很容易发生自激。安装时，电子元器件的引脚号、极性千万不能装接错误。从输入级开始向后逐级安装，也可以从功放级开始向前逐级安装，安装一级调试一级，安装两级要进行联级调试，直到整机安装与调试完成。

3．电路调试技能

电路的调试过程一般是先分级调试，再联级调试，最后进行整机调试与性能指标测试。

分级调试又分为静态调试与动态调试，静态调试时，将输入端对地短路，用数字万用表测该级输出端对地的直流电压。用单电源供电时，话放级、混放级、音调级都是由运算放大器组成的，其静态输出直流电压、同相端和反相端的静态直流电压均为 $V_{CC}/2$，即为 4.5V，功放级的输出（OTL 电路）也为 $V_{CC}/2$。若用双电源供电，则上述所讲的各点静态直流电位均为 0。动态调试是指输入端接入规定的信号，用示波器观测该级输出波形，并测量各项性能指标是否满足题目要求，如果性能指标偏差较大，则要进行调整、更换元器件参数。若性能指标相关性很强，应检查电路是否接错，元器件数值是否合乎要求，是否损坏等，需排除故障后方可进行调试。

单级电路调试时的技术指标较容易达到，但进行联级时，由于级间相互影响，可能使单级的技术指标发生很大变化，甚至两级无法进行联级。产生的主要原因：一是布线不合理，形成级间交叉耦合，应考虑重新布线；二是联级后各级电流都要流经电源内阻，内阻压降对某一级可能产生正反馈，应接阻容（RC）去耦滤波电路。电阻一般取几十欧姆，电容一般用几百微法的大电容与 0.1μF 的小电容并联。由于功放级输出信号较大，对前级容易产生影响，引起自激。集成块内部电路多极点引起的正反馈易产生高频自激振荡，常见的高频自激振荡现象如图 4-33 所示。

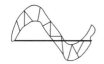

图 4-33　常见的高频自激振荡现象

可以加强外部电路的负反馈予以抵消高频自激振荡，如功放级 1 引脚与 5 引脚之间接入几百皮法的电容 C_D 等，形成电压并联负反馈，可消除叠加的高频毛刺。图 4-32 电路中的 C_{45} 即具有消除高频自激振荡作用。常见的低频自激现象是电源电流表有规则地左右摆动，或者输出波形上下抖动。产生的主要原因是输出信号通过电源及地线产生了正反馈，可以通过接入阻容去耦电路消除。有时为了满足整机电路指标要求，可以适当修改单元电路的技术指标，原计划的单元电路技术指标仅供参考，最重要的是满足整机技术指标的要求。

4．整机功能试听

用 8Ω/4W 的扬声器代替负载电阻 R_L，进行以下功能试听。

（1）话音扩音。

将话筒接入话音放大器的输入端。讲话时，扬声器传出的声音应清晰，改变音量电位器，可控制声音大小。此时应注意，扬声器输出的方向与话筒输入的方向应相反，否则扬声器输出的声音经话筒输入后，会产生自激啸叫。

（2）音乐欣赏。

将录音机输出的音乐信号，接入混合前置放大器，改变音调级的高低音调控制电位器，扬声的输出音调发生明显变化。

（3）电子混响效果。

将电子混响器按图 4-32 所示的位置接入。用手轻拍话筒一次，扬声器发出多次重复的声音，微调时钟频率，可以改变混响延时，以改善混响效果。

（4）卡拉 OK 伴唱。

录音机输出卡拉 OK 磁带歌曲，手握话筒伴随歌曲歌唱，适当控制话音放大器与录音机输出的音量电位器，可以控制歌唱音量与音乐音量之间的比例，调节混响延时可修饰、改善唱歌的声音。

七、实验内容

1. 根据设计任务和技术指标，完成音响放大器的电路和参数设计，画出完整、正确的实验电路图。

2. 按照电路安装和调试技能，完成整机电路的装配和调试，并记录安装和调试情况以及相关数据，如直流工作点、电路参数改变而引起的变化数据、试听情况等。

3. 按照音响放大器的主要技术指标及测试方法，完成主要技术指标的测试记录。

八、思考题

1. 在图 4-27 所示的电路中，RP_2 的阻值为什么不能取得太大？在通电之前，该电位器阻值为什么要调到最小值或者为零？

2. 在图 4-27 所示的电路中，当 VD_1 和 VD_2 分别出现开路时，会产生什么现象？当 VD_1 或 VD_2 分别出现短路时，又会产生什么情况？

3. 小型电子电路系统的设计方法与单元电路的设计方法有哪些不同点？

4. 如何安装与调试一个小型电子电路系统？

5. 单元电路调试与音响放大器整机调试相比较，出现了哪些新问题？如何解决？

九、实验报告要求

1. 明确实验目的。

2. 简述所用仪器名称、型号、主要功能等。

3. 画出所设计的完整、正确的音响放大器实验电路图，说明主要设计过程和原理。

4. 简述实验原理。

5. 整理安装、调试情况和测试数据。

6. 整理音响放大器主要技术指标测试记录数据和结果，绘制必要的曲线。

7. 回答思考题。

8. 实验总结和其他。

4.5　模拟混沌信号发生器的设计与实现

一、实验目的

1. 培养综合利用各种集成运放设计实现复杂运算的能力。

2. 运用集成运放（放大器、反相器、加法器、减法器、乘法器、积分器等）设计实现基于混沌数学模型——非线性混沌微分方程组模型的一种模拟混沌电路，并进行电路制作与实验。

3. 了解混沌的基本概念和一门新的学科分支：混沌电子学。

二、实验内容

根据混沌系统数学模型，利用集成运放设计一个能产生混沌信号的模拟电子电路实验装置，具体要求如下。

1. 根据混沌系统数学模型，设计电路参数，实现实验电路。

基于一个混沌数学模型，利用集成运算加法器、减法器、反相器、乘法器、积分器等设计电路的方法与技术，设计实现混沌数学模型的运算电路结构。列写电路状态方程，确定电路参数。进行 PCB 的制作，实现硬件电路。

2. 观察各时域混沌波形及各平面上的混沌吸引子。

调整电路中的参数，当系统出现混沌时，在示波器上观察各时域的混沌波形及系统的二位相图。

3. 混沌系统的性能分析。

根据电路参数的调整及示波器上系统波形的观察，对吸引子的耗散性、平衡点及稳定性、分岔图和 Lyapunov 指数分布、系统相空间轨迹等性能进行分析。

4. 实验扩展：在混沌模拟电路之后设计一个量化电路，获得一个混沌数字序列。

三、实验要求

1. 电路与参数设计以及虚拟仿真要求

（1）通过 MATLAB 对混沌系统（如 Lorenz 系统、Rosslor 系统、Chen 系统等）的数学模型进行数值仿真，研究其时域解信号和相平面中的相图。

（2）基于一定的混沌数学模型，利用加法器、减法器、反相器、乘法器、积分器等设计电路的方法与技术，在确定电路结构的情况下，研究电路参数的理论设计方法。

（3）利用 Multisim（或 EWB 或 PSPICE 等）仿真软件，对所设计的混沌电路进行仿真实验验证及调试分析。

2. 制作要求

设计 PCB，在通用电路板上搭建焊接硬件电路，解决所出现的问题，排除实验故障，完成电路的调试，用示波器观察各时域混沌波形和各平面上的混沌吸引子。

3. 报告写作要求

（1）进行方案论证：简单叙述实验原理，说明混沌系统模型的特征。

（2）理论推导计算：混沌电路是一种非线性电路。非线性电路的分析在本质上是非线性微分方程的求解，一般可以采用数值法。而为了解决电路中非线性元器件对精度极为敏感的问题，电路分析中多采用分段线性技术。

（3）设计仿真分析：通过 MATLAB 对混沌系统的数学模型进行数值仿真，研究其时域解信号和相平面中的相图。

（4）电路参数设计与选择：利用加法器、减法器、反相器、乘法器、积分器等设计电路的方法与技术，在确定电路结构的情况下，进行电路参数的设计与选择，并利用 EWB 或 PSPICE 仿真软件对所设计的混沌电路进行仿真。

（5）数据测量记录：画出实验电路原理框图和完整正确的实验电路原理图，制作硬件电路，进行电路实验，观察各时域混沌波形及各平面上的混沌吸引子。

（6）数据处理分析：将示波器上观察的模拟混沌信号与计算机仿真结果比较，根据电路参数的调整及示波器上系统波形的观察，对吸引子的耗散性、平衡点及稳定性、分岔图和 Lyapunov 指数分布、系统相空间轨迹等性能进行分析。

（7）阐述电路搭建、焊接、组装和调测要点及解决的主要问题等。

（8）分析混沌电路的性能，完成实验结果的整理分析与总结。

（9）写出实验中的收获及体会。

四、实验原理

1. 混沌的基本概念

混沌是确定性非线性中出现的一种类似随机的现象，其主要特征如下。

（1）非周期性：如一个非线性电路出现混沌后，其状态变量如某电容电压或电感电流随时间的变化是非周期的，这与传统振荡器（如正弦波、方波、三角波振荡器等）的工作状态是不同的。

（2）对初始条件的高度敏感性：系统的初始值发生微小的改变后，其随时间长期演化后的状态与初始值改变前的系统状态不再相关，即两种状态近似正交，因此，混沌具有长期的不可预测性。

（3）连续宽带功率谱：混沌信号与周期信号的离散频谱完全不同，它具有连续宽带功率谱，这与噪声类似，因此常称混沌具有类似噪声特性。

（4）混沌系统是确定性系统，因而混沌信号是可以复制和恢复的，可用混沌信号为载波进行保密通信。

（5）一个连续的三维自治混沌系统对应一个由三个一阶常微分方程构成的非线性方程组，如 Lorenz 混沌系统为

$$\begin{cases} \dot{x} = a(y - x) \\ \dot{y} = cx - y - xz \\ \dot{z} = xy - bz \end{cases} \tag{4-25}$$

2. 混沌电路的设计原理

混沌电路的设计原理是利用模拟集成运放来实现上述方程中相应运算的，如导数运算可用积分电路来实现。对于图 4-34 所示的积分运算电路，有

$$\frac{x_i}{R} = -C\frac{\mathrm{d}x}{\mathrm{d}t} \tag{4-26}$$

因此有

$$\frac{\mathrm{d}x}{\mathrm{d}t} = -\frac{1}{RC}x_i \tag{4-27}$$

可把 x_i 设计为一个加、减运算电路的输出，式（4-25）中的乘积项可用模拟乘法器来实现。因此，利用运算电路可以实现式（4-25）中各方程的运算。列出所设计的混沌电路的状态方程后发现，系数 a、b、c 与某些电路参数存在着某种对应关系，调节这些电路参数，即改变了式（4-25）的系数。

3. 电路设计参考框图

电路设计参考框图如图 4-35 所示。

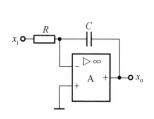

图 4-34 积分运算电路

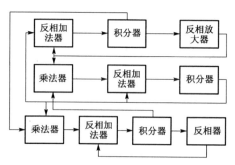

图 4-35 电路设计参考框图

4. 参考的实验方案

本实验要求根据一个混沌系统数学模型，利用集成运放设计一个能产生混沌信号的模拟电子电路。为此，需先用 MATLAB 对混沌系统进行数值仿真，设计混沌电路并用 Multisim（或 PSPICE、EWB 等仿真软件）对该电路进行仿真和验证，然后设计 PCB，制作电路，最后进行实验，观察波形，对实验结果进行分析等。

（1）Lorenz 混沌模型。

混沌的最早实例是由美国麻省理工学院的气象学家 Lorenz 在 1963 年研究大气运动时描述的。他提出了著名的 Lorenz 方程组，如式（4-25）所示。

当 $a=10$、$b=8/3$、$c=28$ 时，系统存在混沌吸引子。

（2）仿真分析。

用 MATLAB 编程计算，得到 Lorenz 混沌系统的相图，如图 4-36 所示。

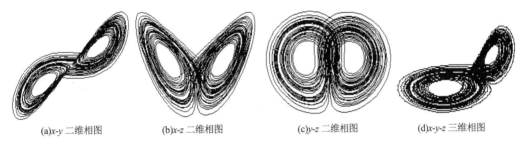

(a)x-y 二维相图　　　(b)x-z 二维相图　　　(c)y-z 二维相图　　　(d)x-y-z 三维相图

图 4-36　Lorenz 混沌系统的相图

（3）电路设计。

利用集成运放电路实现混沌方程所要求的运算：加法、减法、乘法、导数、负号等。为了仿真需要，电阻符号和集成运放符号采用仿真软件中的形式。

① 利用反相放大器实现"比例"运算。

如图 4-37 所示是由集成运放构成的比例运算电路。图中输入信号 x_i 与输出信号 x_o 的关系为

$$x_o = -\frac{R_2}{R_1}x_i \qquad (4\text{-}28)$$

当 $R_2 = R_1$ 时，式（4-28）就实现了"反号"运算，即图 4-37 构成了反相放大器。

② 利用积分器实现导数运算。

由集成运放构成积分器实现导数运算的电路，如图 4-38 所示。输入信号 x_i 与输出信号 x_o 的关系为

$$\frac{x_i}{R} = -C\frac{\mathrm{d}x_o}{\mathrm{d}t}，\quad 即 \frac{\mathrm{d}x_o}{\mathrm{d}t} = -\frac{1}{RC}x_i \qquad (4\text{-}29)$$

③ 利用反相加法器实现加法运算。

由集成运放构成反相加法器实现加法运算的电路，如图 4-39 所示。输入信号 x_1、x_2、x_3 与输出信号 x_o 的关系为

$$x_o = -\frac{R}{R_1}x_1 - \frac{R}{R_2}x_2 - \frac{R}{R_3}x_3 \qquad (4\text{-}30)$$

根据以上对运算放大电路的分析，利用集成运放可实现混沌方程所要求的运算：加法、减法、乘法、导数、负号等。由此可根据选定的混沌模型（如 Lorenz 混沌模型）设计电路，如图 4-40 所示。

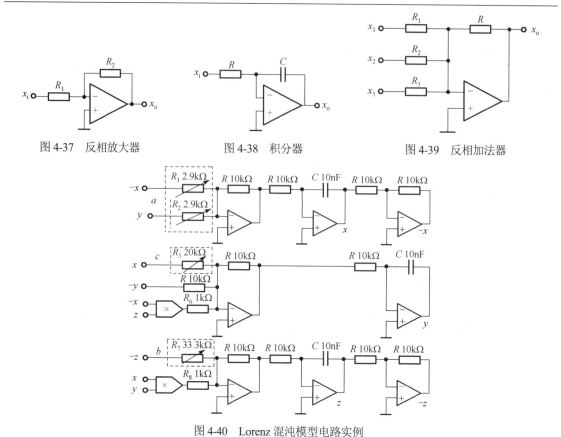

图 4-37　反相放大器　　　　　　图 4-38　积分器　　　　　　图 4-39　反相加法器

图 4-40　Lorenz 混沌模型电路实例

④ 电路的测试与波形观察。

Lorenz 混沌模型的实验电路板与实验装置如图 4-41 所示。图 4-42 所示为实验所观测的 Lorenz 混沌信号波形与相图轨迹。

图 4-41　Lorenz 混沌模型的实验电路板与实验装置

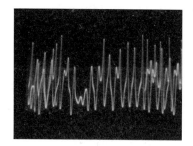

图 4-42　Lorenz 混沌信号波形与相图轨迹

⑤ 实验扩展。

在混沌模拟电路之后，可以设计一个量化电路，获得一个混沌数字序列。

⑥ 数据处理。

对比仿真结果和实验所观测的波形，对吸引子的耗散性、平衡点及稳定性、分岔图和 Lyapunov 指数分布、系统相空间轨迹等性能进行分析。

五、实验总结及思考

根据实验结果对下面两个问题进行总结和思考。

1．总结集成运放不但在传统的电子科学领域有广泛的应用，而且在"混沌电子学"这样的新领域也有重要的应用意义。

2．通过实验，可以比较容易地设计一个混沌电路，混沌并不如人们原先想象的那样神秘。但是，目前对混沌的特性，人们还未完全搞清楚，甚至对混沌还没有一个公认的定义，如果能发现一个新的并适用工程应用的混沌系统仍是一件非常重要而有意义的事情。阐述继续进行混沌理论和应用的研究与探索的感想。

4.6　多功能彩灯

一、实验目的

1．提高模拟和数字电路所学知识的综合运用能力，了解模数混合电路的综合设计过程。

2．了解 Multisim 仿真软件在混合电路仿真中的应用。

3．学会模数混合电路的调试。

二、实验任务

1．设计一台双色三循环方式彩灯控制电路，要求 8 路输出，双色二极管显示，其显示方式和功能要求如下。

方式 1：单行左移转换到单行右移以及从单行右移转换到单行左移。

方式 2：单行左移→全熄延时伴声音。

方式 3：单行右移→四红灯闪、四绿灯闪延时。

时间要求：相邻两灯点亮时间在 0.2～0.6s 可调，延时在 1～6s 可调。

2．使用 Multisim 仿真软件对电路进行虚拟仿真。

3．根据仿真电路，选择合适的元器件，搭建硬件电路并进行实验测试。

三、实验要求

1．电路与参数设计以及虚拟仿真要求

（1）参考有关资料，设计并画出完整的实验电路原理图（或仿真电路图）。

（2）完成实验电路原理图中电子元器件及参数的设计与选择。

（3）对所设计的电路进行虚拟仿真与调试。

2．制作要求

搭建硬件电路，解决所出现的问题，排除实验故障，完成电路的调试。

3．报告写作要求

（1）画出实验电路原理框图和完整、正确的实验电路原理图，并阐述其电路工作原理。

（2）给出虚拟仿真结果。

（3）阐述电路搭建、焊接、组装和调测要点及解决的主要问题等。

（4）完成实验结果的整理分析与总结。

四、实验原理

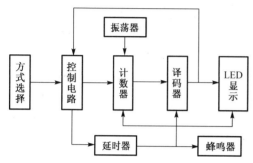

图4-43　多功能彩灯电路的组成框图

多功能彩灯的实现方式有很多种，可以采用专用电路如 MS51C61、SH-123、SE9201 等来实现，也可以采用通用电路如分立元件电路、时基电路或简易数字电路来实现。具体采用哪种实现方式要根据彩灯的功能要求来选择。多功能彩灯需要模数混合电路来实现，组成框图如图 4-43 所示，其结构和功能说明如下。

1．方式选择可以由单刀三掷开关进行控制。

2．控制电路。

3．振荡器作为信号发生器，主要是为后面电路提供时钟脉冲，可以由多种振荡电路来实现，如使用集成运放组成的电压比较电路，使用 CMOS 反相器构成的振荡器或利用 555 来实现，具体电路可以查阅有关资料。若要改变彩灯的发光速度，可调整振荡电路的振荡周期。

4．根据发光方式的不同，可选择不同芯片来实现计数译码器驱动电路，如可以采用 CMOS 的 CC4516 和 CC4514 来实现，也可以采用 CD4017 来实现，具体芯片的功能可以查阅有关资料。计数器输出信号经过放大后驱动彩灯发光。

5．显示电路可选用由 LED 发光二极管组成的电路来实现。

6．延时电路可选用由 555 组成的单稳态电路来实现，通过调整外接可调电阻来调整延时。

4.7　多功能波形产生电路的设计与实现

在自动控制、工业过程控制以及通信设备中往往需要能提供各种频率、波形和输出电平电信号的信号源或激励源，以测量各种元器件、电信系统或电信设备的振幅特性、频率特性、传输特性及其他电参数。当测试进行系统的稳态特性测量时，需使用振幅、频率已知的正弦波信号源。当测试系统的瞬态特性时，需使用脉冲宽度、重复周期已知的脉冲源，或者有连续上升与下降的三角波等，并且要求信号源输出信号的参数，如频率、波形、输出电压或功率等，能在一定范围内进行精确调整，有很好的稳定性，有输出指示。此外，波形产生电路在生产实践和科技领域中有着广泛的应用。因此，设计出简便、精确、实用的波形信号产生电路是非常有意义的。

一、实验目的

1．提高模数混合电路的综合运用能力，学会 Multisim 仿真软件在混合电路仿真中的应用。

2．了解多功能波形产生电路的原理及设计方法。

3．通过多功能波形产生电路的调试分析，掌握模数混合电路的特点。

二、实验任务

1．设计一个基于单片机的多功能波形产生电路，基本要求如下。

（1）产生正弦波、方波和三角波：输出电平-5～+5V，输出电压幅值可调范围为 100mVpp～

10Vpp，频率范围为 0.1Hz～100kHz。

（2）方波的占空比可调。

（3）输出波形的同时能显示波形的类型、频率和幅值信息。

（4）设计硬件电路，选择合适的元器件，调节元器件的工作状态，保证能输出符合要求的波形，且不失真。

（5）扩展要求：能产生锯齿波、占空比可调的矩形波。

（6）输出波形的幅值和频率误差尽可能小。

2．用 Multisim 仿真软件对电路进行虚拟仿真。

3．根据仿真电路，选择合适的元器件，制作硬件电路并进行实验测试。

4．在电路的调试过程中，能发现问题并能有效地解决。

三、实验要求

1．电路与参数设计以及虚拟仿真要求

（1）明确基于单片机的多功能波形信号产生电路的原理及其设计方法。

（2）根据实验任务，参考有关资料，完成多功能波形信号产生电路实现方案的选择。

（3）设计并确定电路中电子元器件及其参数。

（4）画出完整的实验电路原理图（或仿真电路图）。

（5）画出软件设计流程图，完成软件程序的编写。

（6）对所设计的电路进行虚拟仿真与调试分析。

2．制作要求

（1）画出硬件电路的 PCB 版图，并制作电路的 PCB。

（2）焊接元器件，完成硬件电路制作。

（3）解决所出现的问题，排除电路故障，完成电路的调试。

3．报告写作要求

（1）根据设计任务，给出电路实现方案，并阐述方案选择的原因。

（2）画出实验电路原理框图和完整、正确的实验电路原理图，并详细介绍电路工作原理。

（3）介绍软件设计流程，给出虚拟仿真结果。

（4）阐述电路搭建、焊接、组装和调测要点及解决的主要问题等。

（5）对比仿真分析与硬件电路的调试结果，分析电路中误差产生的原因及改进措施。

（6）完成实验结果的整理分析与总结。

四、设计原理

基于单片机的多功能波形产生电路框图如图 4-44 所示。其中，主控模块是整个硬件设计的核心，需要完成对键盘输入的扫描和响应，控制波形频率和幅值，驱动显示模块的相关参数等。

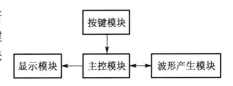

图 4-44 基于单片机的多功能波形产生电路框图

主控模块可以选择单片机的种类有很多，如 51 系列、PIC 系列、AVR 系列和 STM32 系列等。显示模块可以选择 LED（Light Emitting Diode，发光二极管）或 LCD（Liquid Crystal Display，液晶显示器）。波形产生模块可以选择专用的集成芯片，如 ICL8038、AD9833、AD9102 和 MAX038 等，也可以通过集成运放或分立元件电路先产生正弦波，然后经过电路的变换，转换为其他波形。按键模块主要进行电路的开启/关闭、复位、信号幅值和频率等参数信息的调节等。

4.8　红外防盗报警器

红外防盗报警器的设计与实现有多种路径和方法，本实验介绍采用热释电红外传感器作为探测元器件而制作的红外防盗报警器，这是一种由热释电红外传感器探测人体发射的 10μm 左右特定波长的红外线而释放报警信号的报警装置。它不需要红外或电磁波等发射源，具有灵敏度高、探测范围大、隐蔽性好、可流动安装等优点，因而在仓库、车库以及居民家庭住房等地有广泛的应用。

一、实验目的

1. 了解红外防盗报警器的电路组成及工作原理。
2. 掌握数模混合电路的设计过程。
3. 提高应用电子电路综合设计和调试能力。

二、实验任务

设计制作一台红外防盗报警器，适用于住宅、店铺、工厂、仓库、商场、办公室等地防盗报警。利用热释电红外传感器探测人体目标，在监测到可疑目标时，控制音乐片发出响亮的"呜呜……"报警声，具体设计要求如下。

1. 可探测的距离大于 3m。
2. 静态功耗小于 10mA。
3. 供电电压为交流 220V×(1±10%)或 DC6V，停电时由备用的 6V 电池供电。

三、实验要求

1．电路与参数设计以及虚拟仿真要求

（1）查询有关资料，根据实验任务要求完成红外防盗报警器实验方案的选择。
（2）完成红外防盗报警器电路的设计，画出完整的电路原理图。
（3）完成电路原理图中电子元器件及参数的设计与选择。
（4）对所设计的电路进行虚拟仿真与调试。

2．制作要求

（1）画出红外防盗报警器硬件电路的 PCB 版图，并制作电路的 PCB。
（2）焊接元器件，完成硬件电路制作。
（3）解决所出现的问题，排除电路故障。
（5）完成电路的调试，使其达到设计要求中规定要实现的功能和技术指标，并进行测试和记录。

3．报告写作要求

（1）画出实验电路原理框图和完整、正确的实验电路原理图，并阐述其电路工作原理。
（2）给出虚拟仿真结果。
（3）阐述电路焊接或搭建等组装和调测要点及解决的主要问题等。
（4）完成实验结果的整理分析与总结。

四、实验原理

1．电路组成框图

本方案设计的红外防盗报警器的组成框图如图 4-45 所示，整个报警器主要由热释电红外传感

器、高通放大电路、低通放大电路、光控电路、门限电压比较器、单稳态延时电路和后续报警电路等几部分组成。

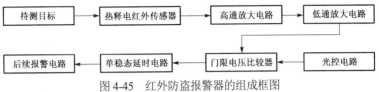

图 4-45　红外防盗报警器的组成框图

2．原理分析

红外防盗报警器中的热释红外传感器可采用通用的 P228 型器件，检测区域为球形，有效探测距离为 4~8m。当人体辐射的红外线辐射到热释电红外传感器的探测元上时，电路输出正弦波信号被送往后续的信号处理电路。

信号处理电路主要有高通放大电路、低通放大电路、门限电压比较器以及由时基集成电路 LM555 及其外围元器件构成的单稳态延时电路。当热释红外传感器检测到人体活动时，前面的高通放大电路、低通放大电路以及门限电压比较器将触发单稳态延时电路翻转，从而使后续的报警电路发出报警声音，报警声音由其电路中的不同音乐片决定。电路中可以设置由光敏电阻及三极管组成的光控电路来控制该报警器只在夜晚工作。

4.9　超声波防盗报警器

一、实验目的

1．了解超声波防盗报警器的电路组成。
2．掌握超声波防盗报警器的电路设计方法。
3．掌握超声波防盗报警器的电路组装和调试技能。

二、实验任务

设计制作一台超声波防盗报警器，适用于仓库、住宅、机关办公楼等地防盗报警，其功能要求如下。

1．防盗数量可根据需要任意扩展。
2．值班室可监视多处安全情况，一旦出现偷盗，用指示灯显示报警地点，并发出声响。
3．设置不间断电源，当电网停电时，备用直流电源自动转换供电。

三、实验要求

1．电路与参数设计以及虚拟仿真要求

（1）参考有关资料，根据实验要求提出实用防盗报警电路设计和实验方案，画出完整的电路原理图（或仿真电路图）。
（2）完成电路原理图中电子元器件及参数的设计与选择。
（3）对所设计的电路进行虚拟仿真与调试。

2．制作要求

印制或搭建焊接硬件电路，解决所出现的问题，排除实验故障，完成电路功能与技术指标的调测。

3．报告写作要求

（1）画出实验电路原理框图和完整、正确的实验电路原理图，并阐述其电路工作原理。

（2）给出虚拟仿真结果。

（3）阐述电路焊接组装和调测要点及解决的主要问题等。

（4）完成实验结果的整理分析与总结。

四、原理框图

超声波系介于高于人耳能听到的声波频率和低于长波频率的约 40kHz 的频带之间，由于声波传输和反射的特点，可以进行无指向遥控，成为遥控器的主流之一。用超声波传感器产生超声波和接收超声波，习惯上称之为超声波换能器或超声波探头。超声波传感器有发送器和接收器，超声波传感器利用压电效应的原理将电能和超声波相互转化，即在发射超声波时，将电能转换为机械能；而在接收回波时，将超声波振动转换成电信号。超声波的发射与接收，必须经由高频特性优良的物体作为介质，现在高性能超声波已经非常普及，利用 CMOS IC 组成非稳态多谐振荡器，再经过超声波传感器的驱动即可发射。

超声波防盗报警器一般由超声波发射电路、超声波接收电路、信号检测放大电路、声光报警电路等组成。图 4-46 所示为超声波防盗报警器的组成框图。

1．40kHz 超声波发射电路有多种实现方式，如可以采用晶体管电路组成强反馈稳频振荡器，振荡频率等于超声波传感器的共振频率；也可以由 LM555 时基电路及外围元器件构成多谐振荡器电路，LM555 的引脚图如图 4-47 所示，可用调节外接电阻器的阻值，改变振荡频率，由 LM555 第 3 引脚输出端驱动超声波传感器使之发射超声波信号；还可以采用反相器或与非门构成振荡器来驱动超声波传感器使之发出超声波信号。具体实现电路可以查阅有关资料。

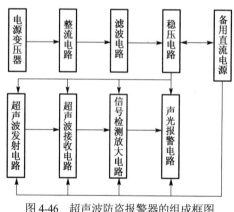

图 4-46　超声波防盗报警器的组成框图

图 4-47　LM555 的引脚图

2．超声波接收电路是由超声波传感器和高通放大电路组成的，超声波传感器谐振频率为 40kHz，经其选频后，将 40kHz 以外的干扰信号衰减，只有谐振于 40kHz 的有用信号（发射机信号）才能送入高通放大电路进行放大处理。

3．指示灯可以采用发光二极管 LED 显示，按设置地点进行编号。

4．报警音响可以采用 NE555 组成振荡电路来实现。

4.10　超声波测距电路的设计

一、实验目的

1．了解超声波测距电路的原理及应用。

2．掌握超声波测距电路的设计方法。

3．掌握超声波测距电路的组装和调试技能。

二、实验任务

设计一种超声波测距电路，要求测量范围为 3.0～5.0m，测量精度为 1cm，测量时与被测物体无直接接触，能够清晰稳定地显示测量结果。具体设计要求如下。

1．设计超声波测距的硬件结构电路。

2．利用超声波方法测量物体间的距离，实现超声波的发送与接收。

3．对设计的电路进行分析与调测。

4．以数字的形式系显示测量距离。

扩展要求：

1．两物体间距在 10cm 以内进行蜂鸣器报警或语音提示。

2．在两物体间距为 3.0～5.0m 进行分段提示，如两物体间距为 2.0m 提示"2.0m 以内"，两物体间距为 1.5m 提示"1.5m 以内"等。

3．同时显示温度和湿度，以及时间等。

三、实验要求

1．电路与参数设计以及虚拟仿真要求

（1）参考有关资料，根据实验要求提出超声波测距电路设计和实验方案，画出完整的电路原理图或仿真电路图。

（2）完成电路原理图中电子元器件及参数的设计与选择。

（3）对所设计的电路进行虚拟仿真与调试。

2．制作要求

印制或搭建焊接硬件电路，解决所出现的问题，排除实验故障，完成电路功能与技术指标的调测。

3．报告写作要求

（1）画出实验电路原理框图和完整、正确的实验电路原理图，并阐述其电路工作原理。

（2）给出虚拟仿真结果。

（3）阐述电路焊接组装和调测要点及解决的主要问题等。

（4）完成实验结果的整理分析与总结。

四、超声波测距原理及组成电路

超声波测距可应用于汽车倒车、建筑施工工地以及一些工业现场的位置监控，也可以用于如液位、井深、管道长度的测量等场合。因超声波指向性强，能量消耗缓慢，在介质中传播的距离较远，故超声波经常用于距离的测量。此外，超声波检测往往比较迅速、方便，计算简单，易于做到实时控制。可以说，超声波测距是一种利用声波特性、电子计数、光电开关相结合来实现非接触式距离测量的方法。

1．超声波测距原理

超声波遇到障碍物后反射效率高，是测距的良好载体。测距时由安装在同一位置的超声波发射器和接收器完成超声波的发射与接收，由定时器计时。发射器向特定方向发射超声波并同时启动定时器计时，超声波在介质传播途中一旦遇到障碍物后就被反射回来，当接收器收到反射波后立即停止计时。这样，定时器就记录了超声波自发射点至障碍物之间往返传播经历的时间。

若发射器发出的超声波以速度 v 在空气中传播，在到达被测物体时被反射返回，由接收器接收，其往返时间为 t，由 $s=vt/2$ 即可算出被测物体的距离。由于超声波也是一种声波，其声速 v 与温度有关，表 4-7 列出了几种不同温度下的声速。在使用时，如果温度变化不大，则可以认为声速是基本不变的。如果测距精度要求很高，则应通过温度补偿的方法加以校正。

表 4-7　声速与温度的关系表

温度/℃	-30	-20	-10	0	10	20	30	100
声速/ (m/s)	313	319	325	323	338	344	349	386

2．超声波测距电路的组成

超声波测距电路一般由以下几个主要部分组成。

（1）供应电能的脉冲发生器（发射电路）。

（2）使接收和发射隔离的开关部分。

（3）转换电能为声能，且将声能透射到介质中的发射传感器。

（4）接收反射声能（回波）和转换声能为电信号的接收传感器。

（5）接收放大器，可以使微弱的回声放大到一定幅值，并使回声激发记录设备。

（6）记录/控制设备，通常控制发射到传感器中的电能，并控制声能脉冲发射到记录回波的时间，存储所要求的数据，并将时间间隔转换成距离。

在超声波测量中，频率取得太低，外界的杂声干扰较多；频率取得太高，超声波在传播的过程中衰减较大。故在超声波测量中，常使用 40kHz 的超声波。目前超声波测量的距离一般为几米到几十米，是一种适合室内测量的方式。由于超声波发射器与接收器具有固有的频率特性，所以有很高的抗干扰性能。距离测量系统常用的频率范围为 25~300kHz 的脉冲压力波，发射和接收的传感器有时共用一个，有时分开使用。发射器一般由振荡和功放两部分组成，负责向传感器输出一个有一定宽度的高压脉冲串，并由传感器转换成声能发射出去；接收放大器用于放大回声信号以便记录，同时为了使它能接收具有一定频带宽度的短脉冲信号，接收放大器要有足够的频带宽度；收/发隔离则使接收装置避开强大的发射信号；记录/控制部分启动或关闭发射电路并记录发射的瞬时及接收的瞬时，同时将时差换算成距离读数并加以显示或记录。

超声波发射器与接收器是整个系统的重要组成部分，因此确定一种好的设计方案关系整个系统的精确性和安全可靠性。查找相关资料，对多种方案进行比较分析，以确定最佳方案。

4.11　忆阻器模型的等效电路

一、实验目的

1．了解忆阻器的功能特点。

2．掌握忆阻器的理论模型、电路学特性及工作机理。

3．学会建立忆阻器有源模型，并用实际的电路等效模拟。

二、实验任务

忆阻器被认为是除电阻、电感、电容外的第四种基本电路元件，是一种具有记忆功能的非线性电阻。根据忆阻器的特点，分析忆阻器的工作机理，构建忆阻器的有源模型，并设计电路使其具有忆阻器理论电路学的特性。具体要求如下。

1．非线性电阻具有非线性的 $V\text{-}I$ 关系，通过设计一个有源转换电路，将 $V\text{-}I$ 关系转换为 $\varphi\text{-}q$ 关系，使电路特性具有忆阻器 $M(q)$ 的特性。

2．在有源模型的基础上，分析忆阻器串并联的特点，并设计和搭建实验电路进行验证。

3．分别构建忆阻器与电容、电感、电阻、二极管等无源器件所组成的二端口网络，分析电路端口的 V-I 关系及幅频特性。

三、实验要求

1．电路与参数设计要求

（1）参考有关资料，根据要求提出实验方案和完成实验电路设计并画出完整的电路图。

（2）完成电路原理图中电子元器件及参数的设计与选择。

2．制作要求

印制或搭建焊接硬件电路，解决所出现的问题，排除实验故障，完成电路功能与技术指标的调测。

3．报告写作要求

（1）画出实验电路原理框图和完整、正确的实验电路原理图，并阐述其电路工作原理。

（2）阐述电路搭建、焊接、组装和调测要点及解决的主要问题等。

（3）完成实验结果的整理分析与总结。

四、忆阻器模型的电路组成

作为基本电路元器件之一，忆阻器在电路模型分析中有着广泛的应用。在忆阻器和忆阻系统的概念提出之前，多种系统已被观察到存在忆阻行为，如阈值开关、电热调节器、神经突触的离子传递系统、放电管等。忆阻器的出现不仅丰富了现有的电路元器件类型，而且补充了目前的 RC、RL、LC、RLC 电路设计方案，将其扩展到所有可能由电路的四个基本元器件与电压源组成的电路范围。忆阻器以其独特的记忆性能和电路特性，在电路元器件设计方面给人们提供了新的思路。如依赖其记忆性能的高密度非易失性存储器，基于忆阻器电学性能的参考接收机、调幅器等。由于具有电阻转换功能，忆阻器也可以被用来制作多路信号分离器和复用器。网状结构的忆阻器与互补金属氧化物的复合集成电路，即使在高缺陷度的情况下仍能够实现可重构逻辑功能，这将促成新型的晶体管-忆阻器复合电路结构的实现。此外，忆阻器也可用于组成具有自降级、对内部变化自愈、高容错率等功能的适应性可重构网络。

忆阻器作为被动无源器件本身不存在能量，只消耗能量。Leon Chua 教授通过控制电源网络的转换，将电阻、电容、电感等效为具有记忆输入输出特性的电路元器件，这就是忆阻器的有源器件模拟。借助有源电路如微积分电路等，可以实现电路变量之间的转换，从而构建理论模型，在此基础上研究忆阻器的电路特性。

4.12　忆阻器常用电路的设计

忆阻器（Memristor）是表示磁通与电荷关系的电路器。1971 年，蔡少棠从逻辑和公理的观点指出，自然界应该还存在一个电路元器件，它表示磁通与电荷的关系。2008 年，惠普公司的研究人员首次做出纳米忆阻器，掀起了忆阻研究热潮。这种纳米元件具有非易失性、高可扩展性、低功耗以及与 CMOS 结构兼容等特点，成为未来计算机系统的关键元件，并且被广泛应用于模拟存储器、逻辑电路和神经网络中。由于忆阻器的非线性性质，可以产生混沌电路，从而在保密通信中也有很多应用。

一、实验目的

1. 掌握忆阻器及其模型，如 HP 模型。
2. 了解数字组合逻辑门电路、编码器、解码器、全加器和乘法器等。
3. 掌握忆阻器常用电路的设计方法。

二、实验任务

根据忆阻器的惠普（HP）模型，构建忆阻器的电路仿真模型（如仿真软件 Multisim、PSPICE 或 MATLAB 等），然后把以该电路仿真模型的忆阻器用于数字逻辑电路的模型中，具体要求如下。

1. 明确基于忆阻器的逻辑电路应用原理及其设计方法。
2. 搭建忆阻器的电路仿真模型。
3. 构建基于忆阻器的与或非等门电路，并与传统的逻辑电路进行对比分析。
4. 构建基于忆阻器的编码器、解码器、全加器、乘法器等，并与传统的逻辑电路进行对比分析。
5. 分析忆阻器模型用于逻辑电路的优缺点，并在仿真过程中能有效地发现并解决问题。

三、实验要求

1. 电路与参数设计要求

（1）参考有关资料，根据要求提出实验方案和完成实验电路设计并画出完整的电路图。
（2）完成电路原理图中电子元器件及参数的设计与选择。

2. 制作要求

在仿真软件中搭建硬件电路，解决所出现的问题，排除实验故障，完成电路功能与技术指标的调测。

3. 报告写作要求

（1）画出完整、正确的仿真电路原理图，并阐述其电路工作原理。
（2）阐述电路搭建和调测要点及解决的主要问题等。
（3）完成实验结果的整理分析与总结。

四、设计原理

作为一种新型的记忆元器件，基于忆阻器构建的新型系统引起了人们的广泛关注。忆阻器的阻值变化范围很大，施加不同的电压值可更改忆阻器的阻态，忆阻器最后一次的阻值会被保留直到施加下一个电压脉冲。基于忆阻器的随机存储器的集成度、功耗、读写速度都要比传统的随机存储器优越，因此忆阻器在非易失存储、数字逻辑计算、人工神经网络和非线性电路等领域有着无限的潜力。忆阻器可以同时完成存储和逻辑运算的特点，有望成为新一代逻辑运算电路的首选方案。逻辑设计与忆阻器的内存特性相结合，为下一代计算机突破摩尔定律创造了机会，在这种计算机系统中，内存和逻辑运算模块集成在同一种结构块中，避免了处理单元与内存之间的零数据读取而造成的信息交互速度延后问题。基于忆阻器的计算机系统的实现，最为重要而基础的课题就是基于忆阻器的逻辑门的实现。基于忆阻器的逻辑门可以使现有集成电路的密度更高、尺寸更小、运算速度更快、使用元器件更少。

基于忆阻器的逻辑电路设计有很多，然而到目前为止还没有标准的逻辑设计方法，以下方法可供参考。

1. **忆阻器辅助逻辑电路 MAGIC**：依据不同逻辑门的真值表来设计不同的门电路。外加电压激励不变，通过对忆阻器进行不同方式的串联、并联，实现逻辑运算。MAGIC 逻辑门集合只有基本的逻辑门，缺少其他的辅助逻辑门，如异或门。如果使用已有的逻辑门电路搭建异或门，则需要的逻辑元器件较多，并且对电路参数取值范围的计算会更加复杂。

2. 忆阻器实质蕴涵逻辑 IMPLY：通过使用忆阻器开关可以实现状态逻辑。在这个逻辑运算中，使用阻值代替电压和电荷作为逻辑变量。使用忆阻器实质蕴含逻辑实现与或非等基本逻辑操作，需要复杂的输入电压序列且使用的元器件较多。

3. 忆阻器比例逻辑 MRL：利用忆阻器和 CMOS 管混合组成的逻辑电路。MRL 可以与传统 COMS 工艺兼容制备出基本门电路元器件，简化了 CMOS 结构，仅单独使用 NMOS 场效应管与忆阻器级联就可以实现各种逻辑门单元。

4. 依靠少数和非（MIN-NOT）逻辑的忆阻状态逻辑：通过在忆阻阵列中使用晶体管开关，MIN-NOT 逻辑可以高效地实现并行运算，使用列和行的非运算可以在两个循环中完成数据在忆阻阵列中的复制操作。

5. 类 CMOS 忆阻器互补逻辑：使用电压表示逻辑状态，是一种类 CMOS 的电路设计范式，用于创建忆阻互补逻辑电路。

由于忆阻器在不使用额外硬件的情况下可以处理两个以上的状态，因此忆阻器也是实现三进制系统的一个很好的候选者，这使得三值逻辑与忆阻器的结合成为可能，也为三值及多值数字逻辑电路的设计提供了可能。此外，还有 CMOS/忆阻器阈值逻辑和并行输入处理忆阻器逻辑等。

本 章 小 结

1. 经过第 2 章 Multisim 仿真软件的学习，第 3 章的实验设计操作，本章选取 12 个综合性实验，旨在提高读者分析和解决复杂问题的能力。读者可以结合实验任务，首先进行实验方案的选择；然后分析设计电路参数，通过 Multisim 软件仿真分析后，搭建实验电路；最后经过实验测量，分析比较实验结果，从而达到理解和掌握线性电子电路设计和调测的目的。

2. 线性直流稳压电源是较早使用的一类电源，其输出电压比输入电压低，反应速度比较快，输出纹波较小，但效率较低；开关电源是利用现代电力电子技术，控制调整管开通和关断的时间比率，维持稳定输出电压的一种电源，其输出电压可以比输入电压高，效率较高，体积小，但工作产生的噪声高。数控直流稳压电源与传统的稳压电源相比，具有操作方便、电压稳定度高、易调节的特点，主要用于要求电源精度比较高的设备，或者科研实验电源使用。

3. 开关电源芯片（也称开关芯片）是一种用于控制开关电源输出的集成电路。它通过控制开关管的开关状态，使输入电源能够被有效地转换为所需要的输出电源。开关芯片通常包括多种保护功能，如过载保护、过压保护、过温保护等，可以提高开关电源的可靠性和稳定性。开关芯片可用于各种电子产品中的电源，如移动设备、电视机、计算机、数码相机等。开关芯片具有体积小、效率高、稳定性好等优点，可大大提高电子产品的性能和可靠性。随着科技的不断发展，开关芯片的应用范围将会更加广泛，对于推动智能化、自动化等领域的发展具有重要的意义。通过采用 TNY264P 集成电路设计的手机充电器，掌握开关芯片的特点，查阅资料了解开关芯片的种类，学会根据应用需求选择合适的型号。

4. 功率放大器的作用是将声音源输入的信号进行放大，然后输出驱动扬声器。声音源的种类很多，如传声器（话筒）、电唱机和线路传输等，这些声音源的输出电压信号差别很大，从零点几毫伏到几百毫伏。一般功率放大器的输入灵敏度是一定的，这些不同的声音源信号如果直接输入到功率放大器中，对于输入过低的信号，功率放大器输出功率不足，不能充分发挥功率放大器的作用；若输入信号的幅值过大，则功率放大器的输出信号将严重过载失真。因此，实用的功率放大器必须设置前置放大器，以便使其适应不同的输入信号。音调控制电路的主要功能是通过对音频带内频率响应曲线的形状进行控制，从而达到控制音色的目的，以适应不同听众对音色的需求。此外，音调控制电路还能补偿信号中所欠缺的频率分量，使音质得到改善，从而提高放音效果。功率放大器在整个音响系统中主宰着输出语音信号的音量和音质，关于功率放大器的选用，可以参阅的 2.6 节。

5. 混沌是指现实世界中存在的一种貌似无规律的复杂运动形态，是确定的宏观非线性系统在一定条件下所呈现的不可预测的随机现象。它具有非周期性、对初始条件高度敏感等特征。近年来，混沌与工程应用方面联系密切，如混沌信号同步与控制、混沌保密通信、混沌预测、混沌神经网络的信息处理等。此外，混沌的控制技术还被应用到神经网络、非线性电路、天体力学、医疗等研究工作中。集成运放不但在传统的电子科学领域有广泛的应用，而且在"混沌电子学"的领域也有着重要的应用意义。

6. 数字电路是用数字信号完成对数字量进行算术运算和逻辑运算的电路。数字电路具有可编程性、易于设计、稳定性好、集成度高、功耗低等优点，因此数字电子技术广泛引用于电视、雷达、自动控制、航天等科学技术领域。通过多功能彩灯和多功能波形产生电路的设计与实现，掌握数模混合电路的特点，提高模数电路的综合运用以及灵活解决实际问题的能力。

7. 传感器是能感受到被测量的信息，并能将感受到的信息按一定规律变换成为电信号或其他所需形式的信息输出，以满足信息的传输、处理、存储、显示、记录和控制等要求的检测装置。传感器的种类很多，在实际应用中可以根据需求适当选取。通过红外防盗报警器、超声波防盗报警器及超声波测距电路的设计，掌握报警电路和测距电路的工作原理和特点，学会基于传感器的电路设计和调测方法。

8. 忆阻器被认为是除电阻、电感、电容外的第四种基本电路元器件，是一种记忆功能的非线性电阻。作为一种新型的记忆元器件，基于忆阻器构建的新型系统引起人们的广泛关注。忆阻器在非易失存储、数字逻辑计算、人工神经网络和非线性电路等领域有着无限的潜力。忆阻器可以同时完成存储和逻辑运算的特点，有望成为新一代逻辑运算电路的首选方案。通过对忆阻器模型的了解，掌握忆阻器的应用。

思 考 题

1. 比较分析线性电源、开关电源和数控电源之间的优缺点。

2. 查询资料，寻找一款能用于汽车电子中的 MOSFET 开关芯片，可用于驱动汽车电动机、电子制动等领域，要求芯片具有低导通电阻、高电流能力等特点。根据所查找的芯片，设计其用于驱动汽车电动机的电路，并通过仿真软件分析设计电路的合理性。

3. 在安装调试音响放大电路时，是否出现过自激振荡现象？若电路中出现自激振荡现象，则该如何解决？

4. 尝试使用不同的混沌数学模型，基于集成运放设计一个混沌信号发生器，并设计一个量化电路，获得一个混沌数字序列。

5. 通过多功能彩灯和多功能波形产生电路的设计，谈谈数模结合电路设计的优缺点。

6. 查阅资料，了解传感器的主要功能、作用和特点。根据常见的传感器种类，谈谈传感器在实际生活中的应用案例。

7. 在众多用于实现神经形态计算的硬件元器件中，忆阻器以其高集成度、低功耗、可模拟突触可塑性等特点成为一大有力备选。根据忆阻器的惠普（HP）模型，构建忆阻器的电路仿真模型，然后将该仿真模型用于卷积神经网络中，分析忆阻器用于卷积神经网络的优缺点。

第5章 实验故障分析与排除技巧

本书编写了 16 个基础性实验和 12 个提高性实验,每个实验内容、实验电路和实验原理都有所不同,实验故障原因和解决办法均有所不同,但实验故障现象大致相同,故障原因和解决办法大同小异,所以本章对比较典型和比较常见的实验故障原因和解决办法详细地进行分析和讨论,有助于学习者提高排除实验故障的技能,提高分析和解决实际问题的能力。本章主要探讨的内容如下。

- 直流稳压电源实验故障分析与排除技巧
- 放大器实验故障分析与排除技巧
- 电平检测实验故障分析与排除技巧
- 波形产生电路实验故障分析与排除技巧
- 电压/电流及频率转换实验故障分析与排除技巧
- 集成多功能信号发生器和集成锁相环实验故障分析与排除技巧

5.1 直流稳压电源实验故障分析与排除技巧

直流稳压电源的设计与调测实验虽然集成稳压器内部电路之外的实验原理及电路相对比较简单,但本实验故障率最高,实验器件损坏情况最为严重,请参加实验者务必加以重视。由于本实验原理及电路比较简单,所以出现的实验故障相对比较容易排除。下面根据如图 3-9 所示的实验电路分析和讨论实验故障产生的原因和排除方法。

5.1.1 变压器 TD 的二次电压 U_2 为零

故障产生原因:

1. 实验箱电源插头未插上,控制变压器 TD 的电源开关没打开。
2. 桥堆接错或整流二极管 $VD_1 \sim VD_4$ 某只接错或损坏造成短路,电容 C_1 接反后被击穿而短路。
3. 变压器 TD 损坏。

对应的解决办法:

1. 插好实验箱电源插头,按下实验箱中配电板上的电源开关,接通变压器的电源开关。
2. 用指针式万用表检测桥堆或二极管 $VD_1 \sim VD_4$ 以及电容 C_1 有无击穿短路损坏的情况,发现损坏的元器件要立即更换;用目测法检查二极管 $VD_1 \sim VD_4$ 和电容 C_1 是否接错,接错应立即更正。因为该实验箱中变压器 TD 的内部装有过热保护器件,一旦出现短路电流,过热保护器件流过大电流而发热使之与电路断开造成 U_2 的电压为 0V。短路故障排除,而且过热保护器件冷却后,U_2 的电压自动恢复正常。
3. 在断开实验箱电源的情况下,用指针式万用表欧姆挡测量变压器 TD 的一次、二次线圈的直流电阻值应分别为 65Ω 和 1.4Ω,若电阻值误差太大,则说明变压器有故障,需要更换变压器或者实验箱。

5.1.2 U_2 电压正常而稳压器输入端的 U_i 为零

故障产生原因:

1. U_i 左面的有关连线接错或断线。
2. 桥堆或二极管 $VD_1 \sim VD_4$ 中的某只损坏而开路或某两只接反等。
3. 电容 C_1 或 C_2 内部短路。

对应的解决办法：

1. 用目测法检查有关接线，用万用表检测断线，如果有接错的线就加以更正，有断线则予以更换。

2. 用目测法检查二极管的正负极性或桥堆的输出正负极性是否接反，如果存在接反情况应立即断开电源进行重接，桥堆或二极管损坏则需用指针式万用表判断，桥堆的作用和工作原理完全与二极管桥式整流电路一样，只不过是桥堆中有关的连线在内部已经连通，二极管桥式整流电路各二极管的连线全部要自己进行连接。桥堆中的"+"号位置相对是两个二极管负极的连接点，桥堆中的"−"号位置相对是两个二极管正极的连接点，桥堆中标有"~"交流号的两个连接点表示两个二极管的正负极连接点各一个。

3. 用目测法检查电容 C_1 是否因极性接反而造成短路，用指针式万用表检测电容 C_1 或 C_2 出现短路以及连线错误造成的短路，并加以排除。

5.1.3　集成稳压器输入端电压正常而输出端无电压

故障产生原因：

1. 输出端的有关接线错误造成输出短路。

2. 电容 C_4 极性接反造成短路。

3. 集成稳压器 CW317 损坏。

对应的解决办法：

1. 用目测法检查稳压器、二极管、电阻、电容等相关的连线是否接错，发现接错立即更正，直到全部接线都正确，尤其要注意排除输出端短路的故障。

2. 检查电容 C_4 的极性是否接反，并用指针式万用表检测电容 C_4 是否击穿损坏，如果损坏则予以更换。

3. 经检查电路接线全部正确，且输出端无短路现象，则一般为集成稳压器 CW317 损坏，更换好的 CW317 予以解决。

5.1.4　集成稳压器输入端电压正常而输出端电压不能调节

故障产生原因：

1. 电压调节用的电阻 R_1 与 R_2 和电位器 RP 以及滤波电容 C_3 的有关连线接错或断线。

2. 电位器 RP 或电阻 R_1 和 R_2 中某只损坏。

3. 电容 C_3 击穿而短路。

4. 集成稳压器 CW317 损坏。

对应的解决办法：

1. 用目测法检测其有关连线是否接错，用指针式万用表检测断线情况，纠正接错的线，更换断线。

2. 用万用表欧姆挡检测电位器 RP，电阻 R_1 和 R_2，如果损坏则予以更换。

3. 用万用表欧姆挡检测电容 C_3 是否损坏，如果发现损坏则予以更换。

4. 如果经以上 3 个方面的检查都无问题，则为集成稳压器 CW317 损坏，更换好的 CW317 即可正常工作。

5.1.5　集成稳压器输入端电压正常而输出端电压调节范围太小

如图 3-9 所示实验电路的输出电压的一般调节范围为 5～18V，如果输出电压调节范围太小，则说明存在本故障，其故障产生原因如下：

1. 电位器 RP 接错或损坏，电阻 R_1 或 R_2 阻值搞错。

2. 集成稳压器 CW317 损坏。

对应的解决办法：

1. 用万用表检测电位器 RP 和电阻 R_1 和 R_2 的值，更换阻值正确的电位器或电阻。

2．更换好的集成稳压器 CW317。

5.1.6　U_i 的电压值小于正常值而且 U_i 纹波值太大

如图 3-9 所示电路中的 U_i 正常值在 U_2=16.5V 时为 20V 左右，若 U_i 为 16V 以下则说明 U_i 太小，造成该故障的原因一般有三点。

1．滤波电容 C_1 接错或损坏。

2．整流二极管 $VD_1 \sim VD_4$ 某只损坏或桥堆中某只二极管损坏。

3．变压器 TD 二次侧输出的电压太小。

对应的解决办法：

1．正确装接电容 C_1 或更换对应的电容。

2．更换某只损坏的二极管或桥堆。

3．用数字万用表的交流电压挡或晶体管毫伏表检测 U2 的值，如果太小则更换变压器或实验箱。

5.1.7　稳压器输出电压正常而输出负载电流 I_{oL} 为零或者误差太大

故障产生原因：

1．测量方法错误。

2．测量仪表接线错误。

3．电流挡熔断器烧坏。

4．负载电阻装错或断线。

对应的解决办法：

1．测量电流应把电流表串接在负载电阻中，量程大于或等于 200mA，绝对不能并接在负载电阻上。

2．测量电流时数字万用表的黑表笔大头所接位置不变（即 COM 处），红表笔大头要接在电流测试端即 10A 处。

3．并联测量造成数字万用表的熔断器烧断，此时用数字万用表检测熔断器的电阻值为无穷大予以确认，更换后一定要采用数字万用表与负载电阻串联的方法测量。

4．检查负载电阻 R_L 的阻值是否正确，以判断负载电阻是否装错或损坏，以及有关连线断线等，如果有损坏或断线，则予以更换，如果装错则必须更正。

5.2　三极管放大器实验故障分析与排除技巧

该实验常见的故障现象可分为放大器输入端无波形、输出端无波形、电压放大倍数 A_u 不正常、输出波形失真四种。下面将按照这四种实验故障现象分别分析和解剖其产生的原因，介绍实验故障的排除技巧及解决办法等。

5.2.1　放大器输入端无波形

造成放大器输入端无波形常见的原因有示波器或函数信号发生器操作使用不当，示波器或函数信号发生器自身工作不正常、示波器探头连接断线或损坏、函数信号发生器输出线断线或损坏等。

1．示波器探头连线和函数信号发生器输出线断线或损坏故障的检查与排除

（1）示波器探头连线故障的检查与排除。

该故障一般用 500HA 型万用表 $R \times 10\Omega$ 和 $R \times 10k\Omega$ 挡检测其相关的电阻值进行确认和排除。示波器探头连线上的输入倍率开关拨到×1 位置时，探头连线插座端的中心插针与测试端的探针之间的电阻值约为 170Ω，探头连线插座外壳与该线的黑夹子之间的电阻值几乎为 0，探针与黑夹子之间的电阻值为无穷大，说明该被测连线是好的，否则该被测连线已损坏，需要更换或修理。

（2）函数信号发生器输出线故障的检查与排除。

可用 500HA 型万用表 $R \times 1\Omega$ 挡检测输出线插座端的中心插针与红夹子之间的电阻值近似为 0，输出线插座外壳与黑夹子之间的电阻值近似为 0，取下输出线测量红、黑夹子之间的电阻值为无穷大（用万用表 $R \times 10k\Omega$ 挡检测），三项测试结果都符合要求，说明该输出线是好的，否则需要更换或修理。

2．示波器操作使用不当故障的检查和排除

示波器探头连线和函数信号发生器输出线经检查确认正常之后，放大器输入端仍无波形，则很可能为示波器操作使用不当所至，该故障的确认和排除方法如下。

（1）将示波器的探针或红夹子接到其自身的校准信号输出端。

（2）示波器开关旋钮位置的检查与调节：检查核对示波器的各开关旋钮是否处于一般正常的常用位置（现以 MOS-620B 型双踪示波器为例），即按下电源开关，指示灯绿灯点亮，亮度旋钮旋到适中偏亮位置，各通道（包括工作方式、触发信号及同步信号等）开关与探针接入位置必须对应正确，千万不能错位。V/DIV 即垂直灵敏度开关的位置则需根据被测信号的大小合理选择，检测校准信号时置于 0.2V 挡。垂直（Y 轴）灵敏度微调旋钮置于校准位置（顺时针旋到底）。水平（X 轴）灵敏度开关也常称扫描时间开关，根据被测信号的频率高低选择拨到合适位置，信号频率高时挡位选择小，相反则挡位选择大。一般 1kHz 的信号，该扫描开关拨至 0.2ms 挡位较好，水平（X 轴）扫描微调旋钮应顺时针旋到底。输入耦合方式开关置于 AC 或 DC 位置。X 轴、Y 轴位移旋钮旋到适中位置。

（3）显示波形的校对与核查：经以上两步的正确操作后，示波器显示屏应显示出方波，而且方波的幅值 $V_{\text{p-p}}=2\text{V} \times (1\pm 2\%)$，方波频率为 $1\text{kHz} \times (1\pm 8\%)$，即方波周期为 $1\text{ms} \times (1\pm 5\%)$，说明示波器的操作使用和工作都正常，否则为示波器本身有故障，可按后面第 3 项中所讲的方法检查排除。

3．示波器本身故障（包括操作错误造成）的检查与排除

（1）示波器电源指示灯不亮且无扫描亮线。

故障原因：一般为无电源输入，电源插头未插好，电源开关未按下等。

解决办法：插好示波器电源插座，按下实验桌中配电板上的电源开关和示波器的电源开关后，一般情况下都能正常工作。如果示波器仍然不正常，则为其内部损坏，必须确认后更换好的示波器。

（2）电源指示灯正常发光而无扫描线。

故障原因：

① 亮度旋钮处于逆时针到底。

② 位移旋钮位置旋得不当，把扫描线移出显示屏。

③ 示波器内部电路故障。

对应的解决办法：

① 亮度旋钮顺时针旋到合适位置。

② 调节位移旋钮把扫描线调到显示屏中间。

③ 更换好的示波器。

（3）检测校准信号只有一条扫描线。

故障原因：

① 输入耦合开关处于接地位置。

② 通道错位。

③ 输入倍率开关处于×10 位置而且 Y 轴灵敏度挡位太大。

④ 某一通道内部电路损坏。

⑤ 两个通道信号无法输入。

⑥ 无校准信号输出。

对应的解决办法:

① 按 AUTO 键,若不能解决则更换探头。

② 各通道开关拨到与信号输入端对应正确的位置。

③ 输入倍率开关拨到×1 位置,并把 Y 轴灵敏度开关拨到 0.2V 挡位。

④ 更换另一通道后,校准方波正常,表示原来所用的通道内部电路有故障。

⑤ 检查确认示波器故障后,更换示波器解决。

⑥ 无校准信号输出的故障必须用好的信号发生器的输出波形送入示波器中检查后才能确定。

(4)检测校准信号时电压幅值误差很大。

故障原因:

① Y 轴灵敏度微调旋钮没有置于校准位置。

② 输入倍率开关挡位没有在读数结果中计入。

③ Y 轴灵敏度开关接触不好或损坏。

对应的解决办法:

① 调节 Y 轴灵敏度微调旋钮或按 AUTO 键。

② 把输入倍率计算到测量结果中。

③ 重新转动 Y 轴灵敏度开关使之接触良好,或者更换测量通道,或者更换示波器。

4. 函数信号发生器使用操作有误或本身损坏

上面第 1 项和第 2 项的检查操作都处于正常之后,将示波器接到放大器的输入端,反复调整 Y 轴灵敏度开关挡位,示波器显示正弦波正常,则放大器输入无波形的故障已经排除,如果仍然没有正弦波,则为函数信号发生器操作不当或本身损坏而无波形输出。

(1)操作不当故障。

函数信号发生器操作不当的情况有如下 4 种。

① 输出按钮开关未断开。

② 函数信号发生器输出电压幅值太小。

③ 函数信号发生器电压输出线位置接错。

④ 函数信号发生器所调的频率与所需的频率误差太大。

故障排除的办法:按下函数信号发生器电源开关或插上其电源插头,并按下电源开关,然后进行以下(现以 DG4062 型函数信号发生器为例)对应的操作。

① 根据函数信号发生器输出所在通道,查看 Output 按钮是否点亮。

② 增大函数信号发生器的电压输出幅值,可通过旋钮调节或手动输入进行。

③ 函数信号发生器电压输出线应接在如图 3-12 所示电路的 u_s(信号源)两端,其中红色线与 R_s 相接,黑色线接地(直流电源的负极)。

④ 调节函数信号发生器的频率,使输出信号频率为 1kHz 左右。

(2)函数信号发生器本身损坏。

经过以上所有检查和操作,放大器输入端仍无波形,则说明函数信号发生器本身已损坏,经核查确认后更换好的函数信号发生器。

经过上述第1~4项的全面检查和操作,放大器输入端无波形的故障被彻底排除和解决。

5.2.2　输出端无波形

图 3-12 所示的单管放大器的信号是从左往右传送的,这点必须搞清楚。因此,首先要用示波器

分别检测放大电路的输入信号 U_i，三极管基极、集电极以及放大电路的输出信号（即 R_L 两端电压）U_{oL} 的波形情况，然后根据相关的情况做出分析和判断。

1. U_s 有波形而三极管基极无波形

故障原因：

（1）连接电阻 R_s 和电容 C_1 到三极管基极的连线断线。

（2）连接电阻 R_s 和电容 C_1 到三极管基极的连线接错。

（3）电阻 R_s 或电容 C_1 损坏。

对应的解决办法：

（1）用 500HA 型指针式万用表 $R×1\Omega$ 挡检测排除。

（2）用目测法根据原理检查接线予以排除。

（3）用相应的电阻和电容代换排除。

2. 三极管集电极有波形而 U_{oL} 无波形

故障原因：电容 C_2 损坏或相关的接线断线或接错。

解决办法：用 500HA 型指针式万用表检测断线或判别电容 C_2 有无充放电的办法排除断线和确认该电容是否损坏，用目测法排除接线错误。

3. 三极管基极有波形而集电极无波形

故障原因：

（1）12V 电源没接通。

（2）放大器直流工作点严重失调。

（3）三极管损坏。

（4）电位器 RP 和电阻 R_{b1}、R_{b2} 与 R_c 以及 R_{e1} 或 R_{e2} 中某只或多只元器件损坏开路或短路等。

（5）连接上述电阻或电位器的连线断线或接错。

对应的解决方法：

（1）断开实验箱上 12V 电源开关，用数字万用表直流电压 20V 挡测量 12V 电源情况，排除未通电及断线等故障，在电压表及表笔都正常的情况下，电源输出端无电压或不合要求，则表示 12V 电源已损坏，电源电压正常，而放大器电源输入端无电压，则表示断线。

（2）调节 RP 即可使波形正常。

（3）三极管不接连线时用指针式万用表 $R×1k\Omega$ 挡检测三极管基极与发射极、基极与集电极的正向电阻都较小，反向电阻都很大，集电极与发射极间的正、反向电阻都很大，则表明三极管是好的，否则该三极管已经损坏，需要更换。

（4）用数字万用表的欧姆挡检测电位器和各电阻的阻值与设计值相差很大，则为该电阻或电位器已损坏，更换后即可正常。

（5）连线断线用万用表检测排除，接线错误用目测法排除。

5.2.3　电压放大倍数 A_u 不正常

如图 3-12 所示的单管放大器的电压放大倍数理论值为

$$A_u = \frac{-\beta R_L'}{r_{be}} = \frac{-\beta(R_C//R_L)}{r_{be}}$$

其中

$$r_{be} = 300\Omega + (1+\beta)\frac{26mV}{I_{eQ}}$$

因为三极管的 β 值太大会使其工作稳定性差，所以 A_u 的数值一般为几十到 300 之间，其数值的大小主要取决于 β 的大小，另外还与电阻 R_c 和 R_L 的取值以及直流工作点的调整有关，A_u 不正常可分 3 种情况进行分析和讨论。

1．电压放大倍数很小即 $A_u \approx -1$

该故障产生的主要原因：

（1）电容 C_3 没接上或相关的连线断线或 C_3 失效开路。

（2）三极管无放大能力，即 β 值太小。

对应的解决办法：

（1）把电容 C_3 接入所在的电路中，或者将检测出的断线换新或更换好的电容 C_3。

（2）取下三极管用 QT2 型图示仪测量确认后更换三极管，或者直接更换好的三极管进行比较、判别和确认。

2．电压放大倍数的绝对值小于 10 即 $|A_u| < 10$

该故障产生的主要原因：

（1）放大器的直流工作点没有调整好。

（2）R_c 取值太小。

（3）三极管的 β 值太小。

（4）C_3 失效而容量不足。

对应的解决办法：

（1）重新调整直流工作点。

（2）加大电阻 R_c 的值。

（3）更换 β 值大的三极管。

（4）更换好的电容。

3．电压放大倍数的绝对值大于 300

该故障产生的原因一般为测量或者计算错误，解决办法为重新进行正确测量或者计算。

5.2.4　输出波形失真

输出波形失真一般分为既饱和又截止失真、饱和失真、截止失真三种情况，下面分别进行分析和讨论。

1．放大器输出波形出现既饱和又截止失真

出现这种失真波形，说明放大器的直流工作点是调得比较好的，只是放大器的输入信号幅值太大，造成放大器输出波形的正负半波都有被削波形的现象，只要大大减小函数信号发生器的输出电压幅值即可解决。

2．放大器输出波形出现饱和失真

根据放大器的工作原理可知，放大器的直流工作点太高，三极管的基极电流 I_{bQ} 太大，三极管集电极与发射极之间的电压 U_{ceQ} 太小，会造成放大器的输出波形出现饱和失真。该故障产生的具体原因有以下 5 种。

（1）电位器 RP 调节不合理。

（2）输入到放大器的信号幅值偏大。

（3）接线错误或断线。

（4）电位器 RP 和电阻 R_{b1}、R_{b2}、R_c、R_{e1} 或 R_{e2} 以及电容 C_2、C_3 某元器件损坏开路、短路或装错等。

（5）电路及参数设计和取值不合理或出现错误。

对应的解决办法：

（1）将示波器接在放大器输出端，重新调整 RP 即可。

（2）适当减小函数信号发生器的电压输出幅值，也可结合调整 RP 的同时反复调节其电压输出幅值。

（3）用目测法检查接线错误并改正，用万用表检测断线并更换，再重新调整 RP 即可。

（4）用万用表检测出某只损坏的元器件和装错的元器件并更换，再重新调整 RP 即可。

（5）找出电路及参数设计错误的具体元器件以及参数值，并进行更改、更换，重新调试电路。

3．放大器输出波形出现截止失真

放大器的直流工作点太低，三极管的基极电流 I_{bQ} 太小，三极管集电极与发射极之间的电压 U_{ceQ} 太大，放大器的输出波形出现截止失真。其解决办法：大大减小 RP 的阻值，使 I_{bQ} 增大，U_{ceQ} 减小。其具体原因和解决办法类似饱和失真，只是电阻值的调节变化方向相反。

5.3　集成运算放大器实验故障分析与排除技巧

集成运算放大器简称集成运放，在模拟电子技术电路中的应用越来越广泛、越来越普及。集成运放的线性应用电路实验除了其内部电路之外的电路原理和电路结构都相对较简单外，该实验具有很强的基础性和应用性，广泛性和普及性的意义也极其深远。下面将根据其实验顺序分别分析和讨论各个比例运算电路实验的常见故障和排除方法。

5.3.1　反相比例运算电路常见实验故障的排除

首先设图 3-34 电路中的 $R_F=100\text{k}\Omega$，$R_1=10\text{k}\Omega$，$RP=9.1\text{k}\Omega$，集成运放型号为 μA741，此时完整、正确的实验电路如图 5-1 所示，下面根据该电路分析和讨论常见故障和解决办法。

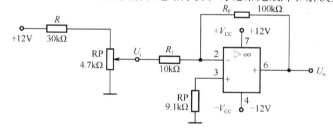

图 5-1　反相比例运算电路

1．集成运放输入电压 U_i=0V 时输出电压 U_o>1V

故障原因：

（1）连接电阻 R_1、R_F 和 RP 的连线断线或接错。

（2）电阻 R_1、R_F 和 RP 某只损坏开路或短路。

（3）电位器 RP 损坏或有关接线错误或断线。

（4）集成运放插座接触不良或开路。

（5）μA741 损坏。

对应的解决办法：

（1）用万用表欧姆挡检测出有关断线并更换，用目测法找出接线错误之处并改正。

（2）用万用表欧姆挡检测出某只损坏的电阻并更换好的电阻。

（3）用万用表欧姆挡检测电位器 RP 的好坏和有关连接线是否断线，如果电位器损坏及有断线，则加以更换，用目测法排除接线错误。

（4）集成运放插座接触不良或开路的故障，需用万用表 $R\times1\Omega$ 挡检测其对应引脚与外接线孔之间的电阻应几乎为 0Ω，电阻值较大或很大，则表示插座某引脚接触不良或开路。出现该故障时一般重新装配集成运放或更换集成运放插座来解决。

（5）上面 4 个方面的检查都正常，但集成运放输出端 U_o 仍较大，则一般为 μA741 损坏，必须更换好的 μA741。

2．集成运放输入电压 U_i（设为 0.4V）正常而输出电压 U_o=0V

故障原因：

（1）集成运放的工作电源没接入。

（2）集成运放插座某引脚接触不好或开路。

（3）电阻 R_1 损坏开路。

（4）μA741 损坏。

对应的解决办法：

（1）检测出连接电源的断线并更换，查出相应接错的线并更正。

（2）用万用表 $R\times1\Omega$ 挡检测集成运放对应引脚与连接插孔的电阻值应几乎全部为 0Ω，否则必须更换集成运放插座。

（3）用万用表 $R\times1k\Omega$ 挡检测 R_1 的电阻值，若电阻损坏则更换。

（4）以上三个方面都正常，U_o 仍为 0V，则为 μA741 损坏，需要将其更换。

3．集成运放输出电压与输入电压的比值不符合设计要求

故障原因：

（1）电阻 R_F 和 R_1 某只装错。

（2）电阻 R_F 和 R_1 的阻值变值或阻值误差太大。

（3）集成运放内部失调太大。

（4）测量错误。

对应的解决办法：

（1）更换某只装错的电阻。

（2）用数字万用表欧姆挡检测 R_F 和 R_1 的阻值，如果误差太大则需更换。

（3）更换失调较小的集成运放。

（4）重新正确测量，尤其输入电压要先接线后测量，不能先测量后接线。

5.3.2　同相比例运算电路常见实验故障的排除

同相比例运算电路与反相比例运算电路相比只是运算比例和极性有所不同，其他方面完全相同，所以同相比例运算电路的常见实验故障原因和排除办法几乎可以全部参考反相比例运算电路。

5.3.3　反相求和运算电路常见实验故障的排除

反相求和运算电路几乎与反相比例运算电路一致，所不同的只是增加了两路 U_{i2} 和 U_{i3} 以及相关的电阻和电位器。单路输入信号输入时出现的故障完全与反相比例运算电路相同，所以这里只分析讨论单路（U_{i1}）输入的比例关系正常而三路输入时输出求和运算不合要求的故障，为了分析方便，现设图 3-36 所示电路中的电阻值 R_F=100kΩ，R_1=5kΩ，R_2=10kΩ，R_3=20kΩ，R=3kΩ，集成运放为 μA741，输入信号：U_{i1}=0.2V，U_{i2}=0.3V，U_{i3}=0.4V。据本电路的实验原理可知，此时输出电压为

$$U_o = -\left(\frac{R_F}{R_1}U_{i1} + \frac{R_F}{R_2}U_{i2} + \frac{R_F}{R_3}U_{i3}\right)$$

$$=-9.0\text{V}$$

下面对本实验有关故障进行分析和讨论。

（1）第一路信号输入与输出电压正常，而第二路或第三路输入信号后无输出电压的故障产生原因是：第一路信号输入后输出电压正常，说明集成运放、R_F 及 R_1 都正常工作，故障原因为 R_2 和 R_3 损坏或者有关的连线断线或者连线接错。

解决办法：用万用表的欧姆挡检测 R_2 和 R_3 的电阻值和有关连线，更换损坏的电阻和断线，连线接错用目测法检查并更正。

（2）三路信号同时输入而输出电压值误差太大，超出±5%的故障产生原因：

① 输入信号没调准。

② 调零没调好。

③ 电阻 R_F、$R_1 \sim R_3$ 等几只电阻值误差太大或者某只电阻损坏造成电阻值变化等。

对应的解决办法：

① 连接好三组的信号输入线，反复调测三组输入信号 3 次，调测要细心、仔细。

② 调零尽可能调到最小，然后记下输入信号为零时对应的输出电压值 U_o'，计算时加以修正。

③ 用数字万用表欧姆挡测量 R_F、$R_1 \sim R_3$ 的电阻值误差不应超过±3%，否则应更换电阻。

5.3.4　减法运算电路常见实验故障的排除

由图 3-37 所示的减法运算电路可知，当电路中 $R_1=R_2=10\text{k}\Omega$，$R_3=R_F=100\text{k}\Omega$ 时，$U_o = (U_{i2} - U_{i1})\dfrac{R_F}{R_1} = 10(U_{i2}-U_{i1})$，设 $U_{i2}=1.000\text{V}$，$U_{i1}=0.500\text{V}$，一般 $U_o=10(U_{i2}-U_{i1})=10\times(1.000-0.500)=5.000\text{V}$。

本实验一般是在前面实验成功的基础上进行的，所以 μA741 一般工作正常，较常见的故障有两种。

1. 输出电压 U_o 与理论值比较误差太大

误差太大产生的原因：

（1）输入电压 U_{i1}、U_{i2} 没调准。

（2）电阻 R_3 取值错误或者装接错误。

（3）调零未调准。

（4）电阻 R_F、R_1 和 R_2 中某只误差太大。

对应的解决办法：

（1）反复调节测量输入电压 U_{i1}、U_{i2} 3 次，并且要先连线后调节测试，千万不能先调节测试后连线。

（2）检查排除电阻 R_3 的取值错误或装配错误。

（3）重新进行调零，并记下 $U_{i1}=U_{i2}=0$ 时，对应的 U_o' 的值以供计算结果时加以修正。

（4）用数字万用表欧姆挡检测 R_F、R_1 和 R_2 的电阻值，损坏或误差太大的元器件都必须更换。

2. 输出电压 U_o 是负值

产生的原因及解决办法：

（1）若数字万用表两个表笔位置接反，则将测量端两个表笔互换即可。

（2）检查 U_{i1} 和 U_{i2} 的值是否调反，使用数字万用表测量 U_{i1} 和 U_{i2} 的值，调节电位器 RP_1 和 RP_2 使 $U_{i2}=1.000\text{V}$，$U_{i1}=0.500\text{V}$。

5.4　集成功率放大器实验故障分析与排除技巧

集成功率放大器实验最突出的特点是功率放大倍数 A_P 非常大，可达几百万，甚至上千万。由于 A_P 很大，所以很容易引起高频自激振荡，这是本实验常见的实验故障。其次还有输出波形失真、输入无波形造成输出无波形、输入有波形而输出无波形等故障。下面将根据图 3-50 的实验原理电路分别剖析各种故障的产生原因和解决办法。

5.4.1　集成功率放大器输出正弦波叠加了高频自激振荡波

1．造成该故障常见的原因

（1）地线接线位置走向不合理。

（2）地线连线有断线或者其连线太长。

（3）其他连线太长或者布线位置不合理。

（4）相位补偿电容 C_4 和 C_5 没有装入电路或者容量调整得不合理。

（5）高频滤波电容 C_7 没有调整好或相关连线断路、损坏。

（6）电容 C_F 没装入或损坏开路。

2．对应的解决办法

（1）经过多次试验和总结，得出地线较合理的接法：LA4100 集成功放第 2、3 引脚用最短的线直接连接，功率函数信号发生器的输出地线直接连接在集成功放的第 2 引脚上，反馈电阻 R_F 的地线直接与集成功放的第 3 引脚连接，然后用尽可能短的线将集成功放第 2 引脚与电源的地线连接。负载电阻 R_L 的地线直接与电源地线连接。电容 C_2 的地线与 C_3 的地线连接，电容 C_3 的地线再与 C_7 的地线连接，电容 C_7 的地线再与 C_6 的地线连接，最后将 C_6 的地线与电源的地线连接，而且所有的地线尽可能短。按照以上的要求正确连接地线，就能消除地线连接不合理所引起的高频自激振荡，使集成功率放大器输出的正弦波清晰可见。

（2）用指针式万用表欧姆挡检测出断线并加以更换或者把较长的地线换成更短的。

（3）将其他太长的接线更换成比较短的或适当调整布线位置，使其输入、输出连线尽可能少交叉、重叠等。

（4）装接好相位补偿电容 C_4 和 C_5 或调整其容量，C_4 的容量为几百皮法。C_5 的容量为几千皮法，以消除其高频自激振荡现象。

（5）装接好电容 C_7 和检测出断线并更换，或者更换好的高频滤波电容，调整该电容的容量，其值一般在 $0\sim0.2\mu F$ 之间调整。

（6）检查电容 C_F 是否损坏、断线和装错等，如果发现元器件损坏、连线断线则进行更换，如果装错则需更正。

5.4.2　集成功率放大器输出波形失真

1．造成集成功率放大器输出波形失真的 4 种原因

（1）输入到集成功率放大器的信号太大造成其输出波形失真。

（2）电位器 RP 和电阻 R_1 装接错误（包括断线）或者某只元器件损坏。

（3）电阻 R_F 取值太小或短路。

（4）高频自激振荡引起输出波形失真。

2．对应的解决办法

（1）适当调小函数信号发生器的输出电压幅值，使波形正好出现不失真。

（2）用目测法检查电位器 RP 和电阻 R_1 的装接情况，并且纠正错误，用万用表检测断线，以及电位器 RP 和电阻 R_1 的值，发现断线或损坏的元器件加以更换。

（3）用万用表检测 R_F 的值，以确认是否取值太小或损坏短路等，并加以改正或更换。

（4）先按照 5.4.1 节中故障的分析和排除高频自激振荡的故障后，如果还存在输出波形失真，则再按 5.4.2 节中故障的产生原因和解决办法进行排除。

5.4.3　集成功率放大器输入无波形造成输出无波形

本故障可完全按照 5.2.1 节中放大器输入端无波形故障进行分析和排除。

5.4.4　集成功率放大器输入有波形而输出无波形

1．造成该故障的 4 种常见原因

（1）5V 电源没有输入到集成功率放大器中。

（2）LA4100 集成功放损坏。

（3）电阻 R 和电容 C_1 的相关连线断线或接错，或者某只元器件损坏等。

（4）电容 C_9 损坏开路。

2．对应的解决办法

（1）打开实验箱上的电源总开关和 5V 电源开关，用数字万用表直流电压挡检测该电源和集成功放第 14 引脚都应有 5V 直流电压，否则为电源故障或者有断线，更换断线或电源即可。

（2）用数字万用表直流电压挡检测集成功放第 1 引脚的直流电压为 $V_{CC}/2$，即 2.5V 左右，如果误差太大，则在电路接线正确且无断线以及各电容无损坏、短路的情况下，确认是 LA4100 集成功放已损坏，更换后即可排除输出无波形故障。

（3）如果输入有波形而集成功放第 9 引脚无波形，则故障为电阻 R 和电容 C_1 的相关连线开路等造成的，用数字万用表欧姆挡检测断线或元器件损坏情况，并进行更换，装接错误用目测法检查并加以纠正。

（4）用指针式万用表检测电容 C_9 是否损坏，如果损坏开路则更换。

5.4.5　集成功率放大器输出有波形但是没放大

1．造成该故障的 3 个主要原因

（1）电阻 R_F 没有装接或者 R_F 已损坏以及相关连线断线等。

（2）电阻 R_1 和电位器 RP 接线错误或损坏造成短路。

（3）LA4100 集成功放损坏。

2．对应的解决办法

（1）检测 R_F 的阻值及相关连线是否断线等，如果损坏或断线则进行更换，如果装接错误则加以纠正。

（2）用数字万用表检测 R_1 和 RP 是否损坏短路以及因接线错误造成的短路，并更换和更正。

（3）用上面所讲的方法进行检查，确认后更换 LA4100 集成功放。

5.5　负反馈放大器实验故障分析与排除技巧

负反馈放大器实验有电压串联负反馈放大器和电压并联负反馈放大器。因电压串联负反馈放大器的基本电路和单级放大器基本一致，故其故障分析与排除办法可参考 5.2 节。这里主要对电压并联负反馈放大器（本节简称放大器）的实验故障进行分析，并介绍其故障的排除办法。为了分析方便，现设图 3-55 中的电阻值：$R_F=100\text{k}\Omega$，$R_1=R=10\text{k}\Omega$，$R_2=9.1\text{k}\Omega$。

　　本实验较常见的故障现象有放大器输入端无波形、放大器输入波形正常而输出无波形、放大器输出波形失真、电压放大倍数不正常、所测的输出电阻为负值，下面分别予以分析和介绍。

5.5.1　放大器输入端无波形

　　造成该故障的原因：与放大器所在的电路几乎无关，主要与示波器和函数信号发生器以及两种仪器的连线有关。

　　示波器的操作使用不当和内部电路故障、函数信号发生器使用不当和内部电路故障，以及两种仪器连线断线或接错都会造成输入端无波形的故障，具体的故障原因和解决办法参见 5.2.1 节中的内容。

5.5.2　放大器输入波形正常而输出无波形

1. 故障原因分析

　　信号波形是从放大器电路的左面向右面传送并放大的，当输入端有波形时，如果电阻 R_1 左边无波形，其原因则为电阻 R 或电容 C 损坏，或者相关的连线接错或断线。如果电阻 R_1 左面有波形而集成运放输出端无波形，造成的原因：电阻 R_1、R_F 和 R_2 某只损坏，有关的连线接错或断线，集成运放插座接触不良或断开，集成运放电源未接入或集成运放损坏等。

2. 故障排除技巧

　　（1）首先检查实验箱的±12V 电源开关是否断开，并用数字万用表直流电压挡检测集成运放的第 7 引脚，第 4 引脚应有±12V 的电压，否则为电源线接错、断线、集成运放插座不通或电源损坏。需更正接线、更换断线或更换集成运放插座或电源直到±12V 电源正确。

　　（2）用示波器检测电阻 R_1 左侧的节点，若有正常波形，则说明电阻 R_1 左侧电路正常，实验故障在电阻 R_1 右侧部分电路。反之说明故障在电阻 R_1 左侧电路，用万用表检测相关的断线以及电阻 R 和电容 C_1 是否损坏或接错，更换断线或电阻 R、电容 C_1 以及更正接线错误即可排除电阻 R_1 左侧无波形的故障。

　　（3）电阻 R_1 左侧节点有波形而 U_{oL} 无波形故障的排除技巧：用万用表检测电阻 R_1、R_F 和 R_2 的电阻值，相关连线的通断，以及集成运放插座对应引脚与外接的线孔之间的电阻值是否为零，用目测法检查接线是否错误，若有损坏的电阻、集成运放插座、断线则加以更换，更正接错的连线，一般 U_{oL} 的波形即可正常，如果仍然无波形，则故障原因为集成运放 μA741 损坏，更换好的 μA741 即可排除本故障。

5.5.3　放大器输出波形失真

1. 输出波形失真的主要原因

　　（1）放大器输入波形电压幅值太大。
　　（2）集成运放正负电源的电压值相差太大。
　　（3）负载电阻 R_L 取值太小。
　　（4）电路组装连接线太长、太乱引起高频自激振荡，从而造成输出波形失真。

2. 对应的解决办法

　　（1）调小函数信号发生器的输出电压幅值。
　　（2）调节电源电压值使其正负对称或更换不对称的正负电源并可靠正确地连接。
　　（3）增大负载电阻 R_L 的值，输出信号电压不大时，一般不能小于 100Ω，输出信号电压较大时，R_L 取值要大。因为 R_L 的阻值太小会造成其电流超过集成运放允许的工作电流。

（4）用尽可能短的连线连接组装，输入与输出连线不要交织在一起，要尽量分开。

5.5.4　电压放大倍数不正常

根据所设电阻值，其负反馈放大器的电压放大倍数的理论值：$A_{uf} = -\dfrac{R_F}{R_1} = \dfrac{-U_{oL}}{U_i} = -10$，如果实验结果与理论值之间的误差超过±10%，则一般为不正常。

1. 造成该故障的主要原因

（1）测量计算错误。

（2）反馈电阻 R_F 和比例电阻 R_1 的值误差太大。

（3）集成运放失调太大。

2. 对应的解决办法

（1）重新正确地进行测量和计算。

（2）用数字万用表检测 R_F 和 R_1，误差超过±5%则必须更换。

（3）更换失调小的集成运放 μA741。

5.5.5　所测的输出电阻为负值

输出电阻只能是正值，负值是一个明显的错误。

造成该错误的主要原因是：输出波形叠加了较小的高频自激振荡信号和测量输出电阻时 R_L 取值不合适以及测量错误。

其解决方法：整理改进接线和加接电源滤波电容以消除高频自激振荡后再测量，R_L 的电阻值选择要合适或重新测量。

5.6　电平检测器实验故障分析与排除技巧

图 3-58 所示电路是一个小型而实用的综合性实验电路，该电路中既有由集成运放组成的滞回比较器，又有分立元器件晶体管等组成的电流放大器，还有发光二极管指示电路。努力做好和完成本实验有助于读者的综合分析和应用电路能力的提高。由图 3-58 所示电路的实验原理和设计要求可知，在电路调试比较好的情况下，实验中可调稳压电源调到 10.5V 以下时，集成运放输出低电位约-13.6V，从而使三极管截止，发光二极管 VD_3 导通发出红光，而发光二极管 VD_2（绿灯）截止熄灭。可调稳压电源的电压大于 13.5V 时，集成运放输出变为高电位约+14V，三极管导通，红灯 VD_3 截止熄灭，而绿灯 VD_2 正极处于高电位而导通发亮。下面将根据图 3-58 所示的电路，对易产生故障的原因和解决办法进行分析和讨论。

5.6.1　可调稳压源电压 U_i 降到 8V 时红灯不亮绿灯亮

红灯不亮绿灯亮表示集成运放输出高电位，使 VD_2 导通点亮，也使三极管基极高电位而导通，从而使三极管的集电极低电位而 VD_3 截止。

1. 产生该故障的主要原因

（1）电位器 RP_1 和 RP_2 严重失调。

（2）电位器 RP_1 和 RP_2 以及电阻 R、R_1 和 R_2 某只损坏或装错，相关的连线断线或接错。

（3）-15V 电源没有输送到集成运放 μA741 的第 4 引脚。

（4）集成运放插座接触不良或其对应引脚与接线孔之间开路。

2．对应的解决办法

（1）重新调节电位器：当电阻 R 取 10kΩ 时，R_1+RP$_1$≈93.33kΩ，R_2+RP$_2$≈12.5kΩ，调测电阻值时必须断开与集成运放相连一端的所有连线。

（2）用数字万用表欧姆挡检测电位器 RP$_1$ 和 RP$_2$，电阻 R、R_1、R_2 以及相关连线的电阻值，判断有无损坏或断线。如果有元器件损坏或断线，则立即更换。用目测法检查组装接线错误并加以纠正，故障便可排除。

（3）断开电源开关，并用数字万用表的直流电压挡检测集成运放第 4 引脚应有-15V 电源，否则需更换电源连线或直流稳压电源。

（4）重新安装集成运放使之接触良好或者用数字万用表欧姆挡检测集成运放对应引脚与外接连线插孔的电阻值为 0，否则更换集成运放插座。

5.6.2 可调稳压源电压 U_i 升高到 14V 时仍为绿灯不亮红灯亮

根据要求，当 U_i 大于 13.5V 时，应为红灯不亮、绿灯亮，其指示功能正好相反，说明集成运放输出信号极性相反。产生该故障的原因和解决办法和 5.6.1 节中介绍的基本相同，只是电位器的阻值增减与其相反，请读者参考前面所讲的方法进行排除，这里就不再介绍了。

5.6.3 集成运放输出正常的高电位而红灯也亮

1．产生该故障的主要原因

（1）+12V 电源没有接通。

（2）三极管损坏。

（3）R_b 或 VD$_1$ 损坏。

（4）三极管集电极未接入电路。

（5）上述元器件的有关连线断线或接错。

2．对应的解决办法

（1）断开 12V 电源开关，用数字万用表的直流电压挡检测该电压是否输送到三极管的集电极，电源正极与晶体管发射极之间的电压应为 12V。

（2）断开三极管的连线，若用指针式万用表 $R×1$kΩ 挡分别检测三极管的基极与发射极、基极与集电极的正向电阻值较小，反向电阻值很大，则表示三极管是好的。否则三极管已经损坏，需要更换。

（3）用万用表检测电阻 R_b 的阻值应符合设计要求，否则应更换。二极管的正向电阻值小、反向电阻值大，则表示二极管是好的，否则二极管损坏，需要更换。

（4）用万用表检测与三极管等相关的连线是否断线，发现断线后立即更换；用目测法检查接线错误并纠正。

5.6.4 功能正常但电压控制范围超出设计要求±0.5V

两电位器 RP$_1$ 和 RP$_2$ 调节不够合理，仔细耐心反复调节即可。调节方法是，先调节 RP$_1$ 使 RP$_1$+R_1=93.33kΩ，然后反复调节 RP$_2$，当 RP$_2$ 阻值增大时，控制电压上下值都下移，即同时减小，反之则上移，即同时增加。

5.7 波形产生电路实验故障分析与排除技巧

本实验有文氏电桥正弦波发生器、方波三角波发生器、锯齿波信号发生器 3 种波形产生电路，后两种波形产生电路的工作原理和波形大同小异，所以这里主要对第一种波形产生电路的实验故障原因进行详细分析和讨论，重点介绍实验故障的排除技巧。

5.7.1　文氏电桥正弦波发生器实验故障分析

文氏电桥正弦波发生器原理电路如图 3-59 所示，要能较熟练地排除本实验的故障，除了多积累平时实验的经验和技巧外，很重要的是要搞清本实验电路的原理，由集成运放组成的 RC 串并联文氏电桥正弦波发生器有两条反馈支路，一条是由 R_1、C_1、R_2、C_2 组成的正反馈支路，将集成运放的输出信号输入到集成运放的同相端引起正反馈，这是振荡器产生振荡的必备条件；另一条是由 R_3 和反馈电阻 R_F 组成的负反馈支路，其中 R_F 为

$$R_F = R_4 + RP + R_5 // R_D$$

该支路一方面要保证电路能够产生振荡，另一方面要调节和改善正弦波的失真，使其失真达到最小。由振荡原理可知，$R_F = 2R_3$ 为振荡平衡条件。$R_F < 2R_3$ 时电路不能振荡；R_F 与 R_3 的比值太大时，会造成正弦波失真。由于实验中各种因素的存在，有时理论值与实验的实际情况有较大的差异，这就需要实验者在实践中进行大胆而细心的调试。在图 3-59 所示电路中，当 $R_1 = R_2 = R$，$C_1 = C_2 = C$ 时，电路产生振荡时的频率为

$$f = \frac{1}{2\pi RC}$$

本实验是一个循环系统，4 个桥臂中任何一个桥臂出现开路或短路故障，整个电路将无法产生波形，4 个桥臂失去所要求的平衡条件，电路输出波形失真或者无波形。下面将对这两种故障现象所产生的原因和解决办法进行详细的分析和讨论。

5.7.2　文氏电桥正弦波发生器输出无显示波形故障的原因

1. 示波器操作使用不当或示波器本身（包括探头连线）电路故障。
2. 电源开关未断开或电源接线错误或断线。
3. 电路没有进行调试或者调试不当。
4. 电路组装连接错误。
5. 电路连线有断线或者接触不良。
6. 集成运放插座接触不良或其引脚与外接连线插孔开路。
7. 集成运放损坏。
8. 电位器接错或损坏。
9. 电容接错或损坏。
10. 电阻损坏或接错。
11. 电路及参数设计错误。

5.7.3　文氏电桥正弦波发生器输出无显示波形故障的排除技巧

上面提到的 11 种故障原因的顺序只是一种举例，实际检查排除时不一定按照上面的顺序进行，需根据实际检查出现的情况不断地做出调整。有些故障可在实验电路组装连接之前排除，这样做既方便可靠，又节省时间。如断线故障，在组装连接电路之前，把所用的连线全部轻拉一下，没有拉断的线再用指针式万用表 $R \times 1\Omega$ 挡检测其电阻值近似为 0Ω 是好线，否则为断线。所有被查出的断线交给老师，以防止混进好线中再装入电路。这样做一般只需 2min 就足够了。如果等电路组装连接好了以后再检测连线通断，那么起码需要 5min。这样既费时又费事，而且容易错查、漏查等。另外，还有简单容易查的故障、常见（故障率最高的）的故障、重要的故障都要优先检查、优先排除。如电源故

障既重要又简单，要优先检查；如先进行大胆细心的调试，这也很重要且简单；如示波器的操作使用不当或本身有故障都要优先检查，因为示波器操作使用不当或本身有故障时，振荡电路已经正常工作输出有正弦波，也不能显示波形；如集成运放损坏、集成运放插座接触不良、电位器损坏，这些都是故障率较高的，也应该优先检查和排除。现将其 11 种故障对应的排除方法介绍如下。

1．按照单管放大器实验输入端无波形故障的具体排除办法进行排除。因为设计频率为 1591.5Hz，所以 X 轴扫描时间应设置为 0.2ms；又因为正弦波的振幅较大，每人的振幅虽然有所不同，但 Y 轴灵敏度应设置为 2V 或 5V；输入耦合方式不能设置于接地位置；对应的各通道设置选择要正确。这些内容都非常重要。

2．断开电源开关用数字万用表直流电压挡检测集成运放 μA741 的第 7、4 引脚应分别有±12V 电压，否则为断线或连线接错或集成运放插座接触不良或电源损坏，需更换解决。

3．要大胆细心地进行调试，无波形时大胆地增加电位器 RP 阻值，如出现失真正弦波后，再逐步减小 RP 的阻值。阻值增大时要大胆，阻值减小时要细心。为了便于调节，往往会将 RP 再串联一个电阻，但串联电阻的阻值不宜过大。

4．电路组装连接错误也是比较常见的故障。有少数实验者电路抄错，造成错误的连接。这种故障首先要仔细认真地审查电路参数都正确之后，再用目测法按照所设计的电路以及参数十分认真仔细地检查每一根连线，发现接错立即更正。

5．最好在组装电路之前检测每一根连线，并加以排除。如果组装之后再出现断线，则要十分耐心仔细地逐一检测后加以排除。连线接触不良用拉、压、接或者更换连线的办法找出所在点，然后加以排除。

6．用指针式万用表 $R×1Ω$ 挡检测集成运放对应引脚与外接连线插孔的电阻值是否为零进行判断。如果有接触不好或开路的现象就需要更换解决。

7．最好在组装振荡电路之前组装一个反相比例运算电路进行判断确认集成运放是否损坏，具体电路如图 5-1 所示。在电路组装连接都正确（包括电阻、电位器都正常）的情况下，U_i=0.4V，U_o 为-4V 左右，说明集成运放包括其插座都是好的，否则为集成运放插座接触不良或集成运放损坏，需要更换。

8．用万用表检测电位器中性点与两固定点引脚之间的电阻值从接近 $0Ω$ 变成标称值，否则为电位器损坏，需要更换。用目测法检查电位器是否接错，如果接错应立即更正。

9．电容器损坏可用代换法进行判断，也可用指针式万用表 $R×10kΩ$ 挡检测 0.01μF 左右及以上的电容器充放电能力是否正常进行判别：当两表笔刚接到电容的两引脚时，表针稍摆动后就回到无穷大的位置，该电容器可用，否则该电容器已损坏，需更换。

10．各电阻需用数字万用表的欧姆挡进行检测并判断其是否损坏或接错。

11．电路及参数设计错误请实验者按照实验原理和设计要求自己核查解决。

5.8　电压/电流及频率转换实验故障分析与排除技巧

本实验有同相型电压/电流转换电路，反相型电压/电流转换电路，电压/频率转换电路三个实验。第三个实验选做。实验出现故障由实验者独立思考后解决排除，或者在辅导老师的指导或提示下排除。同相型、反相型电压/电流转换电路的工作原理和电路组成结构基本相同，常见故障也是大同小异，所以本节以图 3-78 所示电路为例，着重讨论分析同相型电压/电流转换电路的故障原因以及排除技巧。

5.8.1　调节电位器 RP 时负载电流不变

1．主要故障原因

（1）电源开关未断开或者有关接线断线或接错。

（2）数字万用表测电流时的使用方法不当或表笔断线、熔断器烧断等。

（3）输入电压 U_i 为 0V 或不能调节。

（4）集成运放插座接触不良或其引脚与外接连线插孔开路。

（5）电阻 R_L 或 R_2 损坏或有关连线断线等。

（6）集成运放 μA741 损坏。

2．对应的解决办法

（1）断开电源开关，检测出断线并更换，更正接线错误。

（2）数字万用表应置于直流电流量程，黑表笔插入 COM 位置，红表笔插在 10A 位置，红黑表针应串接在被测电流电路中。操作正确后仍无电流，则为数字万用表的电流熔断器烧断或表笔断线。熔断器和表笔可用指针式万用表 $R×1Ω$ 挡检测其两端的电阻值应几乎为 $0Ω$，否则为烧断和断线。更换好的之后，故障即可排除。

（3）电位器中点位于最下方时 U_i 为 0V，适量往上调节，U_i 应有电压，如果仍无电压，则为电阻 R_1 或电位器 RP 损坏，以及有关的连线接错或断线；断线和电阻、电位器损坏用万用表欧姆挡检测后予以确定，如果有损坏和断线，则进行更换，接线错误用目测法检查排除。

（4）用万用表 $R×1Ω$ 挡检测集成运放对应引脚与外接连线插孔之间的电阻值应几乎为 $0Ω$，阻值太大表示接触不良或者断开，需要更换插座。

（5）电阻 R_L 和 R_2 以及相关的连线断线都可用万用表欧姆挡检测确定，如损坏应更换有关连线，接线错误用目测法检查排除。

（6）经上面 5 个方面的检查排除存在的故障后，仍无电流，则为集成运放 μA741 损坏，更换好的集成运放即可排除本故障。

5.8.2　所测电流与理论值比较误差太大

1．产生该故障的主要原因

（1）输入电压 U_i 没有调测准确。

（2）电阻 R_2 和阻值搞错或者本身误差太大。

（3）数字万用表电流挡有故障。

2．对应的解决办法

（1）输入电压 U_i 重新调准确后再测量。

（2）用数字万用表欧姆挡检测电阻 R_2 是否搞错或者本身误差太大，如果存在问题，则进行更换。

（3）更换数字万用表或用其他电流表测量。

5.9　集成多功能信号发生器实验故障分析与排除技巧

集成多功能信号发生器能同时输出正弦波、方波和三角波，也能同时输出占空比可调的脉冲波和锯齿波，还能构成压控多功能振荡器。它是一种集成功能很强、使用灵活可靠方便、输出波形种类多的信号发生器。但是该发生器价格较高，每位实验者接线时一定要十分认真和仔细，尤其电源线不能接错，各波形输出端千万不要引出一端悬空的所谓测试线，以防相碰短路而烧坏发生器。本实验在正确接线和没有短路的情况下故障率较低，但有时也会出现一些实验故障，如输出波形叠加高频自激振荡波，输出方波和三角波正常而正弦波失真等。下面根据图 3-81 所示的实验电路分别介绍其故障的产生原因和排除技巧。

5.9.1　输出波形叠加高频自激振荡波

由于高频自激振荡时，该发生器发热严重，时间稍长就会被烧坏，所以一旦发现高频自激振荡就要立即加以消除或者立即关掉电源，查明原因后再断开电源。反之，如果发现该发生器发热严重，那么多数存在高频自激振荡，要尽快消除或关掉电源进行检查。下面分析该故障产生的主要原因和排除方法。

1. 故障产生的主要原因

由于接线较长引起的分布电感和分布电容与该发生器内部的放大器正好构成高频自激振荡的条件，从而产生高频自激振荡波。

2. 排除方法

（1）用手按住该发生器几秒钟，由于人体电阻接入的作用，使高频自激振荡信号的能量消耗掉，破坏其高频自激振荡的条件，从而消除高频自激振荡波。

（2）先关掉电源几十秒钟，然后再断开电源，有时高频自激振荡波就没有了。

（3）重新整理接线，尽量用短线，尽量少重叠和交叉，高频自激振荡波一般都能消除。

5.9.2　输出方波和三角波正常而正弦波失真

故障产生的主要原因：

1. 电位器 $RP_1 \sim RP_3$ 没调好。

2. 接线错误或者断线。

3. 某只电阻、电位器损坏。

4. ICL8038（简称 8038）集成块损坏。

对应的解决办法：

1. 先调节电位器 RP_1 使 8038 集成块 9 引脚输出脉冲波的脉冲宽度与脉冲间隔相等，然后反复调节电位器 RP_2 和 RP_3 使 8038 集成块 2 引脚输出的正弦波失真最小。

2. 用万用表欧姆挡检测是否断线，有断线则立即更换，用目测法检查接线，如果有接错的线则加以纠正。

3. 用万用表欧姆挡检测各电阻和电位器的阻值以判断电阻、电位器是否损坏，如果损坏则更换，RP_2 和 RP_3 可以用其几千欧到几百千欧的电位器代替。

4. 以上三点都没有问题，但输出正弦波还是失真，而其他波形正常，则可基本确认是 8038 集成块损坏所致，更换好的 8038 集成块。

5.9.3　输出方波和三角波正常而正弦波变成了三角波

故障产生的主要原因：

1. 电阻 R_1、R_2 和电位器 RP_2 和 RP_3 某只损坏或装错。

2. 连接电位器 RP_2 和 RP_3 和电阻 R_1 与 R_2 的有关连线断线或接错。

3. 8038 集成块损坏。

对应的解决办法：

1. 用万用表欧姆挡检测电阻 R_1 和 R_2，电位器 RP_2 和 RP_3 是否损坏或装错，如果有装错或损坏的元器件就进行更换。

2. 用万用表欧姆挡检测有关连线是否断线或有装错的线，如果存在断线或错线则更换或更正，故障即可排除。

3. 更换好的 8038 集成块。

5.9.4　8038 集成块输出的三种波形全无显示

故障产生的主要原因：

1．示波器操作使用不当或示波器本身电路故障。

2．电源开关未断开或电源未接通。

3．有关重要的连线断线或接错。

4．8038 集成块损坏。

对应的解决办法：

1．按照 5.2.1 节放大器输入端无波形故障的原因和方法排除。

2．断开电源开关，用数字万用表直流电压挡检测 8038 集成块的 6 引脚、11 引脚应为±12V 电压，否则需要更换断线或更正接线，或者更换电源。

3．检查连接电位器 RP_1 和电容的连线是否断线或有接错的线，如果故障存在，则需要更换或更正接线。

4．更换 8038 集成块。

5.9.5　输出方波变为脉冲波而三角波变为锯齿波

故障产生的主要原因：

1．电位器 RP_1 没调整好。

2．电位器 RP_1 和电阻 R_A 与 R_B 某只损坏。

对应的解决办法：

1．重新仔细调节 RP_1。

2．用万用表欧姆挡检测电位器 RP_1 和电阻 R_A 与 R_B 的阻值，若有损坏或变值及装错的情况，要进行更换或更正。

5.9.6　输出无方波而三角波正常

故障原因为 R_L 没接上，排除办法是正确地组装电阻 R_L。

5.10　集成锁相环实验故障分析与排除技巧

本实验共安排了由 LM567 集成锁相环组成频率可调的方波信号发生电路、由 LM567 集成锁相环组成的占空比可调的脉冲信号发生电路、由 LM567 集成锁相环构成的低频信号选频电路三个实验，这里重点介绍第一个和第三个实验的故障产生原因和排除方法。第一个和第三个实验的具体电路分别如图 3-84 和图 3-86 所示。第二个实验电路的故障排除，读者可参考第一个实验的故障分析和排除技巧进行。

5.10.1　频率可调的方波信号发生电路实验故障分析与排除

1．输出无显示波形故障

故障产生的主要原因：

（1）示波器操作使用不当或示波器本身有故障。

（2）连线中有断线或连线接错。

（3）集成块插座接触不良。

（4）电阻、电位器和电容某只损坏。

（5）集成锁相环损坏。

对应的解决办法：

（1）按照 5.2.1 节放大器输入端无波形故障的排除方法进行。

（2）用万用表检测出断线并更换或用目测法检查出接错的线并加以纠正。

（3）用万用表检测集成块对应引脚与外接连线插孔的电阻值几乎为 0Ω，阻值太大或开路都应更换集成块插座。

（4）用万用表检测电阻、电位器以及电容，若损坏则更换。

（5）经以上四个方面的检查确认都正常之后仍无输出波形，则可基本认定集成锁相环 LM567 已损坏，更换好的即可。

2．输出波形正常但频率不能调节

故障产生的原因：一般为连接电位器 RP 中点的连线断线或接错，或者电位器损坏。

解决办法：更换或更正电位器中点的连线，或者更换电位器。

3．实测频率与理论值比较误差太大

故障产生的主要原因：

（1）示波器 X 轴扫描时间灵敏度微调旋钮位置没调对。

（2）测量读数错误。

（3）电阻或电容装接错误或实际值与标称值误差太大。

对应的解决办法：

（1）将示波器 X 轴扫描时间灵敏度微调旋钮旋到合适位置。

（2）认真仔细地重新进行正确测量。

（3）更换装错的电阻或电容，或者更换实际值与标称值比较一致的元器件。

5.10.2　低频信号选频电路实验故障分析与排除

1．发光二极管（LED）不能点亮发光

故障产生的主要原因：

（1）发光二极管或电阻 R_1 损坏或有关连线断线。

（2）电阻 R 或电位器 RP 或电容 C 损坏，或者有关连线断线或接错。

（3）输入信号频率不在集成锁相环的中心振荡调节范围内。

（4）集成块插座接触不良。

（5）LM567 集成锁相环损坏。

对应的解决办法：

（1）先用数字万用表直流电压挡检测 LM567 的 8 引脚与地之间的电压，并反复仔细调电位器 RP，8 引脚的电位会从低电位变成高电位或从高电位变成低电位，说明发光二极管不亮是其自身或 R_1 损坏或有关连线断线、接错引起的。用万用表欧姆挡检测，就能确认具体的原因，发光二极管用万用表 $R×10kΩ$ 挡测得正向电阻一般为 20kΩ 左右，反向电阻为无穷大。更换损坏的元器件或断线，即可排除该故障。

（2）如果检测到电压不变化，则说明信号没被选频。用万用表欧姆挡测电阻 R 和电位器 RP 和电容 C 是否损坏，相关的连线是否断线，若有损坏元器件或断线则更换，错线加以更正。

（3）理论值中心振荡频率

$$f_o = \frac{1}{1.1C(R+RP)} \text{ 即有 } f_{omin} = \frac{1}{1.1C(R+RP)} \text{ 和 } f_{om} = \frac{1}{1.1CR}$$

如果输入信号频率不在此范围内，则输入信号无法被选频，需要修改输入信号的频率或者修改电阻 R 和电容 C 的值。

（4）集成块插座是否接触不良，可用万用表欧姆挡测量加以确认，如果有损坏，则更换。

（5）重新更换好的 LM567 集成锁相环。

2．发光二极管始终点亮发光

故障产生的主要原因：

（1）LM567 的 8 引脚接线错误，造成对地短路。

（2）LM567 内部损坏。

对应的解决办法：

（1）更正 LM567 的 8 引脚的错误接线，排除对地短路故障。

（2）LM567 内部电路损坏，造成 8 引脚对地短路，更换好的 LM567。

本 章 小 结

1．在电子电路的设计、安装与调试过程中，不可避免地会出现各种各样的故障现象。要保证电子电路的正常运行，正确的故障检查和排除是不可或缺的。本章详细分析和讨论了比较典型和常见的实验故障原因和解决方法，以供读者参考。

2．实际电子电路种类繁多，电路布局较为复杂，影响电路故障因素众多，为了减少电路故障带来的困惑，一般在电路测试前，要先检查测试设备，如将函数信号发生器输出频率为 1kHz、幅值为 100mVpp 的正弦波，然后连接至示波器显示。若有正常的输出波形，则再分别将函数信号发生器和示波器接入待测电路。直接测试函数信号发生器输出信号（正弦波）的幅值，或者通过测量导线及固定电阻的方法来检测万用表工作的异常。对于待测电路，在通电前应检查元器件引脚有无接错、接反、短路、松动、接触不良，印制电路板有无短线等。通电后可观察直流电源电流（或用万用表检测）是否超出电路额定值，元器件有无发烫、冒烟、焦味等。若无异常，仍无正常的输出信号，则可利用示波器，按信号的流向，从前级到后级逐渐观察电压波形及幅值的变化情况，先确定故障在哪一级，然后再有的放矢地做进一步检查。

思 考 题

1．如何判断测量设备，如示波器、函数信号发生器和万用表等工作的异常，请结合实际电路测量，举例说明。

2．仿真实验中也会出现故障，请结合第 2 章的仿真分析，谈谈你在仿真过程中遇到的故障现象，并阐述故障排除的方法。

3．在直流稳压电源实验电路中，若测得的稳压芯片 CW7812 或 CW317 的输入端电压正常，而无输出端电压，请分析故障原因。

4．在三极管或场效应管放大电路中，在静态工作点调节合理的情况卜，输入正弦波信号后，输出无波形或波形失真，分析故障产生的原因。

5．由集成运放组成的负反馈放大电路，在电路参数选择合理的情况下，输入正弦波信号后，输出波形只显示半个周期，请分析故障产生的原因。

6．在功率放大电路或波形产生电路中，往往会产生高频自激振荡信号，请结合实际电路，说明该信号产生的原因及消除方法。

第 6 章　远程实验

远程实验能够突破传统实验室物理条件的限制，结合现代教学方法，采用先进的计算机网络技术、通信技术和多媒体技术，实现远程实验教学。随着我国远程教育工程的启动，开发建设远程虚拟实验室已在各大院校蓬勃发展起来。远程实验不仅可以大大提高教学质量和教学水平，而且可以实现有限资源的共享，从而促进教学和科研的发展。本章主要探讨的内容如下。

● 远程实验平台介绍
● 共射极放大电路实验
● 负反馈放大电路实验
● 差分放大电路实验

6.1　EMONA net CIRCUIT labs 远程实验平台

EMONA net CIRCUIT labs 远程平台基于 FPGA 技术，具备实际硬件电路连接与操作、高集成度的虚实结合的实验云平台。通过多媒体界面，在联网的远程客户端以远程线上实验的全新方式实施相关硬件电路验证与实验，并且能达到与实际硬件电路实际工作完全一致的效果。

打开远程实验的网址后，如图 6-1 所示，单击 Click To Enter netCIRCUITlabs，该平台支持中英文模式，如图 6-2 所示。浏览器支持 Chrome v38 和 Internet Explorer 11 或更新版本，选择中文模式，填写用户名和密码后提交，即可进入 EMONA net CIRCUIT labs 远程平台的操作界面，如图 6-3 所示。

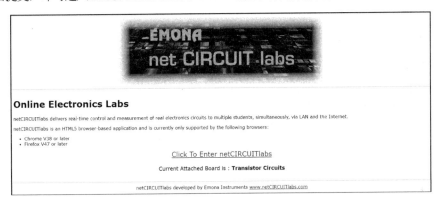

图 6-1　EMONA net CIRCUIT labs 远程平台的登录

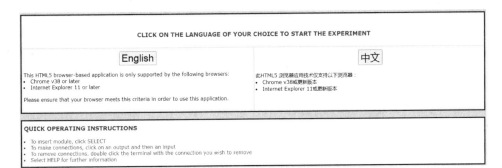

图 6-2　中英文登录界面

在如图 6-3 所示的 EMONA net CIRCUIT labs 远程平台操作界面中，主要由信号发生器区、电路图区、示波器区和功能区组成。

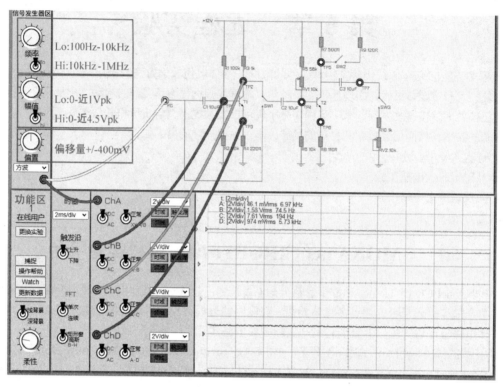

图 6-3　EMONA net CIRCUIT labs 远程平台操作界面

6.1.1　信号发生器区

在信号发生器区中可以分别设置信号频率、幅值、偏置和波形选择。

频率：有两个挡位可以上下调节，高频频率调节范围为 10kHz～1MHz，低频频率调节范围为 100Hz～10kHz。每个挡位里又有十等分的旋钮，单击频率旋钮可以连续调节频率。

幅值：有两个挡位可以上下调节，低电压幅值调节范围为 0～1Vpk，高电压幅值调节范围为 0～4.5Vpk。每个挡位里又有十等分的旋钮，单击幅值旋钮可以连续调节幅值。

图 6-4　信号发生器的波形选择

偏置：偏移量调节范围为-400～+400mV，如图 6-3 所示指针位置处为 0 偏移量。

波形选择：单击如图 6-3 所示方波后，在下拉菜单中可以进行波形的选择，波形的种类分别为：正弦、方波、三角波、半正弦、噪声、调制信号、直流及接地，如图 6-4 所示。

6.1.2　功能区

如图 6-3 所示，更换实验可以选择远程实验平台对应的电路板。选择后对应的电路图也会更换，可供选择的实验电路如图 6-5 所示。若要对实验平台进行详细了解，则可单击操作帮助按钮。更新数据按钮可以实时从实验平台采集波

图 6-5　实验电路的选择

形。捕捉按钮可以对实验界面进行截图。Watch 按钮可以观测截图实验波形，且此时更新数据按钮无效。背景切换按钮可以改变示波器的背景图，柔性旋钮可以调节示波器显示波形的柔性。

6.1.3　电路图区

电路图区显示实验电路图，实验电路图与实物图一一对应。其中图 6-3 中的 FG 为函数信号发生器连接端，TP 为示波器的测试点。使用示波器时，只需先单击示波器通道 A、B、C、D 中的任一通道，然后单击要查看的可用测试点 TP（TP1、TP2 等），即可显示电路中测试点的波形。电路中的可变电位器可以通过鼠标拖动改变其值，转换开关可以通过单击来切换其状态。具体操作说明可以查看操作帮助，如图 6-6 所示。

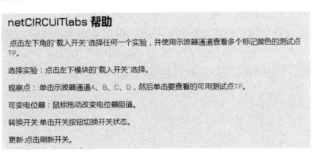

图 6-6　电路图区的操作帮助

6.1.4　示波器区

在示波器区中可以进行示波器通道的选择及波形显示等，如图 6-7 所示。示波器共有四个通道，可以调整时基，可以调整示波器的水平轴（即时间轴）的刻度，触发沿可以选择上升和下降两种状态，示波器具备 FFT 运算和矩形窗高斯 B-H 功能。通道下方左侧按钮可以进行上下切换 DC/AC，当按钮在 DC 位置时，显示直流信号；反之，显示交流信号。通道下方右侧按钮可上下切换正常和运算状态，当按钮在正常位置时，显示对应通道接入的信号；当按钮在下方时，其中，通道 ChA 可以观察 A/B 两个通道信号的相图，其余通道可以显示通道 A 的信号与对应通道信号的差。右侧上方的下拉按钮可以选择纵轴（电压幅值）每格对应的电压，下方通过点亮对应的按钮实现时域、频域的选择，以及对应触发源的选择。观察波形时，所选通道的颜色与显示波形的颜色一致。

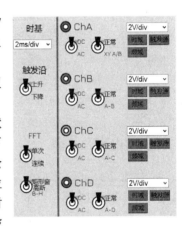

图 6-7　示波器区

以上为 EMONA net CIRCUIT labs 远程实验平台的功能区介绍和操作说明，使用者可以在使用过程中不断学习平台的功能。

6.2　共射极放大电路实验

一、实验目的

1. 学会使用 EMONA net CIRCUIT labs 远程实验平台。
2. 掌握共射极放大电路动态性能指标的测试方法。
3. 理解共射极放大电路失真波形产生的原因。

二、实验设备

    1．EMONA net CIRCUIT labs 远程实验平台。

    2．可以连接互联网的计算机。

三、实验原理及电路图

    单级放大器是构成多级放大器和复杂电路的基本单元，其功能是在不失真的条件下，对输入信号进行放大，放大器能够正常工作的前提是设置合适的静态工作点，影响静态工作点的因素较多，当选定三极管后，主要因素取决于偏置电路，为了稳定静态工作点，通常采用具有直流电流负反馈的分压式偏置单管放大器实验电路。该实验选用如图 6-8 所示的共射极放大电路，R1 和 R2 分别为基极上下偏置电阻，为基极提供偏置电压；R3 是集电极电阻，将集电极电流转化为输出电压；R4 是发射极电阻，起直流负反馈的作用，稳定电路的静态工作点。外加输入的交流信号 FG 经过耦合电容 C1 后输入至三极管的基极 TP1，经过放大后从三极管的集电极 TP2 输出。

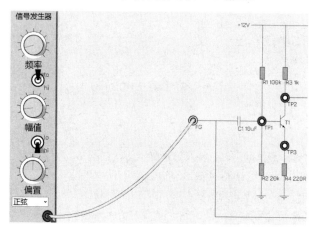

图 6-8   共射极放大电路实验原理图

四、实验内容及步骤

    在如图 6-3 所示功能区里更换实验中选择两级交流放大器，电路中 SW1 接至下方，此时仅测量电路中左端单级放大器，如图 6-8 所示。函数信号发送器选择频率约为 1kHz，幅值约为 100mVrms 正弦波，频率和幅值可通过示波器读取出来。将通道 ChA 设置为触发源，点亮通道 A 和 C 的时域按钮，选择 AC 挡位，选择通道 A 为触发源，测量输入信号，通道 C 连接共射极电路的集电极端 TP2，测量输出信号，具体设置如图 6-9 所示。其中，波形上方显示为每个通道信号的幅值和频率。

    1．电压增益的测量

$$电压增益 = -输入电压的有效值/输出电压的有效值$$

    通过示波器读取输入信号的有效值_____和输出信号的有效值_____，即可得到电压的增益_____。

    2．上限截止频率及通频带的测量

$$通频带 = 上限截止频率 - 下限截止频率$$

    通频带的测量：记录电路在中频段（频率为 1kHz）工作时，输出端有正常放大波形，记录输出信号（空载）的有效值 $U_o =$ _____，维持输入不变，增大信号源的频率直到输出电压下降至

0.707U_o，此时对应的频率即为上限截止频率 f_H=_____。由于实验平台函数信号发生器最小频率为 100Hz，调节至最小时，仍然没有达到下限截止频率，下限截止频率可以忽略。此时，估算通频带 BW 的范围为_____。

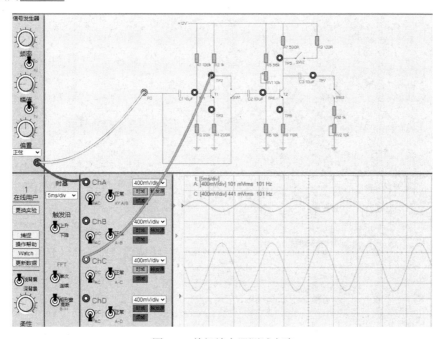

图 6-9　单级放大器测试电路

3．共射极放大电路的波形观测

首先，函数信号发生器设置不变，打开示波器四个通道，同时观测三极管基极、集电极和发射极的波形，记录波形并进行分析，如图 6-10 所示。

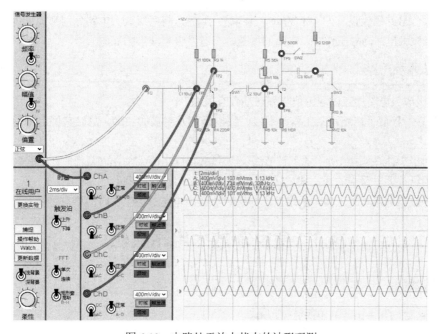

图 6-10　电路处于放大状态的波形观测

　　其次，将示波器的通道恢复至如图 6-9 所示的设置，逐渐增大信号源的输入电压幅值，观测放大器输出端的失真现象，直至输出端出现失真波形并记录，如图 6-11 所示。

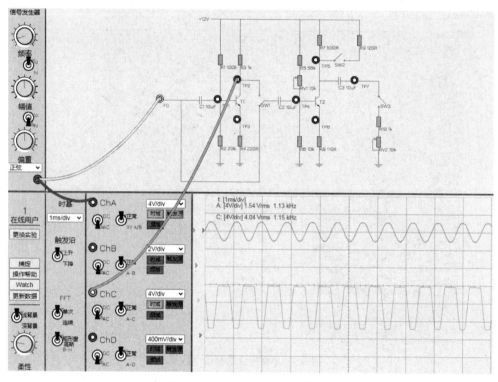

图 6-11　放大电路失真波形的观测

4．扩展要求

（1）自主完成第二级放大电路的增益、带宽和波形观测。

（2）输入信号的幅值设置为 10mVrms，频率为 1kHz，将两级放大电路分别都调试为正常放大状态。完成两级放大电路同时工作时，电路的增益、带宽及失真波形的观测。

五、实验思考及总结

　　1．共射极放大电路增益的理论值与哪些参数有关系？

　　2．记录共射极放大电路正常工作时基极、集电极和发射极的波形，总结它们之间幅值和相位的关系。

　　3．实验中出现的失真类型是什么？调节输入信号幅值时输出信号先出现截止失真还是饱和失真？

　　*4．第二级放大电路中的开关 SW2 闭合时会对电路产生什么影响？

　　*5．两级放大电路同时工作时的增益，与每一级放大电路单独工作时的增益之间有什么关系？

6.3　负反馈放大电路实验

一、实验目的

　　1．了解负反馈放大电路的组成及工作原理。

　　2．根据放大电路的工作特点，掌握负反馈的引入方式。

3．通过远程测试掌握引入负反馈对放大电路性能的影响。

二、实验设备

1．EMONA net CIRCUIT labs 远程实验平台。

2．可以连接互联网的计算机。

三、实验原理及电路图

在电子系统中，将输出回路的输出量通过一定形式的电路网络，部分或全部馈送回输入回路中，并能够影响其输入量，这种电压或电流的回送过程称为反馈。电子系统中常常采用负反馈的方法来改善电路性能，以达到预定的指标。在放大电路中，引入直流负反馈可以稳定放大电路的静态工作点；引入交流负反馈可以改善其工作性能，如稳定放大倍数，改变输入电阻、输出电阻以减小非线性失真和展宽通频带。

本实验主要探究交流负反馈对放大电路性能指标的影响。

根据放大电路中引入负反馈的方式不同，可以分为电压串联、电压并联、电流串联和电流并联四种负反馈组态。电压串联负反馈在稳定输出电压的同时，可以增大放大电路的输入电阻，减小其输出电阻；电压并联负反馈在稳定输出电压的同时，可以减小放大电路的输入电阻和输出电阻；电流串联负反馈在稳定输出电流的同时，可以增大放大电路的输入电阻和输出电阻；电流并联负反馈在稳定输出电流的同时，可以减小放大电路的输入电阻，增大其输出电阻。在实际应用中，可以根据放大电路的工作特点引入不同的反馈组态。

一般来说，负反馈放大电路由基本放大电路和反馈网络两部分组成。本实验的实验电路原理图如图 6-12 所示，它是由分立元件搭建的电压串联负反馈放大电路。基本放大电路部分是由三极管 T1 和 T2 组成的两级共射极放大电路，反馈网络由电位器 VR2 和电阻 R11 组成。由于该反馈网络把基本放大电路输出电压的一部分馈送回三极管 T1 的输入端，并与基本放大电路形成一个闭合的回路，故也称此电路为闭环放大电路，该反馈称为级间反馈。通过闭合开关 SW3 可以引入级间反馈，拖动电位器 VR2 可以调节闭环放大电路的反馈深度。第一级放大电路中的旁路电容 C2，可以通过闭合开关 SW2 接入电路中。由电阻 R4 和电容 C2 所组成的交流反馈网络主要对第一级放大电路的电压增益起稳定的作用，故称此反馈为级内反馈。开关 SW1 的通断主要用于控制电阻 R1 的断开和接入，开关 SW4 的通断主要用于控制负载电阻 R10 的接入和断开。

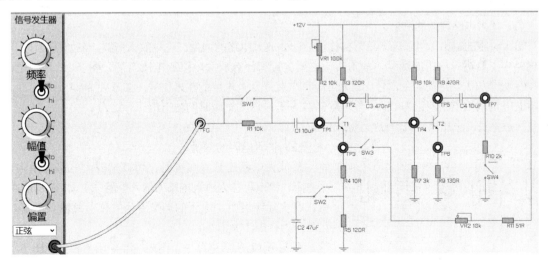

图 6-12　负反馈实验电路原理图

四、实验内容及步骤

1．静态工作点的调节与测量

在如图 6-5 所示功能区更换实验中选择"1.2 反馈放大器"，即可显示如图 6-12 所示的负反馈实验电路原理图。

首先，选择函数信号发生器频率约为 1kHz，幅值约为 20mVrms 的正弦波，断开电路中所有开关。其次，将示波器的通道 ChA 设置为触发源，则通道 ChA 显示的数据即为函数信号发生器的幅值和频率。通道 ChB 连接第一级电路的集电极 TP2 处，通道 ChC 连接第二级电路的集电极 TP5 处，点亮通道 ChA、ChB 和 ChC 的时域按钮，并选择 AC 挡位。最后，观测通道 ChB 的波形。如果该通道输出正常的正弦波信号，那么可以进行静态工作点的测量，否则需要调节电位器 VR1，直到通道 ChB 的输出波形为不失真的正弦波信号。

静态工作点的测量。

（1）将示波器的 ChB、ChC 和 ChD 通道分别连接至三极管 T1 的基极 TP1、集电极 TP2 和发射极 TP3 处，并选择 DC 挡位。观测三个通道显示数值，即为 T1 三个极对地的电位 V_{b1Q}、V_{c1Q} 和 V_{e1Q}，并记录在表 6-1 中。

（2）将示波器的 ChB、ChC 和 ChD 通道分别连接至三极管 T2 的基极 TP4、集电极 TP5 和发射极 TP6 处，并选择 DC 挡位。观测三个通道显示数值，即为 T2 三个极对地的电位 V_{b2Q}、V_{c2Q} 和 V_{e2Q}，并记录在表 6-1 中。

（3）分别计算 T1 和 T2 的发射结电压 U_{be1Q} 和 U_{be2Q}，并填入表 6-1 中，然后再计算 T1 和 T2 的管压降 U_{ce1Q} 和 U_{ce2Q}。其中 $U_{be1Q}=V_{b1Q}-V_{e1Q}$，$U_{be2Q}=V_{b2Q}-V_{e2Q}$，$U_{ce1Q}=V_{b1Q}-V_{e1Q}$，$U_{ce2Q}=V_{c2Q}-V_{e2Q}$。

表 6-1 静态工作点记录表

测 量 值						计 算 值			
V_{b1Q}	V_{c1Q}	V_{e1Q}	V_{b2Q}	V_{c2Q}	V_{e2Q}	U_{be1Q}	U_{ce1Q}	U_{be2Q}	U_{ce2Q}

2．动态指标的测量

将示波器通道 ChA 设置为触发源，并选择 AC 挡位。函数信号发生器的频率选择约为 1kHz，幅值约为 50mVrms 正弦波，其中函数信号发生器的频率和幅值可通过示波器通道 ChA 读取出来。

（1）放大电路增益的测量。

放大电路的输出信号与输入信号的比值，即为放大电路的增益，也称放大倍数。在如图 6-13 所示电路中主要进行电压的测量，故本实验主要测量和计算放大电路的电压增益。图 6-12 所示电路中 TP1 处是放大电路的输入信号，记为 U_i。TP7 处是放大电路的输出信号：当开关 SW4 闭合时即为电阻 R10 两端的电压，记为 U_{oL}；当开关 SW4 断开时即为空载时的输出电压，记为 U_o。

一般来说，电压增益 A_u 的定义为：$A_u=U_{oL}/U_i$。

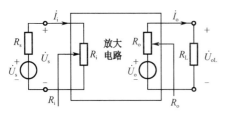

图 6-13 放大电路的输入电阻和输出电阻

（2）输入电阻的测量。

从放大电路的输入端来看，可以把放大电路等效为一个电阻，该电阻称为放大电路的输入电阻 R_i，如图 6-13 所示。在实际应用中，电压的测量更为方便，故输入电阻 R_i 可表示为：$R_i=U_iR_s/(U_s-U_i)$。

在图 6-12 所示电路中，电阻 R1 的阻值相当于图 6-13 所示电路中的电阻 R_s。当开关 SW1 闭合时，测得示波器

ChA 的电压即为 U_s。断开开关 SW1，将示波器 ChB 通道连接至 TP1 处，则通道 ChB 显示的幅值即为 U_i。

（3）输出电阻的测量。

从放大电路的输出端来看，可以将除负载以外的电路等效为一个电压源，该电压源的内阻即为放大电路的输出电阻 R_o，如图 6-13 所示。放大电路的输出电阻 R_o 可表示为：$R_o=(U_o-U_{oL})R_L/U_{oL}$。

如图 6-12 所示电路中，电阻 R10 即为负载电阻。断开开关 SW1，当开关 SW4 闭合时，用示波器测出 TP7 处的电压幅值即为 U_{oL}；断开开关 SW4，用示波器测出 TP7 处的电压幅值即为 U_o。

（4）通频带的测量。

放大电路的通频带也称为带宽，对于阻容耦合式放大电路的幅频特性曲线如图 3-15 所示。f_H 称为上限截止频率，f_L 称为下限截止频率，则通频带 BW 的表达式为：$BW=f_H-f_L$。

通频带的测量方法请参考 6.2 节共射极放大电路实验。

值得注意的是，在动态指标测试过程中，示波器的所有通道都应选择 AC 挡位。

基于以上的分析，完成四种不同情况下的 U_s、U_i、U_o、U_{oL}、f_H 和 f_L 的测量，并计算四种工作情况下放大电路的性能指标 A_u、R_i、R_o 和 BW，如表 6-2 所示。

表 6-2　动态指标的测量

测量与计算值		基本放大电路（SW3 断开）		负反馈放大电路（SW3 闭合）	
		SW2 断开	SW2 闭合	SW2 断开	SW2 闭合
测量值	电源电压 U_s/mV				
	输入电压 U_i/mV				
	输出电压 U_{oL}/V				
	空载电压 U_o/V				
	上限截止频率 f_H/kHz				
	下限截止频率 f_L/Hz				
计算值	电压增益 A_u				
	输入电阻 R_i				
	输出电阻 R_o				
	通频带 BW				

（5）观测波形。

在以上的实验过程中，观察放大电路输出波形的变化，并分析产生变化的原因。

五、实验思考及总结

1．负反馈放大电路有哪四种组成形式？本次实验中的级内反馈和级间反馈分别属于哪一种负反馈形式？

2．通过测量数据，计算表 6-2 中四种工作情况下放大电路的性能指标，并分析引入负反馈对放大电路性能的影响。

3．在调节静态工作点的过程中，若波形产生失真，是否能通过引入负反馈的形式来改善？通过远程实验的调节与观测，得出改善失真的方案，并说明原因。

6.4　差分放大电路实验

一、实验目的

1．学会使用 EMONA net CIRCUIT labs 远程实验平台测量差分放大电路的性能。

2．掌握恒流源式差分放大电路静态工作点和动态性能指标的测试方法。

3．理解恒流源式差分放大电路工作原理。

二、实验设备

1．EMONA net CIRCUIT labs 远程实验平台。

2．可以连接互联网的计算机。

三、实验原理及电路图

　　当今世界之所以能称为智能化的时代，是由于各种智能化的设备得到了普及，而这些智能化设备之所以能够智能化，都离不开功能各异的各种传感器，而这些传感器所采集到的电信号一般都很微弱，同时这些微弱的电信号往往都是低频信号，所以当对这些信号进行放大处理时，需要采用直接耦合放大电路进行放大，所谓直接耦合放大电路就是各级放大器的级联是靠导线直接连接的，因此直接耦合连接方式有很好的低频特性，同时又很容易做成集成电路。

　　直接耦合放大电路虽然有以上几大优势，但普通的直接耦合放大电路存在零点漂移现象，所谓"零点漂移"，就是指当输入信号为零时输出信号不为零。差分放大电路是一种直接耦合放大电路，该电路本身具有良好的电气对称性，使其对共模信号有良好的抑制作用，所以能有效地抑制零点漂移现象的发生。

　　差分放大电路常见的形式有三种：基本形式、长尾式（典型）和恒流源式。因恒流源式差分放大电路采用恒流源做有源负载，故其具有动态电阻大、共模抑制比高，且便于做成集成电路等优点，目前在集成电路中备受青睐。

　　本实验采用如图 6-14 所示恒流源式差分放大电路，该电路中三极管 T1 和 T2 以及电阻 R1、R3、R4、R6、R7、R8、VR1 组成基本差分放大电路，通过调节 VR1，可以调整基本差分放大电路的对称性。三极管 T3 和电阻 R2、R5，以及二极管 D1 和 D2，组成恒流源做有源负载。

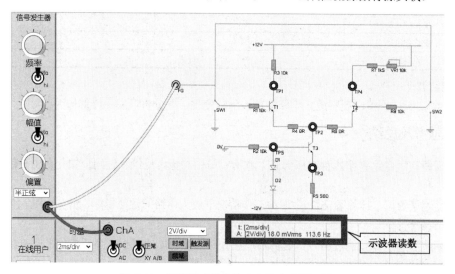

图 6-14　恒流源式差分放大电路实验原理图

四、实验内容及步骤

　　在如图 6-5 所示功能区更换实验中选择"1.3 差分放大器"，即可显示如图 6-14 所示电路实验原理图。如图 6-15 所示，将电路中开关 SW1 和 SW2 接至下方，将示波器通道 ChB 接至 TP1，通道

ChC 接至 TP4，点亮通道 B 和 C 的时域按钮，选择 DC 挡位，然后调节 VR1，使两个通道的读数（图 6-14 中标出的示波器读数）一致。记录 T1 集电极电位＿＿＿＿＿＿＿和 T2 集电极电位＿＿＿＿＿＿。

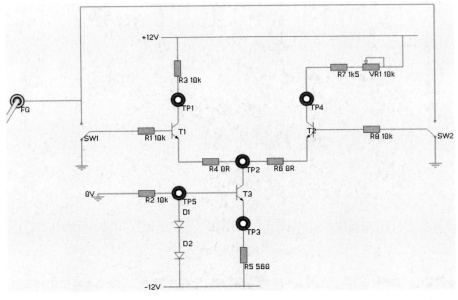

图 6-15　静态工作点调节

1．差模电压增益的测量

如图 6-16 所示，将开关 SW1 接至上方，SW2 接至下方（或 SW1 接至下方，SW2 接至上方，如图 6-17 所示），函数信号发送器选择频率约为 1kHz，幅值约为 100mVrms 正弦波，频率和幅值可通过示波器读取出来。将 ChA 设置为触发源，点亮通道 A、B 和 C 的时域按钮，选择 AC 挡位，选择通道 A 为触发源，测量输入信号，通道 B 连接三极管 T1 的集电极端 TP1，通道 C 连接三极管 T2 的集电极端 TP4。

差模电压增益=差模输入电压的有效值/差模输出电压的有效值

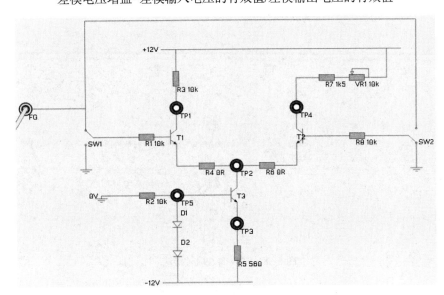

图 6-16　差模输入信号接法一

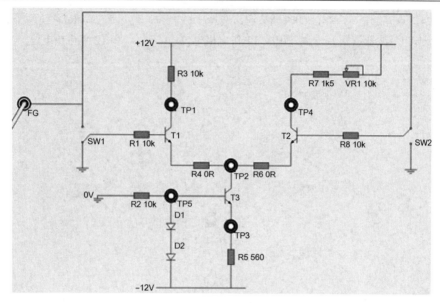

图 6-17　差模输入信号接法二

通过示波器读取如图 6-16（或图 6-17）所示输入信号有效值 U_{id}、TP1 处输出信号有效值 V_{c1d} 和 TP4 处输出信号有效值 V_{c2d}，即可得到双端输出电压有效值 $U_{od}=V_{c1d}-V_{c2d}$，记录于表 6-3 中。

2. 共模电压增益的测量

如图 6-18 所示，将开关 SW1 接至上方，SW2 接至上方，函数信号发送器选择频率约为 1kHz，幅值约为 1Vrms 正弦波，频率和幅值可通过示波器读取出来。将 ChA 设置为触发源，点亮通道 A、B 和 C 的时域按钮，选择 AC 挡位，选择通道 A 为触发源，测量输入信号，通道 B 连接三极管 T1 的集电极端 TP1，通道 C 连接三极管 T2 的集电极端 TP4。

共模电压增益=共模输入电压的有效值/共模输出电压的有效值

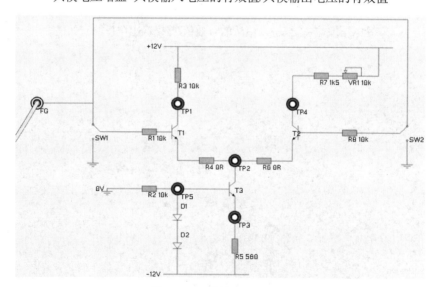

图 6-18　共模输入信号接法

通过示波器读取如图 6-18 所示输入信号有效值 U_{ic}、TP1 处输出信号有效值 V_{c1c} 和 TP4 处输出信号有效值 V_{c2c}，即可得到双端输出电压有效值 $U_{oc}=V_{c1c}-V_{c2c}$，记录于表 6-3 中。

表 6-3　恒流源动态性能测试

差模输入 100mVrms		共模输入 1Vrms	
U_{id}		U_{ic}	
V_{c1d}		V_{c1c}	
V_{c2d}		V_{c2c}	
$U_{od}=V_{c1d}-V_{c2d}$		$U_{oc}=V_{c1c}-V_{c2c}$	
$A_{ud1}=V_{c1d}/U_{id}$		$A_{uc1}=V_{c1c}/U_{ic}$	
$A_{ud2}=V_{c2d}/U_{id}$		$A_{uc2}=V_{c2c}/U_{ic}$	
$A_{ud}=U_{od}/U_{id}$		$A_{uc}=U_{oc}/U_{ic}$	
共模抑制比			
$K_{CMR1}=\vert A_{ud1}/A_{uc1}\vert$			
$K_{CMR2}=\vert A_{ud2}/A_{uc2}\vert$			
$K_{CMR}=\vert A_{ud}/A_{uc}\vert$			

3．波形观察

首先，观察差模输入信号时，记录测试端 TP1 和 TP4 的波形，说明两个输出端波形之间的关系。

其次，观察共模输入信号时，记录测试端 TP1 和 TP4 的波形，说明两个输出端波形之间的关系。

4．扩展要求

（1）测试差模信号输入时，电路的通频带；

$$通频带=上限截止频率-下限截止频率$$

通频带的测量：记录电路在中频段（频率为 1kHz）工作时，输出端有正常放大波形，记录输出信号（空载）的有效值 $U_o=$_____，维持输入不变，增大信号源的频率直到输出电压下降至 $0.707U_o$，此时对应的频率即为上限截止频率 $f_H=$_____。由于实验平台函数信号发生器最小频率为 100Hz，调节至最小时，仍然没有达到下限截止频率，下限截止频率可以忽略。此时，估算通频带 BW 的范围为_____。

（2）差模信号输入（频率为 1kHz）时，该电路的失真波形观测，并记录输出最大不失真时的输入电压 $V_{idm}=$_____。

五、实验思考及总结

1．恒流源式差分放大电路的差模电压增益和共模电压增益的理论值与哪些参数有关系？

2．记录差模输入时，三极管 T1 和 T2 输出电压的波形，总结它们之间的幅值和相位的关系。

3．实验中出现的失真类型是什么？调节输入信号幅值时输出信号先出现截止失真还是饱和失真？

*4．如果三极管 T3 工作在饱和区或截止区，则对电路产生什么影响？

*5．直接把二极管 D1 和 D2 换成一个电阻或稳压管可以吗？为什么？

本 章 小 结

EMONA net CIRCUIT labs 远程实验平台采用智能共享硬件的方式向学生开放实验室，学生可以不受时间、次数的束缚随时随地登录实验平台进行实验，节省成本和时间，更加方便快捷，实现资源共享。后台记录学生的实验登录时间和操作过程，指导教师可以定向观察某个学生的实验过程，或者进行在线实验辅导。学生可以根据自己的学习计划，在任意时间和空间下进行实验，提高了学生自主性和学习效率。远程实验有可能成为未来教育信息化的重要发展趋势。

思 考 题

1. 如图 6-3 所示，在 EMONA net CIRCUIT labs 远程实验平台中，测量仪器有函数信号发生器和示波器，请问如何测量直流电压？

2. 对比仿真实验、实际操作实验和远程仿真实验，分析三种实验方式的优缺点，以及对学习线性电子电路实验课程的影响。

3. 根据 6.2 节和 6.3 节的实验，谈谈在多级放大电路中，引入负反馈会改善放大电路的哪些性能？

4. 通过数据测量和处理，对比如图 2-49 所示差分放大电路的仿真实验和如图 6-14 所示的远程实验，分析两种实验中电路结构特点对其性能的影响。

附录 A 常用电子元器件

电子元器件是构成电子电路的基础，在实验或者各类电子制作中，要用到许多不同的电子元器件。对所能提供的元器件是否了解，直接影响实验方案的确定、元器件的选用以及组装调试的顺利进行。为使实验者学会正确识别和选用元器件，本书选编了部分常用的电子元器件的种类、命名方法、性能特点、主要参数、选用方法和使用常识等。随着电子技术的不断发展，各种新型电子元器件层出不穷，其应用也越来越广泛。学生只有经常查阅近期有关资料，走访电子元器件生产厂家和销售商店，才能及时熟悉最新元器件，不断丰富自己的电子元器件知识。本附录主要包含以下内容。

- 电阻器的作用、分类、图形符号、命名方法、主要性能参数和使用注意事项
- 电容器的命名及标志方法、主要性能参数和使用注意事项
- 电感器的分类、主要技术指标和选用时注意事项

A-1 电阻器

一、电阻器的作用及分类

1. 电阻器的作用

电阻器是电子电路中应用最多的电子元器件之一，在电路中用作负载电阻、限流电阻、分流器、分压器；它与电容器配合当作滤波器；在电源电路中当作去耦电阻，稳压电源中的取样电阻及确定三极管工作点的偏置电阻等。

2. 电阻器的分类

电阻器的种类繁多，分类方法也各不相同。根据电阻器的工作特性及在电路中作用的不同，可分为固定电阻器、可变电阻器（电位器）和敏感电阻器；按电阻器结构形状和材料的不同，可分为线绕电阻器和非线绕电阻器，其中线绕电阻器有通用线绕电阻器、精密线绕电阻器、功率型线绕电阻器、高频线绕电阻器，非线绕电阻器有碳膜电阻器、金属膜电阻器、金属氧化膜电阻器、合成碳膜电阻器、棒状电阻器、管状电阻器、片状电阻器、纽扣状电阻器、金属玻璃釉电阻器、有机合成实芯电阻器、无机合成实芯电阻器等；按用途的不同，可分为通用型电阻器、高阻型电阻器、高压型电阻器、高频无感型电阻器；按引出线的不同，可分为轴向引线电阻器、径向引线电阻器、同向引线电阻器、无引线电阻器。此外，还有一类特殊用途的敏感电阻器。例如，光敏电阻器、热敏电阻器、压敏电阻器、湿敏电阻器、气敏电阻器、力敏电阻器、磁敏电阻器以及具有双重功能的熔断电阻器等。

二、电阻器的图形符号及型号命名方法

1. 电阻器的图形符号

常见电阻器的图形符号如图 A-1 所示，其中图 A-1(a)是电阻器的基本图形符号；图 A-1(b)是可调电阻器图形符号；图 A-1(c)、(d)分别是压敏和光敏电阻器图形符号；图 A-1(e)是滑动电阻器的图形符号；图 A-1(f)是带固定抽头的电阻器图形符号；图 A-1(g)、(h)是功率电阻器图形符号。电阻器功率图形符号如图 A-2 所示，该图形符号表明了电阻器功率的大小。如 1/8W、1/4W、1/2W、1W、2W、3W、5W、10W 等。功率大 10W 和小于 1/8W 的电阻器，可以用数字及单位直接标在电阻器上。

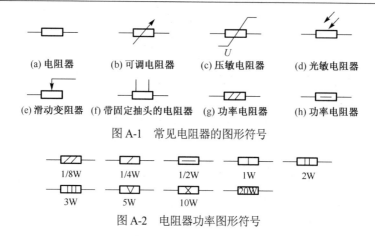

图 A-1　常见电阻器的图形符号

图 A-2　电阻器功率图形符号

2. 电阻器的型号命名方法

根据国家标准 GB/T 2470—1995《电子设备用固定电阻器、固定电容器型号命名方法》的规定，电阻器型号命名方法如表 A-1 所示，其型号命名主要由以下四部分组成：第一部分为主称，用字母表示，如"R"表示电阻器；第二部分为材料，用字母表示；第三部分为特征分类，一般用数字表示，个别类型用字母表示；第四部分为序号，用数字表示，以区别外形尺寸和性能指标等。RJ71型精密金属膜电阻器的具体示例如图 A-3 所示。

表 A-1　电阻器型号命名方法

第一部分：主称		第二部分：材料		第三部分：特征分类			第四部分：序号
符号	意义	符号	意义	符号	意义		第四部分：序号
					电阻器	电位器	
R	电阻器	T	碳膜	1	普通	普通	
W	电位器	H	合成膜	2	普通	普通	
		S	有机实芯	3	超高频	—	
		N	无机实芯	4	高阻	—	
		J	金属膜	5	高温	—	
		Y	氧化膜	6	—	—	
		C	沉积膜	7	精密	精密	
		I	玻璃釉膜	8	高压	特殊函数	对主称、材料相同，仅性能指标、尺寸大小有差别，但基本不影响互换使用的产品，给予同一序号；若性能指标、尺寸大小明显影响互换时，则在序号后面用大写字母作为区别代号
		P	硼碳膜	9	特殊	特殊	
		U	硅碳膜	G	高功率	—	
		X	线绕	T	可调	—	
		M	压敏	W	—	微调	
		G	光敏	D	—	多圈	
		R	热敏	B	温度补偿用	—	
				C	温度测量用	—	
				P	旁热式	—	
				W	稳压式	—	
				Z	正温度系数		

图 A-3　RJ71 型精密金属膜电阻器

三、电阻器的主要性能参数

1. 标称阻值及允许偏差

根据国家标准 GB/T 2471—2024《电阻器和电容器优先数系》的规定，常用的电阻标称值系列如表 A-2 所示。

表 A-2　常用的电阻标称值系列

系　　列	允许偏差	电阻标称值系列
E6	±20%	1.0　1.5　2.2　3.3　4.7　6.8
E12	±10%	1.0　1.2　1.5　1.8　2.2　2.7　3.3　3.9　4.7　5.6　6.8　8.2
E24	±5%	1.0　1.1　1.2　1.3　1.5　1.6　1.8　2.0　2.2　2.4　2.7　3.0 3.3　3.6　3.9　4.3　4.7　5.1　5.6　6.2　6.8　7.5　8.2　9.1
E96	±1%	1.00　1.02　1.05　1.07　1.10　1.13　1.15　1.18　1.21　1.24　1.27　1.30　1.33　1.37　1.40　1.43 1.47　1.50　1.54　1.58　1.62　1.65　1.69　1.74　1.78　1.82　1.87　1.91　1.96　2.00　2.05　2.10 2.15　2.21　2.26　2.32　2.37　2.43　2.49　2.55　2.61　2.67　2.74　2.80　2.87　2.94　3.01　3.09 3.16　3.24　3.32　3.40　3.48　3.57　3.65　3.74　3.83　3.92　4.02　4.12　4.22　4.32　4.42　4.53 4.64　4.75　4.87　4.99　5.11　5.23　5.36　5.49　5.62　5.76　5.90　6.04　6.19　6.34　6.49　6.65 6.81　6.98　7.15　7.32　7.50　7.68　7.87　8.06　8.25　8.45　8.66　8.87　9.09　9.31　9.53　9.76

其中，E24、E12 和 E6 系列也适用于电位器和电容器。电阻器的标称值，即将系列表中数值再乘以 10^n（n 为整数），如 2.2 标称值可有 2.2Ω、22Ω、220Ω、2.2kΩ、22kΩ、220kΩ 等值。电阻器的实际阻值与标称阻值往往不相符，总是有一定的偏差的。两者间的偏差允许范围称为允许偏差。电阻器的允许偏差是指电阻器的实际阻值对于标称阻值所允许最大偏差范围，它标志着电阻器的阻值精度。通常电阻器的阻值精度计算公式如下：

$$\delta = \frac{R - R_R}{R_R} \times 100\%$$

式中，R 为电阻器的实际阻值；R_R 为电阻器的标称阻值；δ 为电阻器的允许偏差。普通电阻器按偏差大小分三个等级：允许偏差为±5%的称为 I 级，允许偏差为±10%的称为 II 级，允许偏差为±20%的称为 III 级。精密电阻器的偏差等级有±0.05%、±0.1%、±0.5%、±1%、±2%等。表示电阻单位的文字符号如表 A-3 所示。表示允许偏差的文字符号如表 A-4 所示，若电阻体上没有印偏差等级，则表示允许偏差为±20%。标志电阻器的阻值和允许偏差的方法有两种：直标法和色标法。

表 A-3　表示电阻单位的文字符号

文字符号	R	k	M	G	T
表示单位	欧姆（Ω）	千欧姆（10^3Ω）	兆欧姆（10^6Ω）	吉咖欧姆（10^9Ω）	太拉欧姆（10^{12}Ω）

表 A-4　表示允许偏差的文字符号

允许偏差（%）（对称）	±0.001	±0.002	±0.005	±0.01	±0.02	±0.05	±0.1	±0.2
文字符号	E	X	Y	H	U	W	B	C

允许偏差（%）（对称）	±0.5	±1	±2	±5	±10	±20	±30	
文字符号	D	F	G	J（I）	K（II）	M（III）	N	
允许偏差（%）（不对称）	+100 -10	+50 -20	+80 -20	+不规定 -20				
文字符号	R	S	Z	不标记				

（1）直标法。

直标法是将电阻器的类别、标称阻值与允许偏差、额定功率以及其他主要参数的数值等直接标在电阻体上，该标法实际上有三种标志形式。

① 用阿拉伯数字和单位符号在电阻器表面标出阻值，其允许偏差直接用百分数表示。

② 用阿拉伯数字和文字符号有规律的组合来表示标称阻值，其允许偏差也用文字符号表示。符号前面的数字表示整数阻值，后面的数字依次表示第一位小数阻值和第二位小数阻值。如电阻器上标志符号 2R2 表示 2.2Ω；R33 表示 0.33Ω；6k8C 表示 $6.8k\Omega\pm0.2\%$ 等。

③ 电阻器上用三位数码表示标称值的标志方法。这种形式多用于片状电阻器。数码从左到右，第一、二位为有效值，第三位为乘数，即零的个数，单位为 Ω。偏差通常采用文字符号表示。如标志符号为 200，表示 20Ω；512 表示 $5.1k\Omega$ 等。

（2）色标法。

色标法是将电阻器的类别及主要技术参数的数值用不同颜色的色环或色点标注在电阻体上的标志方法。色标电阻（色环电阻）器可分为三色环、四色环、五色环三种标法。三色环电阻器的色环表示标称电阻值（允许偏差均为±20%）。例如，色环为绿黑红，表示 50×10^2 即 $5.0k\Omega\pm20\%$ 的电阻器。四色环电阻器的色环表示标称值（2 位有效数字）及精度。例如，色环为黄紫橙金，表示 47×10^3 即 $47k\Omega\pm5\%$ 的电阻器。五色环电阻器的色环表示标称值（3 位有效数字）及精度。例如，色环为红紫绿黄棕，表示 275×10^4 即 $2.75M\Omega\pm1\%$ 的电阻器。

一般四色环和五色环电阻器表示允许偏差的色环的特点是该环离其他环的距离较远。较标准的表示应是表示允许偏差的色环宽度是其他色环宽度的 1.5～2 倍。色环颜色所代表的含义见表 A-5，色环法表示的电阻值单位一律是欧姆。

表 A-5　色环颜色所代表的含义

颜　色	有效数字	乘　数	允许偏差%	颜　色	有效数字	乘　数	允许偏差%
银色	—	10^{-2}	±10	绿色	5	10^5	±0.5
金色	—	10^{-1}	±5	蓝色	6	10^6	±0.2
黑色	0	10^0	—	紫色	7	10^7	±0.1
棕色	1	10^1	±1	灰色	8	10^8	—
红色	2	10^2	±2	白色	9	10^9	-20～+50
橙色	3	10^3	—	无色	—	—	±20
黄色	4	10^4					

电阻器色标示例如图 A-4 所示，其中图 A-4(a)为四环道 $72k\Omega\pm5\%$ 的一般电阻，图 A-4(b)为五环道 $4.72k\Omega\pm0.5\%$ 的精密电阻。

2. 额定功率

电阻器的额定功率是指电阻器在环境温度为-55～+70℃，大气压强为 101kPa 条件下，连续承受直流或交流负荷时所允许的最大消耗功率。选用电阻器时，根据其额定功率和环境温度的不同，应当留有不同的裕量，电路中电阻器消耗的实际功率必须小于其额定功率，一般要选用等于实际承受功率的 1.5～2 倍，才能保证电阻器耐用可靠，否则电阻器的阻值及其他性能将会发生改变，甚至发热烧毁。

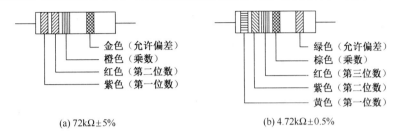

(a) 72kΩ±5%　　　　　　　　　　　　　　(b) 4.72kΩ±0.5%

图 A-4　电阻器色标示例

电阻器的额定功率采用标准化的额定功率系列值：线绕电阻器系列为 3W、4W、8W、10W、16W、25W、40W、50W、75W、100W、150W、250W、500W；非线绕电阻器系列为 0.05W、0.125W、0.25W、0.5W、1W、2W、5W。电阻器功率图形符号见图 A-2，如果电阻器功率大于 10W、小于 1/8W，则可以用数字和单位直接在电阻器上标出。另外，可根据电阻器体积大小来判断其功率大小，电阻器外形尺寸与额定功率的关系如表 A-6 所示。

表 A-6　电阻器外形尺寸与额定功率的关系

额定 功率/W	碳膜电阻器/RT		金属膜电阻器/RJ		合成碳膜电阻器/RH	
	长度/mm	直径/mm	长度/mm	直径/mm	长度/mm	直径/mm
1/8	11.0	3.9	6.0~7.0	2.0~2.2	12.0	2.5
1/4	18.5	5.5	8.0	2.6	15.0	4.5
1/2	28.0	5.5	10.8	4.2	25.0	4.5
1	30.5	7.2	13.0	6.6	28.0	6.0
2	48.5	9.5	18.5	8.6	46.0	8.0

3. 最大工作电压

电阻器长期工作不发生过热或电击穿损坏等现象的电压称为电阻器的最大工作电压。当电压过高超过最大工作电压时，电阻器将会产生极间击穿，使电阻值改变或损坏而不能使用。通常，额定功率大的电阻器，它的耐压较高。例如，1/8W 的碳膜电阻器最大工作电压为 150V，而 1/4W 的碳膜电阻器最大工作电压为 250V。同功率的金属膜电阻器的最大工作电压要比碳膜的高一些。例如，1/8W 的金属膜电阻器的最大工作电压为 200V 左右。

4. 温度系数

温度系数是指温度每变化 1℃所引起的电阻值的相对变化。温度系数越小，电阻的稳定性越好；电阻值随温度升高而增大的为正温度系数，反之为负温度系数。

5. 老化系数

老化系数是指电阻器长期负载于额定耗散功率后，电阻值的相对变化的百分数；表征电阻器寿命的长短。

6. 高频特性

当电阻器在高频中使用时，应考虑引线电感和分布电容的影响。

四、电位器

1．电位器的作用

可变式电阻器一般称为电位器，它由一个电阻体和一个转动或滑动系统组成，是一种阻值连续可调的电阻器，它靠电阻器内一个活动触点（电刷）在电阻体上滑动，可以获得与转角（旋转式电位器）或位移（直滑式电位器）成一定关系的电阻值。在家用电器和其他电子设备电路中，电位器的作用是分压、分流，以及当作变阻器使用；在晶体管收音机、CD 唱机、VCD 机中，常用电位器阻值的变化来控制音量的大小，有的兼作开关使用。

2．电位器的分类

电位器的种类繁多，分类的方法也不同。按线绕方式或电阻体材料的不同，可分为线绕电位器和非线绕电位器；按接触方式的不同，可分为接触式电位器和非接触式电位器；按结构特点的不同，又可分为单联、双联、多联电位器，单圈、多圈、开关电位器，锁紧、非锁紧电位器等；按调节方式的不同，可分为旋转式电位器和直滑式电位器、一般调节和精密多圈调节电位器等多种类型。

3．电位器的主要技术指标

（1）电位器的额定功率是指电位器的两个固定端上允许耗散的最大功率，使用中应注意额定功率不等于中心抽头与固定端的功率。

（2）其标称阻值系列与电阻器的系列类似。允许偏差等级根据不同精度等级可允许±20%、±10%、±5%、±2%、±1%的偏差。精密电位器的精度可达±0.1%。

（3）电位器的阻值变化规律是指其阻值与活动触点旋转角度或滑动行程之间的关系，这种变化关系可以是任何函数形式，常用的有直线式、对数式和反转对数式（指数式）。

在使用中，直线式电位器适合用作分压器；反转对数式（指数式）电位器适合用作收音机、录音机、电唱机、电视机中的音量控制器。维修时若找不到同类品，可用直线式电位器代替，但不宜用对数式电位器代替。对数式电位器只适合用作音调控制等。

五、电阻器（电位器）的选用及使用注意事项

1．主要参数必须满足，优先选用通用型电阻器和标准系列的电阻器。选用电位器时，还应注意尺寸大小和旋转轴柄的长短、轴端式样，以及轴上是否需要锁紧装置等。

2．在高频电路中，应选用分布参数小的电阻器；在高增益前置放大电路中，应选用噪声电动势小的电阻器。

3．电阻器的引线不要从根部弯曲，否则容易将引线折断。在高压电路中，应注意电阻器的最大工作电压，以防电阻器内产生电弧，导致电阻器击穿或烧毁。

4．使用前，必须进行检测。应先检查一下外观有无损坏、引线是否生锈、端帽是否松动，然后用万用表复查一下，其阻值是否与标称值相符。电位器轴应转动灵活，松紧适当，且无机械杂声，检查开关是否灵活，开关通、断时"喀哒"声是否清脆。用万用表测量固定端对活动触点间的阻值时，缓慢旋转转轴，表针应平稳移动，不应有跳跃现象。

5．电阻器出现故障需要更换时，最好用同类型、同规格、同阻值的电阻器。如果无合适阻值和功率的电阻器，代换方法：额定功率大的可以代换额定功率小的，精度高的可以代换精度低的，金属膜电阻器可以代换同阻值同功率的碳膜电阻器；半可调电阻器可代换固定电阻器。电位器代换时，还要注意电位器的轴长及轴端形状应能与原旋钮配合，其体积大小、外形和阻值范围应与原电位器相近。

A-2　电容器

电容器作为基本元件在电子电路中起着重要作用，在传统的应用中，电容器主要用作调谐、交流信号的旁路、交直流电路的交流耦合、电源滤波、隔直以及小信号中的振荡、延时等。电容器通常叫作电容。电容的种类很多，按结构形式来分，有一般电容器、极性电容器（别名是电解电容）、可调电容器、预调电容器等。在电路中，电容的电路符号如图 A-5 所示。

电容器　　　　　　极性电容器　　　　　可调电容器　　　　　预调电容器

图 A-5　电容的电路符号

一、电容器的型号命名和标志方法

1. 电容器的型号命名方法

电容器的型号一般由以下四部分组成：第一部分用一字母表示产品主称代号，电容器代号用字母 C 表示；第二部分为电容器介质材料代号，其电容器介质材料代号字母所表示的意义如表 A-7 所示；第三部分为类别代号，一般用数字表示分类，个别类型用字母表示，电容器分类部分数字或字母所表示的意义如表 A-8 所示；第四部分用阿拉伯数字表示序号，对主称、材料相同，仅尺寸、性能指标略有不同，但基本不影响互换使用的产品，给予同一序号；若尺寸、性能指标的差别明显，影响互换使用，则在序号后面用大写字母作为区别代号。铝电解电容器型号命名范例如图 A-6 所示。

表 A-7　电容器介质材料代号字母所表示的意义

字　母	电容器介质材料	字　母	电容器介质材料
A	钽电解	L	聚酯等极性有机薄膜（包括涤纶电容等）
B	聚苯乙烯等非极性薄膜	L S	聚碳酸酯等极性有机薄膜
C	高频陶瓷	N	铌电解
D	铝电解	O	玻璃膜
E	其他材料电解	Q	漆膜
G	合金电解	S T	低频陶瓷
H	纸膜复合介质	V X	云母纸
I	玻璃釉	Y	云母
J	金属化纸介	Z	纸介

表 A-8　电容器分类部分数字或字母所表示的意义

数字代号	分类意义				字母代号	分类意义
	瓷　介	云　母	有　机	电　解		
1	圆形	非密封	非密封	箔式	J	金属化
2	管形	非密封	非密封	箔式		
3	叠片	密封	密封	烧结粉液体		
4	独石	密封	密封	烧结粉固体		
5	穿心	—	穿心	—	W	微调
6	支柱等	—	—	—		

续表

数字代号	分 类 意 义				字母代号	分 类 意 义
	瓷 介	云 母	有 机	电 解		
7	—	—	—	无极性	G	高功率
8	高压	高压	高压	—	T	
9	—	—	特殊	特殊		

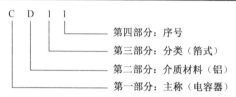

图 A-6　铝电解电容器型号命名范例

2. 电容器的标志方法

（1）直标法。

容量单位：F（法拉）、μF（微法）、nF（纳法）、pF（皮法），1 法拉=10^6 微法=10^9 纳法=10^{12} 皮法。

① 直接用数字和字母结合标志：如 100nF 用 100n 标志、33μF 用 33μ 标志、3300pF 用 3300p 标志等。

② 用文字、数字符号有规律的组合来标志：如 5.1pF 用 5p1 标志、3.3μF 用 3μ3 标志等。另外，也有用三位数字直接标志，其中第一、第二位数为容量的有效数字，第三位为倍数，表示有效数字后边零的个数，电容量单位为 pF，即数码表示法。例如，333 表示 33×10^3pF 为 0.033μF，101 表示 100pF 等。

（2）色标法。

电容器的色标法原则上与电阻器的色标法相同，标志颜色符号所代表的数字可参阅表 A-5，其单位为 pF。

偏差的标志方法一般有三种：一是将容量的允许偏差直接标在电容器上；二是用罗马数字"Ⅰ""Ⅱ""Ⅲ"标在电容器上分别表示±5%、±10%、±20%三个偏差等级；三是用英文字母表示偏差等级，如用 J、K、M 和 N 分别表示±5%、±10%、±20%和±30%的偏差，用 D、F、G 分别表示±0.5%、±1%、±2%的偏差，而用 R、S 和 Z 分别表示 $^{+100\%}_{-10\%}$、$^{+50\%}_{-20\%}$ 和 $^{+80\%}_{-20\%}$ 的偏差。例如，标有"224k"字样的电容器，其标称容量为 22×10^4pF，允许偏差为±10%。

电容器的偏差除按上述方法标志外，也有采用色标法来标志的，原则上与电阻器色标法相同，标志颜色符号所代表的数字可参阅表 A-5。

电路图中电容单位的标注规则。通常在容量小于 10000pF 时，用 pF 做单位，大于 10000pF 时，用 μF 做单位。为了简便起见，大于 100pF 而小于 1μF 的电容常常不标注单位。没有小数点的，它的单位是 pF，有小数点的，它的单位是 μF。例如，3300 就是 3300pF，0.1 就是 0.1μF 等。

二、电容器的主要技术指标和结构与特点以及主要性能参数

1. 电容器的主要技术指标

（1）标称容量和允许偏差。

电容器上标有的电容量是电容器的标称容量，其标称容量和它的实际容量会有偏差。常用固定电容的标称容量系列见表 A-9，常用固定电容允许偏差的等级见表 A-10。

表 A-9　常用固定电容的标称容量系列

类　别	允许偏差	容量范围	标称容量系列
纸介电容、金属化纸介电容、纸膜复合介质电容、低频（有极性）有机薄膜介质电容	±5%	100pF～1μF	1.0 1.5 2.2 3.3 4.7 6.8
	±10%	1～100μF	1 2 4 6 8 10 15 20
	±20%	只取表中值	30 50 60 80 100
高频（无极性）有机薄膜介质电容、瓷介电容、玻璃釉电容、云母电容	±5%		1.0 1.1 1.2 1.3 1.5 1.6 1.8 2.0 2.2 2.4 2.7 3.0 3.3 3.6 3.9 4.3 4.7 5.1 5.6 6.2 6.8 7.5 8.2 9.1
	±10%		1.0 1.2 1.5 1.8 2.2 2.7 3.3 3.9 4.7 5.6 6.8 8.2
	±20%		1.0 1.5 2.2 3.3 4.7 6.8
铝、钽、铌、钛电解电容	±10%、±20% +50/-20%、+100/-10%		1.0 1.5 2.2 3.3 4.7 6.8 （容量单位 μF）

表 A-10　常用固定电容允许偏差的等级

允许偏差	±2%	±5%	±10%	±20%	+20%／-30%	+50%／-20%	+100%／-10%
级别	02	I	II	III	IV	V	VI

（2）电容的耐压。

电容长期可靠地工作，它能承受的最大直流电压，就是电容的耐压，也叫作电容的直流工作电压。在交流电路中，要注意所加的交流电压最大值不能超过电容的直流工作电压值。表 A-11 是常用固定电容的直流工作电压系列。有*的数值，只限电解电容使用。

表 A-11　常用固定电容的直流工作电压系列（单位：V）

1.6	4	6.3	10	16	25	32*	40	50*	63
100	125*	160	250	300*	400	450*	500	630	1000

（3）电容的绝缘电阻。

由于电容两极之间的介质不是绝对的绝缘体，所以它的电阻不是无穷大，而是一个有限的数值，一般在 1000MΩ 以上。电容两极之间的电阻叫作绝缘电阻，或者叫作漏电电阻。漏电电阻越小，漏电越严重。电容漏电会引起能量损耗，这种损耗不仅影响电容的寿命，而且会影响电路的工作。因此，漏电电阻越大越好。

2. 常用电容器的结构与特点以及主要性能参数

常用电容按介质区分有纸介电容、油浸纸介电容、金属化纸介电容、云母电容、薄膜电容、陶瓷电容、电解电容等。表 A-12 是几种常用电容的结构和特点，表 A-13 是常用电容的几项特性。

表 A-12　几种常用电容的结构和特点

电容种类	电容结构和特点
纸介电容	用两片金属箔做电极，夹在极薄的电容纸中，卷成圆柱状或者扁柱状芯子，然后密封在金属壳或者绝缘材料（如火漆、陶瓷、玻璃釉等）壳中制成。它的特点是体积较小，容量可以做得较大。但是固有电感和损耗都比较大，适用于低频电路
云母电容	用金属箔或者在云母片上喷涂银层做电极板，电极板和云母一层一层叠合后，再压铸在胶木粉或封固在环氧树脂中制成。它的特点是介质损耗小，绝缘电阻大、温度系数小，适用于高频电路
陶瓷电容	用陶瓷做介质，在陶瓷基体两面喷涂银层，然后烧成银质薄膜做电极板制成。它的特点是体积小、耐热性好、损耗小、绝缘电阻高，但容量小，适用于高频电路。铁电陶瓷电容容量较大，但是损耗和温度系数较大，适用于低频电路

续表

电 容 种 类	电容结构和特点
薄膜电容	结构和纸介电容相同，介质是涤纶或者聚苯乙烯。涤纶薄膜电容的介电常数较高、体积小、容量大、稳定性较好，适宜做旁路电容。聚苯乙烯薄膜电容的介质损耗小、绝缘电阻高，但是温度系数大，可用于高频电路
金属化纸介电容	结构和纸介电容基本相同。它是在电容器纸上覆上一层金属膜来代替金属箔，体积小、容量较大，一般用在低频电路中
油浸纸介电容	把纸介电容浸在经过特别处理的油里，能增强它的耐压性。它的特点是电容量大、耐压高，但是体积较大
铝电解电容	由铝圆筒做负极，里面装有液体电解质，插入一片弯曲的铝带做正极制成。还需要经过直流电压处理，使正极片上形成一层氧化膜做介质。它的特点是容量大，但是漏电大、稳定性差、有正负极性，适用于电源滤波或者低频电路中。使用的时候，正负极不要接反
钽、铌电解电容	用金属钽或者铌做正极，用稀硫酸等配液做负极，用钽或铌表面生成的氧化膜做介质制成。它的特点是体积小、容量大、性能稳定、寿命长、绝缘电阻大、温度特性好，多用在要求较高的设备中
半可变电容	也叫作微调电容。它是由两片或者两组小型金属弹片，中间夹着介质制成。调节的时候改变两片之间的距离或者面积。它的介质有空气、陶瓷、云母、薄膜等
可变电容	由一组定片和一组动片组成，它的容量随着动片的转动可以连续改变。把两组可变电容装在一起同轴转动，叫作双连。可变电容的介质有空气和聚苯乙烯两种。空气介质可变电容体积大、损耗小，多用在电子管收音机中。聚苯乙烯介质可变电容做成密封式的，体积小，多用在晶体管收音机中

表 A-13　常用电容的几项特性

电 容 种 类	容 量 范 围	直流工作电压/V	运用频率/MHz	准　确　度	漏电电阻/MΩ
中小型纸介电容	470pF～0.22μF	63～630	8 以下	Ⅰ～Ⅲ	>5000
金属壳密封纸介电容	0.01～10μF	250～1600	直流，脉动直流	Ⅰ～Ⅲ	>1000～5000
中小型金属化纸介电容	0.01～0.22μF	160、250、400	8 以下	Ⅰ～Ⅲ	>2000
金属壳密封金属化纸介电容	0.22～30μF	160～1600	直流，脉动电流	Ⅰ～Ⅲ	>30～5000
薄膜电容	3pF～0.1μF	63～500	高频、低频	Ⅰ～Ⅲ	>10000
云母电容	10pF～0.51μF	100～7000	75～250	02～Ⅲ	>10000
瓷介电容	1pF～0.1μF	63～630	低频、高频 50～3000	02～Ⅲ	>10000
铝电解电容	1～10000μF	4～500	直流，脉动直流	Ⅳ Ⅴ	
钽、铌电解电容	0.47～1000μF	6.3～160	直流，脉动直流	Ⅲ Ⅳ	
瓷介微调电容	2/7～7/25pF	250～500	高频		>1000～10000
可变电容	最小>7pF 最大<1100pF	100 以上	低频、高频		>500

三、电容器的使用

1．电容器的选择

（1）根据电子设备对电容器主要参数的要求选择电容器。

① 容量及精度的选择：电容器容量的数值必须按规定的标称值来选择，需要注意的是，不同类型的电容器其标称值系列的分布规律是不同的。电容器的偏差等级有多种，但除振荡、延时、选频等网络对电容精度要求较高外，大多数情况下，对电容精度要求并不高。如低频耦合、去耦、电源滤波等电路中，其电容选±5%、±10%、±20%、±30%的偏差等级都可以。

② 耐压值的选择：为保证电容器的正常工作，被选用的电容器的耐压值不仅要大于其实际工作电压，而且还要留有足够的裕量，一般选耐压值为实际工作电压的两倍以上。在滤波电路中，电容的耐压值不要小于交流有效值的 1.42 倍。

③ 优先选用绝缘电阻大、介质损耗小、漏电流小的电容器。

（2）根据电路应用的性质选择对应介质的电容。

在低频耦合、旁路电路中，可选用纸介和电解电容；在电源滤波、去耦等电路中，可选用电解电容；谐振回路可以选用云母、高频陶瓷电容；隔直流可以选用纸介、涤纶、云母、电解、陶瓷等电容；在中频电路中，可选用金属化纸介和有机薄膜电容器；在高频电路中，应选用 CC 型瓷介电容器、云母电容器；在调谐电路中，可选用小型密封可变电容器、空气介质电容器；等等。

2．电容器的使用注意事项

（1）电容器在使用前必须进行检测：应先进行外观检查，电容器引线是否折断，表面有无损伤，型号、规格是否符合要求；然后用万用表检测电容器是否击穿、短路或漏电流是否过大。

（2）使用电解电容器时，还应注意正负极不要接反，当极性接反时，可能因电解液的反向极化，引起电解电容器的爆裂。另外，还需注意，电解电容器只能工作在直流或脉动直流电路中，安装时还应注意远离发热组件。

（3）电容器的引线不要从根部弯曲，焊接时间要适当，不要使电容器长期受热，以免引起其性能变化甚至损坏。

3．电容器的检测

（1）固定电容器的检测。

① 检测 10pF 以下的小电容器。因 10pF 以下的固定电容器容量太小，故用万用表进行测量时，只能定性检查其是否有漏电、内部短路或击穿现象。测量时，可选用万用表 $R \times 10k\Omega$ 挡，用两表笔分别任意接电容器的两个引脚，阻值应为无穷大。若测出阻值（指针向右摆动）为零，则说明电容器漏电损坏或内部击穿。

② 检测 10pF～0.01μF 固定电容器是否有充电现象，进而判断其好坏。万用表选用 $R \times 1k\Omega$ 挡，两只三极管的 β 值均为 100 以上，且穿透电流要小，可选用 3DG6 等型号硅三极管组成复合管。万用表的红和黑表笔分别与复合管的发射极 e 和集电极 c 相接。由于复合三极管的放大作用，把被测电容器的充放电过程予以放大，使万用表指针摆幅加大，从而便于观察。应注意的是，在测试操作时，特别是在检测较小容量的电容器时，要反复调换被测电容器引脚接触两点，才能明显地看到万用表指针的摆动。

③ 对于 0.01μF 以上的固定电容器，可用万用表的 $R \times 10k\Omega$ 挡直接测试电容器有无充电过程以及有无内部短路或漏电现象，并可根据指针向右摆动的幅度大小估计出电容器的容量。

（2）电解电容器的检测。

① 因为电解电容器的容量较一般固定电容器大得多，所以测量时，应针对不同容量选用合适的量程。一般情况下，1～47μF 的电解电容器，可用 $R \times 1k\Omega$ 电解挡测量，大于 47μF 的电解电容器可用 $R \times 100\Omega$ 电解挡测量。

② 将万用表红表笔接负极，黑表笔接正极，在刚接触的瞬间，万用表指针即向右偏转较大偏度（对于同一电阻挡，容量越大，摆幅越大），接着逐渐向左回转，直到停在某一位置。此时的阻值便是电解电容器的正向漏电阻，此值略大于反向漏电阻。实际使用经验表明，电解电容器的漏电阻一般应在几百 kΩ 及以上，否则，它将不能正常工作。在测试中，若正向、反向均无充电的现象，即表针不动，则说明容量消失或内部断路；如果所测阻值很小或为零，则说明电容器漏电大或已击穿损坏，不能再使用。

③ 对于正、负极标志不明的电解电容器，可利用上述测量漏电阻的方法加以判别。即先任意测一下漏电阻，记住其大小，然后交换表笔再测出一个阻值。两次测量中阻值大的那一次便是正向接

法，即黑表笔接的是正极，红表笔接的是负极。

④ 使用万用表电阻挡，采用给电解电容器进行正向、反向充电的方法，根据指针向右摆动幅度的大小，可估测出电解电容器的容量。

（3）可变电容器的检测。

① 用手轻轻旋动转轴，应感觉十分平滑，不应感觉有时松时紧甚至有卡滞现象。将转轴向前、后、上、下、左、右等各个方向推动时，转轴不应有松动的现象。

② 用一只手旋动转轴，另一只手轻摸动片组的外缘，不应感觉有任何松脱现象。转轴与动片之间接触不良的可变电容器，是不能再继续使用的。

③ 将万用表置于 $R×10\text{k}\Omega$ 挡，一只手将两个表笔分别接可变电容器的动片和定片的引出端，另一只手将转轴缓缓旋动几个来回，万用表指针都应在无穷大位置不动。在旋动转轴的过程中，如果指针有时指向零，则说明动片和定片之间存在短路点；如果碰到某一角度，万用表读数不为无穷大而是出现一定阻值，则说明可变电容器动片与定片之间存在漏电现象。

A-3　电感器

绝大多数的电子元器件，如电阻器、电容器、扬声器等，都是生产部门根据规定的标准和系列进行生产的标准元器件。而电感器除少数（如阻流圈、低频阻流圈、振荡线圈和 LG 固定电感线圈等）可采用现成产品外，通常为非标准组件，需根据电路要求自行设计、制作。电容器是通交阻直，而电感器恰好相反，其作用是通直阻交，电感器常用在 LC 滤波、调谐放大、振荡、均衡、去耦等电路中。

电感器的型号命名由主称、特征、型式、区别代号四部分组成，可查阅相关资料。

一、电感器的分类及主要技术指标

1. 电感器的分类

常用的电感器有固定电感器、微调电感器、色码电感器等。变压器、阻流圈、振荡线圈、偏转线圈、天线线圈、中周、继电器以及延迟线和磁头等，都属于电感器种类。

2. 电感器的主要技术指标

（1）电感量及允许偏差：线圈电感量的大小，主要取决于线圈的圈数、绕制方式及磁芯的材料等。线圈圈数越多，绕制的线圈越密集，电感量越大；线圈内有磁芯的比无磁芯的大，磁芯磁导率越大的电感量越大。电感器电感量的允许偏差取决于用途。用于谐振回路或滤波器中的线圈，要求精度较高；而用于耦合或作为阻流圈的线圈，要求精度不高。

（2）品质因子：线圈的品质因子是衡量线圈质量的重要参数，用字母"Q"表示。Q 值的大小，表明线圈损耗的大小，Q 值越大，线圈的损耗就越小；反之损耗就越大。品质因子 Q 在数值上等于线圈在某一频率的交流电压下工作时，线圈所呈现的感抗和线圈的直流电阻的比值。即

$$Q = \frac{2\pi f L}{R} = \frac{\omega L}{R}$$

式中，L 为电感量；f 为频率；R 为线圈电阻值；ω 为角频率。

（3）分布电容：线圈的匝与匝之间、线圈与地之间以及线圈与屏蔽罩之间都存在离散电容，这些电容统称为线圈的分布电容。分布电容的存在，降低了线圈的稳定性。

（4）线圈的标称电流值：线圈在正常工作时，允许通过的最大电流，也叫额定电流。若工作电流大于额定电流，则电感器会因此改变参数，甚至烧毁。

（5）线圈的稳定性：线圈参数随环境条件变化而变化的程度。

二、电感量的标志方法和电感器选用注意事项

1. 电感量的标志方法

（1）直标法：单位为 H（亨利）、mH（毫亨）、μH（微亨）。

（2）数码表示法：与电容器的表示法相同。

（3）色码表示法：这种表示法也与电阻器的色标法相似，色码一般有 4 种颜色，前两种颜色为有效数字，第 3 种颜色为倍率，单位为 μH，第 4 种颜色是误差位。

2. 电感器的选用注意事项

（1）选择电感器时要注意其性能参数是否符合电路要求。

（2）通常选用损耗小、频率性能好的材料做线圈的骨架。

（3）线圈的机械结构应牢固，不应有松匝现象。

（4）不论何种电感器，必须考虑其工作频率，使所选用电感器适应相应频率的工作特点。

附录 B　半导体分立器件型号命名方法

B-1　国产半导体分立器件的型号命名法

国产半导体分立器件的型号命名法如表 B-1 所示。

表 B-1　国产半导体分立器件的型号命名法

第一部分		第二部分		第三部分				第四部分	第五部分
用数字表示器件有效电极数目		用字母表示器件的材料和极性		用汉语拼音字母表示器件的类型				用数字表示器件序号	拼音表示规格号
符号	意义	符号	意义	符号	意义	符号	意义		
2	二极管	A	N 型，锗	P	普通管	D	低频大功率晶体管		
		B	P 型，锗	V	微波管		($f_\alpha < 3\mathrm{MHz}$, $P_\mathrm{CM} \geqslant$		
		C	N 型，硅	W	稳压管	A	1W)		
		D	P 型，硅	C	参量管		高频大功率晶体管		
				Z	整流管	T	($f_\alpha \geqslant 3\mathrm{MHz}$, $P_\mathrm{CM} \geqslant$		
				L	整流堆		1W)		
				S	隧道管	Y	半导体晶闸管		
				N	阻尼管	B	（可控整流器）		
				U	光电管	J	体效应管		
3	三极管	A	PNP 型，锗	K	开关管	CS	雪崩管		
		B	NPN 型，锗	X	低频小功率晶体管	BT	阶跃恢复管		
		C	PNP 型，硅		($f_\alpha < 3\mathrm{MHz}$,	FH	场效应晶体管		
		D	NPN 型，硅		$P_\mathrm{CM} < 1\mathrm{W}$)	PIN	半导体特殊器件		
		E	化合物	G	高频小功率晶体管	JG	复合管		
					($f_\alpha \geqslant 3\mathrm{MHz}$,		PIN 型管		
					$P_\mathrm{CM} < 1\mathrm{W}$)		激光器件		

B-2　美国半导体器件的型号命名法

表 B-2 所示为美国电子工业协会（EIA）半导体器件的型号命名法。

表 B-2　美国电子工业协会（EIA）半导体器件的型号命名法

第一部分		第二部分		第三部分		第四部分		第五部分	
用符号表示用途的类型		用数字表示 PN 结的数目		美国电子工业协会（EIA）注册标志		美国电子工业协会（EIA）登记顺序号		用字母表示器件分文件	
符号	意义	符号	意义	符号	意义	符号	意义	符号	意义
JAN 或 J	军用品	1	二极管	N	该器件已在美国电子工业协会注册登记	多位数字	该器件在美国电子工业协会登记的顺序号	A B C D	同一型号的不同类别
		2	三极管						
无	非军用品	3	3 个 PN 结器件						
		…	…						
		n	n 个 PN 结器件						

B-3　日本半导体器件的型号命名法

日本半导体分立器件（包括晶体管）或其他国家按日本专利生产的这类器件，都是按日本工业标准（JIS）规定的命名法（JIS-C-702）命名的。日本半导体分立器件的型号，由 5～7 部分组成，通常只用到前 5 部分。日本半导体器件型号命名法前 5 部分符号及意义如表 B-3 所示。

表 B-3　日本半导体器件型号命名法前 5 部分符号及意义

第一部分		第二部分		第三部分		第四部分		第五部分	
用数字表示类型或有效电极数		S 表示日本电子工业协会的注册产品		用字母表示器件的极性及类型		用数字表示在日本电子工业协会登记的顺序号		用字母表示对原来型号的改进产品	
符号	意义	符号	意义	符号	意义	符号	意义	符号	意义
0	光电（即光敏）二极管、晶体管及其组合管	S	表示已在日本电子工业协会注册登记的半导体分立器件	A	PNP 型高频管	两位以上整数	从 11 开始表示在日本电子工业协会注册登记的顺序号；不同公司的性能相同的器件可以使用同一顺序号；其数字越大，越是近期产品	A B C D E F	用字母表示对原来型号的改进产品
1	二极管			B	PNP 型低频管				
2	三极管或具有两个 PN 结的其他晶体管			C	NPN 型高频管				
3	具有 4 个有效电极或具有 3 个 PN 结的晶体管			D	NPN 型低频管				
⋮	⋮			F	P 控制极可控硅				
				G	N 控制极可控硅				
				H	N 基极单结晶体管				
				J	P 沟道场效应管				
$n-1$	具有 n 个有效电极或具有 $n-1$ 个 PN 结的晶体管			K	N 沟道场效应管				
				M	双向可控硅				

附录 C　集成电路的型号命名及主要技术指标

C-1　我国有关集成电路的型号命名与国外部分公司产品代号

1. 我国有关集成电路的型号命名

我国有关集成电路型号中各部分的符号及意义如表 C-1 所示。

表 C-1　我国有关集成电路型号中各部分的符号及意义

第一部分		第二部分		第三部分	第四部分		第五部分	
用字母表示器件符合国家标准		用字母表示器件的类型		用阿拉伯数字和字母表示器件的系列和品种代号	用字母表示器件的工作温度范围		用字母表示器件的封装	
符号	意义	符号	意义		符号	意义	符号	意义
C	中国制造	T	TTL 电路	TTL 分为：54/74××× 54/74H××× 54/74L××× 54/74S××× 54/74LS××× 54/74AS××× 54/74ALS××× 54/74F××× CMOS 分为：4000 54/74HC××× 54/74HCT××× 54/74HCU××× 54/74AC××× 54/74ACT×××	C	0~70℃	F	多层陶瓷扁平
		H	HTL 电路		G	25~70℃	B	塑料扁平
		E	ECL 电路		L	25~85℃	H	黑瓷扁平
		C	CMOS 电路		E	40~85℃	D	多层陶瓷双列直插
		M	存储器		R	55~85℃	J	黑瓷双列直插
		μ	微型机电路		M	55~125℃	P	塑料双列直插
		F	线性放大器				S	塑料单列直插
		W	稳压器				K	金属菱形
		B	非线性电路		⋮	⋮	T	金属圆形
		J	接口电路				C	陶瓷芯片载体
		AD	A/D 转换器				E	塑料芯片载体
		DA	D/A 转换器				G	网络针栅阵列
		D	音响、电视电路				SOICC	小引线封装
		SC	通信专用电路					
		SS	敏感电路					
		SW	钟表电路					
		SJ	机电仪电路					
		SF	复印机电路					

2．国外部分公司及产品代号

国外部分公司及产品代号如表 C-2 所示。

表 C-2　国外部分公司及产品代号

公 司 名 称	产 品 代 号	公 司 名 称	产 品 代 号
美国无线电公司（RCA）	CA	日本电气工业公司（NEC）	μPC
*美国国家半导体公司（NSC）	LM	日本日立公司（HIT）	HA，HD
美国摩托罗拉公司（MOTA）	MC	日本东芝公司（TOS）	TA
美国仙童公司（FSC）	μA	日本三洋公司（SANYO）	LA，LB
美国得克萨斯公司（TH）	TL	日本索尼公司	BX，CX
美国模拟器件公司（ANA）	AD	日本松下公司	AN
美国英特希尔公司（INL）	IC	日本三菱公司	M
美国悉克尼特公司（SIC）	NE	德国西门子公司	T

注：1. 国外集成电路命名，不同的公司有不同的命名方法。一般前缀字母表示公司，但也有前缀字母相同却不是一个公司。

　　2. *美国国家半导体公司（NSC）于 2011 年被美国德州仪器公司（TI）收购，现产品代号除 LM 外，还有 OP、TL 等。

C-2　部分模拟集成电路的主要参数

1．集成运算放大器

几种集成运放的主要参数如表 C-3 所示。

表 C-3　几种集成运放的主要参数

品种类型		通用型		低功耗	高阻	高速	高耐压	大功率	高精度
参数 名称及单位		国内外型号							
		FC3[①] （μA709）	F007 （μA741）	F3078 （CA3078）	F3140 （CA3140）	LM6365	LM343	LM675	CF725 （μA725）
开环电压增益 A_{ud}	dB	93	106	86 （最小）	100	80	105	90	130
输出电压 U_o	V	±13	±13	±5 （最小）	+13， −15.4	+15.2， −13.4	25	±21	±10 （最小）
最大共模输入电压 U_{ICM}	V	±10	±15	±14	+12.5， −15.5	+14， −13.6	±34	±22	±22
最大差模输入电压 U_{IDM}	V	±5.0	±30	±6	±8	±8	±68	±30	±5
差模输入电阻 r_i	MΩ	0.25	2	0.87	$1.5×10^6$	0.02			1.5
输出电阻 r_o	Ω	150	75	800	60				
共模抑制比 K_{CMR}	dB	90	90	110	90	102	90	90	115
输入失调电压 U_{os}	mV	10[②] （最大）	7.5 （最大）	5.0 （最大）	2.0	1.0	10 （最大）		1.0
输入失调电流 I_{os}	nA	750 （最大）	300 （最大）	40 （最大）	$5.0×10^{-4}$	150	14 （最大）	50	4.0
失调电压温漂 $\Delta U_{os}/\Delta T$	μV/℃			6.0	6.0	3.0		25	2.0
失调电流温漂 $\Delta I_{os}/\Delta T$	nA/℃			0.07		0.3			

续表

品种类型		通用型		低功耗	高阻	高速	高耐压	大功率	高精度
参数 名称及单位		国内外型号							
		FC3① (μA709)	F007 (μA741)	F3078 (CA3078)	F3140 (CA3140)	LM6365	LM343	LM675	CF725 (μA725)
开环带宽 BW	Hz			$2.0×10^3$				$5.5×10^6$	
转换速率 SR	V/μs		0.5	0.04	9	300	2.5	8	
电源电压 U_s	V	±18	±18	±14	36	36	±34	±30	±22
静态功耗 P_W	mW	80	50	0.7	120				80

注：① 表中括号内型号为国外类似型号；

② 除括号内特殊注明外，其余均为典型值。

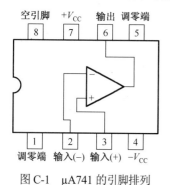

图 C-1　μA741 的引脚排列

2．单运放 μA741

μA741 的引脚排列如图 C-1 所示。

3．双运放 LM358

LM358 内部有两个独立的、高增益、内部频率补偿的双运算放大器，适用于电源电压范围很宽的单电源，也适用于双电源工作模式，在推荐的工作条件下，电源电流与电源电压无关。它的使用范围包括传感放大器、直流增益模块，以及所有单电源供电的使用运算放大器的场合。LM358 的封装形式有塑封 8 引线双列直插式和贴片式，其引脚排列如图 C-2 所示。

4．四运放 LM324

LM324 的引脚排列如图 C-3 所示，它是四运算放大器，采用 14 引脚双列直插塑料封装。LM358 和 LM324 的主要参数如表 C-4 所示。

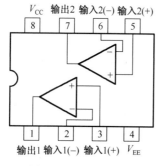

图 C-2　LM358 的引脚排列

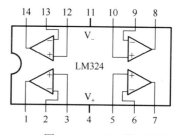

图 C-3　LM324 的引脚排列

表 C-4　LM358 和 LM324 的主要参数

运放 型号	最低 温度 /℃	最高 温度 /℃	通 道 数	单位增 益带宽 /MHz	转换 速率/ (V/μs)	电流/ 通道 /mA	最低工 作电压 /V	最高工 作电压 /V	失调 电压 /mV	最大输 入偏置 电流/nA	输出 电流 /mA	电压 噪声/ (nV/Hz)
LM358	0	70	2	1	0.10	0.25	3	32	7，3	500，200	20	40
LM324	0	70	4	1	0.50	0.18	3	32	3，7	200，500	20	40

5．集成功率放大器

（1）LA4100～LA4102 的规范参数和典型参数分别如表 C-5 和表 C-6 所示。

表 C-5 LA4100～LA4102 的规范参数

参 数 名 称		规 范 值			测 试 条 件
		最　小	典　型	最　大	
直流参数	静态电流/mA		15	25	
	输入电阻/kΩ	12	20		
交流参数	电压增益/dB	42	45	48	闭环（规定电路）
			70		开环
	输出功率/W	0.65	1.0(0.6)		LA4100，THD = 10%
		0.95	1.5(0.9)		LA4101，THD = 10%
		1.3	2.1(1.4)		LA4102，THD = 10%
	总谐波失真/%		0.5	1.5	$P_o = 250\text{mW}$
	输出噪声系数/mV			3	$R_g = 10\ \text{k}\Omega$
				1.0	$R_g = 0$

注：1．括号内输出功率为对应 $R_L = 8\Omega$ 时的功率；

2．$+V_{CC} = \begin{cases} +6\text{V(LA4100)} \\ +7.5\text{V(LA4101)}, \\ +9\text{V(LA4102)} \end{cases} R_L = 4\Omega$（或 8Ω），$f = 1\text{kHz}$，$T_a = 25\,℃$ 。

表 C-6 LA4100～LA4102 的典型参数（BTL 工作方式）

参 数 名 称	条 件	典 型 值	
		LA4100	LA4102
耗散电流/mA	静　态	30.0	26.1
电压增益/dB	$R_{NF} = 220\Omega$，$f = 1\text{kHz}$	45.4	45.4
输出功率/W	THD = 10%，$f = 1\text{kHz}$	1.9	4.0
总谐波失真/%	$P_o = 0.5\text{W}$，$f = 1\text{kHz}$	0.23	0.19
输出噪声电压/mV	$R_g = 0$，$V_G = 45\ \text{dB}$	0.24	0.21

注：$+V_{CC} = +6\text{V}$（LA4100），$+V_{CC} = +9\text{V}$（LA4102），$R_L = 8\Omega$。

（2）LM386 的工作电参数如表 C-7 所示。

表 C-7 LM386 工作电参数（$T_a = 25\,℃$）

参 数 名 称		条 件	最小值	典型值	最大值
工作电源电压 V_{CC}/V	LM386N-1/-3, LM386M-1		4		12
	LM386N-4		5		18
静态电流 I_Q/mA		$V_{CC} = 6\text{V}$，$V_{IN} = 0$		4	8
输出功率 P_o/mW	LM386N-1, LM386M-1	$V_{CC} = 6\text{V}$，$R_L = 8\Omega$，THD = 10%	250	325	
	LM386N-3	$V_{CC} = 9\text{V}$，$R_L = 32\Omega$，THD = 10%	500	700	
	LM386N-4	$V_{CC} = 16\text{V}$，$R_L = 8\Omega$，THD = 10%	700	1000	
电压增益 A_u/dB		$V_{CC} = 6\text{V}$，$f = 1\text{kHz}$		26	
		1～8 引脚接 10μF 电容		46	

参 数 名 称	条 件	最小值	典型值	最大值
带宽 BW/kHz	$V_{CC}=6V$，1 引脚与 8 引脚开路		300	
总谐波失真 THD/%	$V_{CC}=6V$，$R_L=8\Omega$，$P_C=125mW$ $f=1kHz$，1 引脚与 8 引脚开路		0.2	
电源电压抑制比 PSRR/dB	$V_{CC}=6V$，$f=1kHz$，$C_{BYPASS}=10\mu F$，1 引脚 与 8 引脚开路		50	
输入电阻 R_{IN}/kΩ			50	
输入偏置电流 I_{BIAS}/nA	$V_{CC}=6V$，2 引脚与 3 引脚开路		250	

6. 三端集成稳压器

（1）可调输出三端集成稳压器的主要参数如表 C-8 所示。

表 C-8　可调输出三端集成稳压器的主要参数

产品类型	国际型号	主要特性						封装形式	国外对应产品
		最大输入电压/V	输出电压范围/V	最大输出电流/A	最小输入、输出电压差/V	电压调整率/%	电流调整率/%		
正输出	CW117	40	1.2～37	1.5	3	0.01 ($T_J=25℃$)	0.1 ($T_J=25℃$)	K（金属菱形）、T（金属圆壳）、S（塑料单列）	LM117 μA117 SG117
	CW217	40	1.2～37	1.5	3	0.01 ($T_J=25℃$)	0.1 ($T_J=25℃$)		LM217 μA217 SG217
	CW317	40	1.2～37	1.5	3	0.01 ($T_J=25℃$)	0.1 ($T_J=25℃$)		LM317 μA317 SG317
负输出	CW137	−40	−1.2～−37	1.5	−3	0.01 ($T_J=25℃$)	0.3 ($T_J=25℃$)	K、T、S	LM137 μA137 SG137
	CW237	−40	−1.2～−37	1.5	−3	0.01 ($T_J=25℃$)	0.3 ($T_J=25℃$)		LM237 μA237 SG237
	CW337	−40	−1.2～−37	1.5	−3	0.01 ($T_J=25℃$)	0.3 ($T_J=25℃$)		LM337 μA337 SG337

（2）CW7800 系列三端集成稳压器的主要参数如表 C-9 所示，固定正输出和负输出三端集成稳压器的主要参数如表 C-10 所示。

表 C-9　CW7800 系列三端集成稳压器的主要参数

系列	输入电压 V_I/V	输出电压 V_O/V	最大输出电流 I_{OM}/A	电压调整率 $S_V^{①}$/mV	输出电阻 r_o/mΩ	输出电压温度系数 S_T/mV·C^{-1}	静态工作电流 I_d/mA	最小输入电压 V_{IMIN}/V	最大输入电压 V_{IM}/V	最大耗散功率 $P_{DM}^{②}$/W
CW7805	10	5	1.5	7.0	17	1.0	8	8	35	15
CW7806	11	6	1.5	8.5	17	1.0	8	9	35	15

续表

系列	输入电压 V_I/V	输出电压 V_O/V	最大输出电流 I_{OM}/A	电压调整率 S_V①/mV	输出电阻 r_o/mΩ	输出电压温度系数 S_T/mV·C^{-1}	静态工作电流 I_d/mA	最小输入电压 V_{IMIN}/V	最大输入电压 V_{IM}/V	最大耗散功率 P_{DM}②/W
CW7809	14	9	1.5	12.5	17	1.2	8	12	35	15
CW7812	19	12	1.5	17	18	1.2	8	15	35	15
CW7815	23	15	1.5	21	19	1.5	8	18	35	15
CW7818	26	18	1.5	25	22	1.8	8	21	35	15
CW7824	35	24	1.5	33.5	28	2.4	8	27	40	15

注：① 固定输出稳压器的电压调整率表达式为 $S_V = \Delta V_O$（mV）；

　　② 必须加足够大的散热片，此数据为 F-2 型；对于 F-1、S-7 型，$P_{DM} = 27.5W$。

表 C-10　固定正输出和负输出三端集成稳压器的主要参数

产品类型	国际型号	主要特性						封装形式	国外对应产品
		最大输入电压 /V	输出电压/V	最大输出电流 /mA	最小输入、输出电压差/V	电压调整率 S_V①/mV（条件）	电流调整率 S_I①/mV（条件）		
正输出	CW 78L00	35～40	5、6、8、12、15、18、20、24	100	3	200（V_O = 5V，I_O = 40mA）	60（V_O = 5V，1mA≤I_O≤100mA）	T（金属圆壳）、S（塑料单列）	LM78L00 MC78L00 μA78L00
	CW 78M00	35～40	5、6、8、12、15、18、20、24	500	3	50（V_O = 5V，I_O = 100mA）	100（V_O = 5V，5mA≤I_O≤500mA）		LM78M00 MC78M00 μA78M00
	CW 7800	30～40	5、6、8、12、15、18、20、24	1.5A	3	50（V_O = 5V，I_O≤1A）	50（V_O = 5V，1mA≤I_O≤1.5A）		LM7800 MC7800
负输出	CW 79L00	−35～−40	−5、−6、−8、−12、−15、−18、−20、−24	100	−3	60（V_O = 5V，I_O = 40mA）	50（V_O = 5V，1mA≤I_O≤100mA）	T、S	LM79L00 MC79L00 NJM79L00 TA79L00
	CW 79M00	−35～−40	−5、−6、−8、−12、−15、−18、−20、−24	500	−3	50（V_O = 5V，I_O = 350mA）	100（V_O = 5V，5mA≤I_O≤500mA）		LM79M00 μA79M00 AN79M00 μPC79M00
	CW 7900	−30～−40	−5、−6、−8、−12、−15、−18、−20、−24	1.5A	−3	50（V_O = −5V，I_O = 500mA）	100（V_O = −5V，5mA≤I_O≤1.5A）		LM7900 MC7900 SG7900 AN7900

注：① 固定输出稳压器的电压调整率 S_V 和电流调整率 S_I 均表达为 ΔV_O（mV）。

参 考 文 献

[1] 张立霞. 电子测量技术[M]. 北京：清华大学出版社，2012.

[2] 侯建军. 电子技术基础实验、综合设计实验与课程设计[M]. 北京：高等教育出版社，2007.

[3] 胡体玲，张显飞，胡中邦. 线性电子电路实验[M]. 2 版. 北京：电子工业出版社，2014.

[4] 华柏兴，张显飞，查丽斌，等. 线性电子电路实验[M]. 北京：电子工业出版社，2008.

[5] 吴霞，潘岚. 电路与电子技术实验教程[M]. 2 版. 北京：高等教育出版社，2022.

[6] SEDRA A S, SMITH K C. 微电子电路（第五版上册）[M]. 周玲玲，蒋乐天，应认冬，等译. 北京：电子工业出版社，2006.

[7] 查丽斌. 电路与模拟电子技术基础[M]. 4 版. 北京：电子工业出版社，2019.

[8] 查丽斌，李自勤，胡体玲，等. 电路与模拟电子技术基础习题及实验指导[M]. 3 版. 北京：电子工业出版社，2015.

[9] 胡仁杰. 电工电子创新实验[M]. 北京：高等教育出版社，2010.

[10] SCHERZ P. 实用电子元器件与电路基础[M]. 2 版. 夏建生，王仲奕，刘晓晖，等译. 北京：电子工业出版社，2009.

[11] 童诗白，华成英. 模拟电子技术基础[M]. 4 版. 北京：高等教育出版社，2006.

[12] 于歆杰，朱桂萍，陆文娟. 电路原理[M]. 北京：清华大学出版社，2007.

[13] 孙肖子. 模拟电子电路及技术基础[M]. 3 版. 西安：西安电子科技大学出版社，2017.

[14] 冯军，谢嘉奎. 电子线路线性部分[M]. 5 版. 北京：高等教育出版社，2010.

[15] 胡仁杰. 电工电子实验案例选编[M]. 北京：北京邮电大学出版社，2015.

[16] CHUA L. Memristor-The missing circuit element[J]. in IEEE Transactions on Circuit Theory, 1971, 18(5): 507-519.

[17] CHUA L O, KANG S M. Memristive devices and systems[J]. in Proceedings of the IEEE, 1976, 64(2): 209-223.

[18] CHUA L O. The Fourth Element[J]. in Proceedings of the IEEE, 2012, 100(6): 1920-1927.

[19] STRUKOV D B, SNIDER G S, STEWART D R, et al. The missing memristor found[J]. Nature, 2008, 453: 80-83, 1.

[20] WILLIAMS R S. How We Found The Missing Memristor[J]. in IEEE Spectrum, 2008, 45(12):28-35.

[21] 张新喜. Multisim 14 电子系统仿真与设计[M]. 2 版. 北京：机械工业出版社，2021.

[22] 郭永贞. 模拟电路实验与 EDA 技术[M]. 南京：东南大学出版社，2020.

[23] 程春雨，商云晶，吴雅楠. 模拟电路实验与 Multisim 仿真实例教程[M]. 北京：电子工业出版社，2020.

[24] 王鲁云，于海霞，等. 模拟电路实验综合教程[M]. 北京：清华大学出版社，2017

[25] 姜玉亭. 模拟电子电路实验与设计教程[M]. 西安：西安电子科技大学出版社，2016.

[26] 韩广兴. 新编电子电路使用手册[M]. 北京：电子工业出版社，2011.

[27] 郭庆，黄新，陈尚松. 电子测量与仪器[M]. 5 版. 北京：电子工业出版社，2020.

[28] 万明. 电子测量仪器实践指南[M]. 西安：西安电子科技大学出版社，2023.